职业教育教学用书

# PHP 动态网站开发

## （第 2 版）

主　编　赵增敏　唐惠康　孔德武
副主编　马维华　刘秋丽　陈　婧
　　　　刘许亮　张　博

电子工业出版社·

**Publishing House of Electronics Industry**

北京·BEIJING

## 内 容 简 介

本书从 Adobe Dreamweaver CS 5.5 可视化设计与手工编码的结合角度详细地介绍了基于 PHP 语言和 MySQL 数据库的动态网站开发技术。本书共分 10 章，主要内容包括配置 PHP 开发环境、PHP 语言基础、PHP 面向对象编程、PHP 数据处理、PHP 与 Web 交互、PHP 文件处理、PHP 图像处理、MySQL 数据库管理、PHP 数据库编程和会员管理系统设计。本书结构合理、论述准确、内容翔实、步骤清晰，采用案例驱动和项目教学的讲述方式，通过大量实例深入浅出、循序渐进地引导读者学习，并提供了一个综合设计项目，每章后面均配有习题和上机实验。

本书既可作为中等、高等职业院校计算机相关专业或 PHP 培训班的教材，也可作为 PHP 爱好者和动态网站开发维护人员的参考书。

本书还配有电子教学参考资料包（包括教学指南、电子教案和习题答案），详见前言。

**图书在版编目(CIP)数据**

PHP 动态网站开发 / 赵增敏，唐惠康，孔德武主编. —2 版. —北京：电子工业出版社，2014.8

ISBN 978-7-121-21465-3

Ⅰ. ①P… Ⅱ. ①赵… ②唐… ③孔… Ⅲ. ①网页制作工具—PHP 语言—程序设计—职业教育—教材
Ⅳ.①TP393.092②TP312

中国版本图书馆 CIP 数据核字（2013）第 215099 号

策划编辑：施玉新
责任编辑：张　慧
印　　刷：北京虎彩文化传播有限公司
出版发行：电子工业出版社
　　　　　北京市海淀区万寿路 173 信箱　邮编　100036
开　　本：787×1 092　1/16　印张：19.25　字数：496 千字
版　　次：2009 年 9 月第 1 版
　　　　　2014 年 8 月第 2 版
印　　次：2019 年 7 月第 4 次印刷
定　　价：38.00 元

凡所购买电子工业出版社图书有缺损问题，请向购买书店调换。若书店售缺，请与本社发行部联系，联系及邮购电话：（010）88254888，88258888。

质量投诉请发邮件至 zlts@phei.com.cn，盗版侵权举报请发邮件至 dbqq@phei.com.cn。

本书咨询联系方式：（010）88254598，syx@phei.com.cn。

前　言

随着计算机网络技术的迅猛发展和日益普及，计算机程序设计的重点已经从传统的桌面程序设计转移到 Web 应用程序设计，各种动态网站开发正在受到人们越来越多的关注。在各种动态网站开发技术中，Apache＋MySQL＋PHP 组合以其开源性和跨平台性而著称，被誉为黄金组合并得到广泛应用。本书从 Dreamweaver CS 5.5 可视化设计与手工编码的结合上详细地讲述了基于 Apache 服务器、PHP 语言以及 MySQL 数据库的动态网站开发技术。

Apache 是一款流行的 Web 服务器软件。据调查，目前在 Internet 上大约有 50%以上的 Web 服务器都在用 Apache。Apache 功能强大、性能稳定，而且是完全免费、完全开放的源代码，可以从 Internet 上自由下载。Apache 服务器支持多种 Web 编程语言，而且拥有优良的安全性和扩展性。Apache 可以用于 Windows、UNIX、Linux 以及 FREEBSD 等多种操作系统，而且在不同操作系统中进行配置的步骤基本相同，可移植性很强。

PHP 是一种流行的开放源代码的 Web 编程语言，主要用于开发服务器端应用程序及动态网页。PHP 语言具有开放性源代码、跨平台性、语言简单易学、执行效率高等特点，而且具有强大的图像处理和数据库访问功能。通过 PHP 可以访问多种数据库格式，包括 MySQL、Oracle、SQL Server、Informix、Sybase 以及通用的 ODBC 等。

MySQL 是目前最受欢迎的开源 SQL 数据库管理系统，也是一个快速、多线程、多用户和健壮的 SQL 数据库服务器。MySQL 服务器支持关键任务、重负载生产系统的使用。MySQL 是一款完全免费的数据库产品，任何人都可以从 Internet 自由下载，而无须支付任何费用。MySQL 数据库服务器具有快速、可靠、易于使用等特点，而且具有很好的跨平台性、安全性和连接性，完全可以用于处理大型的企业级数据库。

Adobe Dreamweaver CS 5.5 是一款专业的 HTML 编辑器，用于对网站、网页和 Web 应用程序进行设计、编码和开发。Dreamweaver CS 5.5 使用了最新的技术，加入了多屏幕预览、jQuery 集成、CSS 3/HTML 5 支持、实时视图渲染、智能编码协助、集成 FLV 内容等全新功能，对当前流行的 ASP、JSP、PHP 等动态网站开发技术都提供了很好的支持，不仅可以快速生成各种类型的数据访问页，还可以轻松实现用户注册、登录及授权访问等功能。

传统的 PHP 动态网站开发通常都是采用手写代码方式进行的，这种编程模式不仅效率低下，而且代码不规范，难以调试，无法满足企业应用的实际需要。Adobe Dreamweaver CS 5.5 对 PHP 技术提供了很好的支持，使用它不仅可以方便快捷地进行 Web 页面设计，而且很容易创建数据库连接，并在同一站点的所有 PHP 页中使用；通过各种 Spry 表单验证控件可以对提交的数据进行有效性检查，或者通过可视化操作快速生成记录集、分页显示数据库记录、添加记录集导航条和记录集计数器；通过各种功能强大的服务器行为可以快速生成具有查询记录、添加记录、更新记录和删除记录的 PHP 数据访问页，也可以快速生成具有用户注册、登录及限制访问等功能的 PHP 动态网页。本书从可视化编辑与手工编码的结合上讲述使用 Dreamweaver CS 5.5 开发基于 PHP 技术和 MySQL 数据库的动态网站，既可以通过各种可视化设计工具提高开发效率，也可以通过手工编码灵活控制程序的执行流程。

本书共分 10 章，详细地介绍了使用 PHP 技术开发动态网站的基本知识和设计技巧。

第 1 章介绍用于 PHP 开发的各个组件和 PHP 开发环境的配置；第 2 章讲述 PHP 语言的基础性内容，包括 PHP 基本知识、数据类型、变量与常量、运算符与表达式、流程控制语句及函数；第 3 章介绍 PHP 面向对象编程方面的内容；第 4 章讲述 PHP 数据处理，包括数组、字符串及日期/时间处理；第 5 章讨论如何实现 PHP 与 Web 交互，内容包括获取表单变量、表单验证、获取 URL 参数、会话管理及 Cookie 应用；第 6 章讨论如何通过 PHP 代码进行文件操作、目录操作和文件上传；第 7 章讲述 PHP 图像处理方面的内容，包括配置 GD 库、图像基本操作、绘制基本图形及向图像写入文本；第 8 章介绍 MySQL 数据库管理方面的内容，包括 MySQL 应用基础、创建和维护数据库、创建和维护表、数据查询与操作、其他数据库对象及安全性管理；第 9 章介绍 PHP 数据库编程，首先介绍如何创建数据库连接，然后介绍如何通过编程方式或 Dreamweaver 服务器行为实现 PHP 数据访问功能，包括查询记录、添加记录、更新记录和删除记录；作为前面各章知识的综合应用，第 10 章给出了一个会员管理系统项目的完整设计过程，首先介绍系统功能分析、数据库设计与实现和 PHP 动态站点的创建，然后讲解 CSS 样式表和网站导航条的制作及各个系统功能模块的实现。

为了帮助读者快速掌握 PHP 动态网站开发技术，作者结合多年从事教学工作和 Web 应用开发的实践经验，按照教学规律精心编写了本书。本书采用案例驱动的教学方法，首先展示案例的运行结果，然后详细讲述案例的设计步骤，循序渐进地引导读者学习和掌握相关知识点。在介绍 PHP 动态网页设计步骤时，本书将 Dreamweaver 可视化设计与手工编码有机地结合在一起，利用各种方便易用的设计工具快速完成页面布局，并通过添加服务器行为实现一些常规的数据库访问模块，然后通过手工编程对由可视化操作生成的源代码进行优化和微调。每章后面均附有习题和上机实验，可供读者自我测试之用。为了提高读者的实际动手能力，最后一章提供了一个综合设计项目，可用作课程设计的辅导材料。

本书中的所有案例均在 Apache 2.2.22 服务器上测试通过，所用操作系统平台均为 Windows XP Professional＋SP3，Web 编程语言为 PHP 5.3.10，PHP 动态网站开发工具为 Dreamweaver CS 5.5，后台数据库为 MySQL 5.5.20。

本书中用到的一些人名和电子邮件地址均属虚构，如有雷同，实属巧合。

本书由赵增敏、唐惠康、孔德武担任主编，马维华、刘秋丽、陈婧、刘许亮、张博担任副主编。参加本书编写、程序测试和文字录入排版的还有杨波、朱粹丹、赵朱曦、余霞、郭宏、王庆建、朱永天、王静、赵玉霞、王永烈、贺宝乾等。

由于作者水平所限，书中疏漏和错误之处在所难免，恳请广大读者提出宝贵意见。

为了方便教师教学，本书还配有教学指南、电子教案和习题答案（电子版）。请有此需要的教师登录华信教育网（www.huaxin.edu.cn 或 www.hxedu.com.cn）免费注册后进行下载，有问题时请在网站留言板留言或与电子工业出版社联系（E-mail：hxedu@phei.com.cn）。

编 者
2014 年 7 月

# 目　录

# 第 1 章　配置 PHP 开发环境

PHP 表示 "PHP: Hypertext Preprocessor"，这是一个嵌套的缩写词，即超文本预处理语言。PHP 是一种在服务器端执行的嵌入 HTML 文档的脚本语言，它通常与 Web 服务器 Apache 及关系型数据库管理系统 MySQL 一起使用，用于开发具有数据库驱动的动态网站。本章讲述如何配置 PHP 开发环境，首先介绍 PHP 开发所需的各个组件，然后讨论配置 PHP 开发环境的详细步骤。

## 1.1　PHP 开发组件介绍

PHP 开发组件主要包括 Web 服务器软件 Apache、服务器端脚本编程语言 PHP 及数据库服务器软件 MySQL。下面对这些组件分别做一个简要的介绍。

### 1.1.1　Apache 服务器

Apache 是当今最流行的 Web 服务器软件之一，它占据了互联网应用服务器 70%以上的份额。Apache 功能强大、性能稳定，完全开放源代码，可以免费下载和使用。如果准备选择 Web 服务器，那么 Apache 无疑是一个最佳选择。

Apache 服务器具有以下几个主要特点。
- 支持最新的 HTTP/1.1 协议；
- 拥有简单而强大的基于文件的配置过程；
- 支持通用网关接口（CGI）；
- 支持基于 IP 和基于域名的虚拟主机；
- 支持多种方式的 HTTP 认证；
- 集成 Perl 处理模块；
- 集成代理服务器模块；
- 支持实时监视服务器状态和定制服务器日志；
- 支持服务器端包含指令（SSI）；
- 通过安装补丁集合支持安全 Socket 层（SSL）；
- 通过支持 HTTP Cookie 提供用户会话过程的跟踪。

### 1.1.2　PHP 语言

PHP 最初是由丹麦人 Rasmus Lerdorf 在 1994 年设计的，用来统计其个人网站的访问量。Lerdorf 在 1995 年以 Personal Home Page Tools（PHP Tools）为题发表了 PHP 1.0 版。PHP 现在已成为一种非常流行的 Web 编程语言，主要用于开发服务器端应用程序及动态网页。

PHP 语言具有以下一些主要特点。

- 跨平台性。PHP 可以在 Windows、Macintosh、UNIX 及 Linux 等操作系统平台上运行，而且可以与 Apache、IIS 等主流 Web 服务器一起使用。更为难能可贵的是，PHP 代码不需要做任何修改即可在不同的 Web 服务器平台之间移植，这也正是 PHP 能够大行其道，备受人们青睐的重要原因之一。

- 开放性源代码。PHP 的原始代码完全公开，这种开源策略使无数业内人士欢欣鼓舞。新函数库的不断加入，使得 PHP 具有强大的更新能力，从而在 Windows32 位或 UNIX 平台上拥有更多新功能。PHP 是完全免费的，所有源代码和文档都可以免费下载、复制、编译、打印和分发。

- 运行于服务器端。与 ASP 一样，PHP 脚本也是在服务器端运行的。PHP 脚本可以嵌入 HTML 文档中，并由 Web 服务器识别出来交给 PHP 脚本引擎解释执行，从而完成一定的功能，执行结果以 HTML 代码形式返回客户端浏览器。在客户端虽然可以看到 PHP 脚本执行的结果，但是看不到 PHP 脚本代码本身。

- 执行效率高。与其他解释性语言相比，PHP 消耗的系统资源比较少，当使用 Apache 作为 Web 服务器并将 PHP 作为该服务器的一部分时，不需要调用外部二进制程序即可运行 PHP 脚本，解释执行 PHP 脚本不会增加额外的负担。

- 数据库访问功能。通过 PHP 可以访问多种数据库格式，包括 MySQL、Oracle、SQL Server、Informix、Sybase 及通用的 ODBC 等。如果使用 Dreamweaver 来开发 PHP 动态网站，则 PHP 语言与 MySQL 数据库更是一对黄金搭档。

- 图像处理功能。通过在 PHP 中调用 GD 图像库中的函数，可以很方便地创建和处理 Web 上最为流行的 GIF、PNG 和 JPEG 等格式的图像，并可以直接将图像流输出到浏览器。GD 是一个用于动态生成图像的开源代码库，GD 库文件包含在 PHP 安装包中。

- 面向对象编程。PHP 支持面向对象编程，提供了类和对象，支持构造函数和抽象类等。PHP 5.0 于 2004 年 7 月 13 日正式发布，该版本在面向对象编程方面有了重要变化，主要包括对象克隆、访问修饰符（公共、私有和受保护的）、接口、抽象类和方法及扩展重载对象等。

- 可伸缩性。网页中的交互作用可以通过 CGI 程序来实现，但 CGI 程序的可伸缩性不理想，这是因为需要为每一个正在运行的 CGI 程序创建一个独立进程。解决的方法就是将 CGI 语言的解释器编译进 Web 服务器。PHP 也可以通过这种方式来安装，这种内嵌的 PHP 具有更好的可伸缩性。

- 语言简单易学。PHP 的语法利用了 C、Java 和 Perl 的语法并吸取了这些语言的精华，PHP 语言很容易学习，只要了解一些编程的基本知识，就可以开始利用 PHP 编程。PHP 语言的主要目标是用于快速编写动态网页，读者完全可以一边学习 PHP 一边做动态网站。

### 1.1.3 MySQL 数据库

MySQL 是目前最受欢迎的开源 SQL 数据库管理系统，它由瑞典 MySQL AB 公司开发、发布和支持。MySQL AB 公司是一家基于 MySQL 开发人员的商业公司，也是一家使用一种成功的商业模式来结合开源价值和方法论的第二代开源公司。MySQL AB 公司已于 2008 年被 Sun 公司收购，而 Sun 公司又在 2009 年被 Oracle 公司收购。MySQL 是一个快速的、多线程、多用户和健壮的 SQL 数据库服务器。MySQL 服务器支持关键任务、重负载生产系统的使用。MySQL 是一款完全免费的数据库产品，任何人都可以从 Internet 免费下载，而无须支付任何费用。如果愿意，用户可以研究源代码并进行适当修改，以满足自己的实际需要。

MySQL 数据库服务器具有以下一些特点。

- 快速、可靠、易于使用。MySQL 服务器最初是为处理大型数据库而开发的，与已有的解决方案相比，它的速度更快。多年以来，MySQL 已成功应用于众多要求很高的生产环境。MySQL 一直在不断发展。目前，MySQL 服务器已能提供更丰富的有用功能。MySQL 具有良好的连通性、速度和安全性，这使得它非常适合于用作网站的后台数据库。

- 工作在客户端/服务器模式下或嵌入式系统中。MySQL 是一种客户端/服务器数据库管理系统，它由一个多线程 SQL 服务器、数种不同的客户端程序和库、众多管理工具及广泛的应用编程接口 API 组成。MySQL 符合 GNU 规则，可以为用户提供 C、C++、Java（JDBC）、Perl、PHP 等 API 接口。

- 真正的多线程。MySQL 是一种多线程数据库产品，它采用核心线程的完全多线程，如果有多个 CPU，它就可以方便地使用这些 CPU。MySQL 使用多线程方式运行查询，可以使每个用户至少拥有一个线程，这对于多 CPU 系统来说，查询的速度和所能承受的负荷都将高于其他系统。

- 跨平台性。MySQL 能够工作在各种不同的平台上，这些平台包括 Solaxis、SunO、SBSDI、SGIIRIX、AIX、DECUNIX、FreeBSD、SCOOPenSer、VerNetBSD、OpenBSD、HPUX 及 Windows 系列等。由于 MySQL 和 PHP 都具有跨平台性，二者可以在多种不同平台上配合使用。

- 数据类型丰富。MySQL 提供的数据类型很多，包括带符号整数和无符号整数、单字节整数和多字节整数、FLOAT、DOUBLE、CHAR、VARCHAR、TEXT、BLOB、DATE、TIME、DATETIME、TIMESTAMP、YEAR、SET、ENUM 及 OpenGIS 空间类型等。

- 安全性好。MySQL 采用十分灵活和安全的权限和密码系统，允许基于主机的验证。当连接到服务器时，所有的密码传输均采用加密形式，从而保证了密码安全。

- 处理大型数据库。使用 MySQL 服务器可以处理包含 5 千万条记录的数据库。据报道，有些用户已将 MySQL 应用于含 60 000 个表和约 50 亿条记录的数据库。

- 连接性好。在任何操作系统平台上，客户端均可使用 TCP/IP 协议连接到 MySQL 服务器。在 Windows 系统中，客户端可以使用命名管道进行连接。在 UNIX 系统中，客户端可使用 UNIX 域套接字文件建立连接。Connector / ODBC（MyODBC）接口为使用 ODBC 连接的客户端程序提供了 MySQL 支持。

## 1.2　配置 PHP 开发环境

为了开发 PHP 动态网站，首先需要搭建好 PHP 的开发环境，主要包括安装和配置 Apache

服务器、PHP 脚本引擎及 MySQL 数据库服务器。如果选择 Dreamweaver 作为 PHP 开发工具，还应当创建一个基于 PHP MySQL 服务器模型的站点。

### 1.2.1 安装和测试 Apache

目前，Apache 的最新版本为 2.2.19，可以从以下网址下载：

http://httpd.apache.org/download.cgi

如果使用 Windows 操作系统，建议下载 Win32 Binary（MSI Installer），这是已经通过编译生成的安装程序，相应的文件为 apache_2.2.19-win32-x86-no_ssl.msi。

#### 1. 安装 Apache 服务器

安装 Apache 的主要步骤如下。

（1）双击文件 apache_2.2.22-win32-x86-no_ssl.msi，以启动安装程序，此时将出现安装向导的欢迎对话框。在这里单击【Next】按钮，进入下一步。

（2）当出现软件许可协议对话框时，选择【I accept the terms in the license agreement】选项，单击【Next】按钮，进入下一步；此时出现关于 Apache 软件的说明信息，可以直接单击【Next】按钮，进入下一步。

（3）在如图 1.1 所示中，设置网络服务器的网络域名、服务器名称及网站管理员的电子邮件地址；对以下安装选项进行设置。

- 若选择【for All Users, on Port 80……】选项，则对所有用户开放服务器，并将监听端口设置为 80，访问 Apache 网站时在 URL 中可以省略此端口号。本书选择了此项。
- 若选择【only for the Current User, on Port 8080……】选项，则仅对当前用户开放服务器，并将监听端口设置为 8080，访问 Apache 网站时必须在 URL 中指明此端口号。

完成以上设置后，单击【Next】按钮。

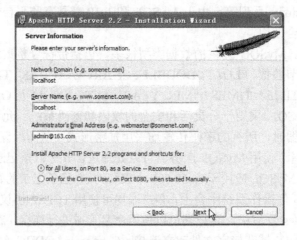

图 1.1  设置服务器信息

**注意**  在 Windows 系统平台上，Web 服务器 IIS 的默认侦听端口也是 80。如果在这个步骤中选择了【for All Users, on Port 80……】选项，而且当前计算机上运行着 IIS 服务器，则必须对 IIS 的默认端口进行修改，否则将会导致 Apache 服务器不能正常工作。

（4）在如图 1.2 所示中，选择软件的安装类型，可以选择下列选项之一。

- 若要选择典型安装方式，则可选择【Typical】选项。

● 若要选择自定义安装方式，则可选择【Custom】选项。

本书选择典型安装方式，单击【Next】按钮。

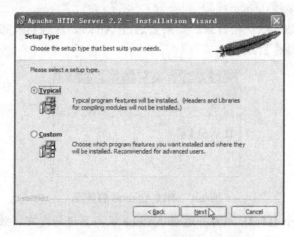

图 1.2　选择软件安装类型

（5）在如图 1.3 所示中，选择用于安装 Apache 软件的目标文件夹。

● 若要使用默认文件夹（如 C:\Program Files\Apache Software Foundation\Apache2.2），则可直接单击【Next】按钮。

● 若要更改目标文件夹，则可单击【Change】按钮并另选一个目标文件夹。

本书将目标文件夹设置为 G:\Apache2.2，单击【Next】按钮。

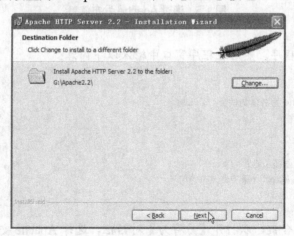

图 1.3　选择目标文件夹

（6）在后续对话框中单击【Install】按钮，开始复制文件。

（7）当安装过程完成时，单击【Finish】按钮。

## 2. 测试 Apache 服务器

完成 Apache 服务器软件安装后，可以通过 IE 浏览器对该服务器进行测试。为此，在 IE 浏览器的地址栏输入以下网址：

```
http://localhost/
```

如果 Apache 服务器配置没有问题，将会看到如图 1.4 所示的界面。

当通过网址 "http://localhost/" 对 Apache 服务器进行测试时，所看到的这个界面实际上就是 HTML 网页 index.html 的运行结果，该网页存储在以下位置：

```
<Apache 安装目录>\htdocs
```

以上路径就是网站的默认根目录。如果要通过 Apache 服务器发布一个网页，则通常需要将该网页保存在网站根目录中。

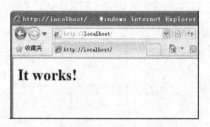

图 1.4 测试 Apache 服务器

【例 1.1】编写一个 HTML 网页并通过 Apache 服务器进行发布，效果如图 1.5 所示。

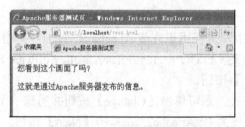

图 1.5 通过 Apache 发布信息

【设计步骤】

（1）打开记事本程序，然后在程序窗口中输入以下内容：

```
<html>
<head>
<title>Apache 服务器测试页</title>
</head>

<body>
<p>您看到这个画面了吗？</p>
<p>这就是通过 Apache 服务器发布的信息。</p>
</body>
</html>
```

（2）按 Ctrl+S 组合键，以打开【另存为】对话框，选择 Apache 安装目录下的 htdocs 文件夹作为保存文件的目标文件夹。

（3）在【文件名】文本框中输入 "test.html"，单击【保存】按钮。

（4）在 IE 浏览器的地址栏中输入以下网址：

```
http://localhost/test.html
```

此时将出现如图 1.5 所示的界面。

## 1.2.2 管理 Apache 服务器

完成 Apache 服务器安装后，系统会自动运行相应的服务，并在 Windows 系统托盘中显示一个 图标。通过单击该图标并从弹出的左键菜单中选择所需命令，可启动、停止或重启

Apache 服务器的运行，如图 1.6 所示。

- 当 Apache 停止运行时，若选择【Start】命令，则启动 Apache 服务器。
- 当 Apache 正在运行时，若选择【Stop】命令，则停止 Apache 服务器。
- 当 Apache 正在运行时，若选择【Restart】命令，则重启 Apache 服务器。

**图 1.6　Apache 左键菜单**

通过在 Windows 系统托盘中双击 图标，则可打开 Apache 服务监视器，如图 1.7 所示。

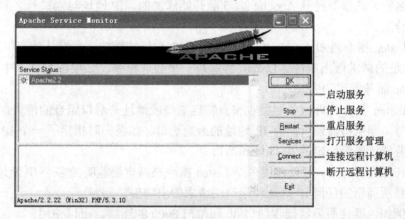

**图 1.7　Apache 服务监视器**

在 Apache 服务监视器中，可通过单击相应按钮来执行 Apache 的启动、停止及重启等操作。若单击【Services】按钮，则会打开 Windows 的服务管理控制台，如图 1.8 所示。

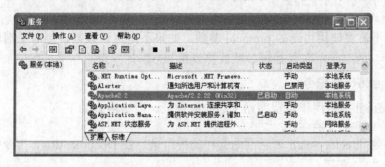

**图 1.8　Windows 服务管理控制台**

也可以利用 Windows 服务管理控制台对 Apache 服务器进行管理，具体操作方法是：在服务列表中选择 Apache2.2，在工具栏上单击启动服务按钮 、停止服务按钮 或重新启动服务按钮 。

### 1.2.3　配置 Apache 服务器

Apache 服务器的配置信息保存在一个名为 httpd.conf 的文本文件中，该文件称为 Apache 服务器的主配置文件，它位于 Apache 安装目录的 conf 文件夹中。

通过选择【开始】→【所有程序】→【Apache HTTP Server 2.2】→【Configure Apache Server】→【Edit the Apache httpd.conf Configuration File】命令，可在记事本程序中打开 Apache 服务器的主配置文件，并通过手工方式添加新的配置指令或编辑已有配置指令。修改并保存配置文件 httpd.conf 后，必须重启 Apache 服务器，才能使所做的更改生效。

下面介绍一些比较常用的 Apache 配置指令。

**1. Listen 指令**

Listen 指令用于设置 Apache 服务器监听的 IP 地址和端口。语法格式如下：

```
Listen [IP-address:]portnumber [protocol]
```

其中，参数 IP-address 表示 IP 地址；参数 portnumber 表示端口号；参数 protocol 表示协议的名称，该参数是从 Apache 2.1.5 版开始添加的。IP 地址与端口号之间使用半角冒号（:）进行分隔。

Listen 指令通知 Apache 仅监听特定的 IP 地址或端口。在默认情况下，Apache 将对所有 IP 地址的请求做出响应。Listen 目前是一个必选指令。如果配置文件中缺少这个指令，则 Apache 服务器启动失败。

Listen 指令告诉服务器接收来自特定端口或地址—端口组合的请求。如果仅指定了一个端口号，则服务器监听所有 IP 地址的给定端口。如果同时指定了一个 IP 地址和一个端口，则服务器仅监听给定的 IP 地址和端口。

在配置文件中，可以使用多个 Listen 指令来指定要监听的多个 IP 地址和端口。服务器将对来自所列出的任何 IP 地址和端口的请求做出响应。

例如，要使服务器接收端口 80 和端口 8000 的连接，可以使用：

```
Listen 80
Listen 8000
```

例如，要使服务器接收来自指定 IP 地址和端口号的请求，可以使用：

```
Listen 192.168.2.1:80
Listen 192.168.2.5:8000
```

多数配置不需要使用可选的 protocol 参数。如果不指定该参数，则对于端口 443 来说默认协议是 https，而对于所有其他端口默认协议是 http。

**2. DocumentRoot 指令**

DocumentRoot 指令用于设置网站文档的根目录。语法格式如下：

```
DocumentRoot directory-path
```

其中，参数 directory-path 表示网站文档的根目录。在 DocumentRoot 指令中，目录路径不要以反斜线"/"结束。

**注意** 如果利用 DocumentRoot 指令更改了网站文档的根目录，则必须对应用于设置该目录的<Directory>指令进行修改，即把<Directory>指令中指定的目录更改为新设置的目录，以封装一组指令，使之仅对该目录及其子目录生效。

完成 Apache 安装后，网站根目录的默认设置为 Apache 安装目录下的 htdocs 文件夹（如"G:/Apache2.2/htdocs"）。根据需要，也可以使用 DocumentRoot 指令来更改网站根目录的设置。操作步骤如下所示。

在配置文件 httpd.conf 中查找 DocumentRoot 指令的设置。例如，查找下面一行：

```
DocumentRoot "G:/Apache2.2/htdocs"
```

找到后，在这一行开头添加一个"#"字符，使之变成注释内容，然后在下面输入一条 DocumentRoot 指令，以更改网站根目录的设置。例如：

```
DocumentRoot "G:/phpdocs"
```

继续查找应用于根目录的<Directory>指令，找到后把其中的路径"G:/Apache2.2/htdocs"替换为"G:/phpdocs"。

保存配置文件后，重启 Apache 服务器，以使所做的更改生效。

### 3. Alias 指令

Alias 指令用于映射指向文件系统某个物理目录的 URL，也就是在 Apache 网站中创建一个虚拟目录。语法格式如下：

```
Alias URL-path file-path | directory-path
```

其中，URL-path 表示虚拟路径；file-path 或 directory-path 表示本地文件系统中的物理路径。

Alias 指令使文档可以被存储在 DocumentRoot 以外的本地文件系统中，并使以 URL-path 路径（%已解码的）开头的 URL 可以被映射到以 directory-filename 开头的本地文件。

**注意** 如果参数 URL-path 中包含后缀"/"，则 Apache 服务器要求使用后缀"/"来扩展此别名。即 Alias /icons/ /usr/local/apache/icons/并不能对/icons 实现别名。用 Alias 指令创建一个虚拟目录后，可以用<Directory>指令对目标目录的访问权限进行设置。关于<Directory>指令的具体用法，请参阅有关资料。

下面给出一个创建虚拟目录的例子：

```
Alias /test/ "E:/PHPSites/test/"
```

当客户端浏览器通过网址 http://localhost/test/test.html 对 Apache 服务器发出请求时，该服务器将返回 E:/PHPSites/test/test.html 文件。

### 4. DirectoryIndex 指令

DirectoryIndex 指令用于设置当客户端请求一个目录时寻找的资源列表，也就是为网站指定一组默认文档。语法格式如下：

```
DirectoryIndex local-url [local-url] ...
```

其中，参数 local-url（%已解码的）是一个相对于被请求目录的文档的 URL，通常是该目录中的一个文件。多个 local-url 参数之间用空格分隔。在配置文件中可以指定多个 URL，服务器将返回最先找到的那一个。如果一个也没有找到，并且已对该目录设置了 Indexes 选项，则服务器将会自动产生该目录中的一个资源列表。

在本书 1.2.1 节中测试 Apache 服务器时，之所以可以通过输入网址"http://locahost/"打开根目录中的 index.html 页面，就是因为在配置文件中包含了以下 DirectoryIndex 指令：

```
<IfModule dir_module>
    DirectoryIndex index.html
</IfModule>
```

其中，<IfModule>指令用于封装一组指令并根据指定的模块是否存在为条件而决定是否进行处理；dir_module 是 Apache 模块名。

根据应用需要，可以在 DirectoryIndex 指令中添加更多的资源。例如：

```
DirectoryIndex index.html index.htm index.php default.html default.php
```

当客户端在请求的目录名末尾添加一个"/"（如 http://localhost/test/）以表示请求该目录的索引时，Apache 服务器将搜索上述资源列表，并且首先返回找到的第一个文档。

### 1.2.4　安装和配置 PHP

如前所述，通过 Apache 服务器可以直接响应客户端浏览器对 HTML 网页的请求。但是，如果在 HTML 文档中嵌入了 PHP 脚本，则要求在服务器端安装并配置 PHP 语言引擎，此外还要修改 Apache 配置文件 httpd.conf，以使服务器能够接收客户端对 PHP 网页的请求。

#### 1. 下载和安装 PHP

目前，PHP 的最新版本是 5.3.10，可以从以下地址下载：

```
http://www.php.net/downloads.php
```

如果正在使用 Windows 操作系统，则可以在上述页面的"Windows Binaries"下面下载 PHP 5.3.9 zip 压缩包，相应的文件名为 php-5.3.10-Win32-VC9-x86.zip。

PHP 的安装过程非常简单，直接把这个 zip 压缩包解压缩到指定的文件夹中即可。例如，笔者在编写本书时选择 G:\PHP 作为解压缩的目标文件夹。

#### 2. 配置 PHP

PHP 的配置选项保存在文件 php.ini 中，该文件称为 PHP 配置文件。配置 PHP 可以通过编辑文件 php.ini 来实现，其主要步骤如下。

（1）将 PHP 目录中的 php.ini-development 文件复制到 Apache 目录（如 G:\Apache2.2）中，然后将该文件改名为 php.ini。

（2）在 Windows 记事本程序中打开 php.ini 文件。

（3）设置动态模块的加载路径。在文件中查找"extension_dir"，该选项的原始设置为：

```
extension_dir="./"
```

将该选项的值设置为动态链接库 php_*.dll 所在的路径，即：

```
extension_dir="G:\PHP\ext"
```

（4）设置 PHP 的文档根目录。在文件中查找"doc_root"，然后把其值设置为"F:\phpdocs"，使之指向本书 1.2.2 节中设置的网站文档根目录，即：

```
doc_root="G:\phpdocs"
```

（5）设置保存会话信息的目录。在文件中查找"session.save_path"，该选项原始设置为：

```
;session.save_path="/tmp"
```

删除开头的分号，并将该选项更改为以下值：

```
session.save_path="G:/PHP/tmp"
```

在这里，G:/PHP/tmp 目录需要手动创建。如有需要，也可以使用其他目录名称。

（6）设置错误信息显示选项。在文件中查找"display_errors"，该选项的原始设置为：

```
display_errors=Off
```

将该选项的值更改为 On，即：

```
display_errors=On
```

（7）设置服务器默认时区。在配置文件中查找"date.timezone"，找到后移除前面的分号";"，将该项的值设置为中国标准时间，代码如下：

```
date.timezone=PRC
```

其中，PRC（People's Republic of China）表示中华人民共和国。

（8）保存对文件 php.ini 所做的更改。

#### 3. 使 Apache 支持 PHP

若要使 Apache 服务器支持 PHP 脚本语言，还必须对配置文件 httpd.conf 文件进行修改。

在 Apache 服务器环境中，PHP 可以通过以下两种方式运行。

- 使用 CGI 二进制文件方式。此时需要把以下代码添加到 httpd.conf 文件的末尾：

```
ScriptAlias /php/ "G:/php/"
AddType application/x-httpd-php .php
Action application/x-httpd-php "/php/php-cgi.exe"
```

其中，"G:/php/" 表示 PHP 的安装路径。读者可根据自己的 PHP 安装路径进行设置。

- 使用 DLL 动态链接库模块方式。首先将 PHP 安装目录中的 php5ts.dll 文件复制到 Windows 系统的 system32 文件夹中，然后在 httpd.conf 文件末尾添加以下两行代码：

```
LoadModule php5_module "G:/php/php5apache2_2.dll"
AddType application/x-httpd-php .php
```

在本书中，主要采用模块方式运行 PHP。

### 4. 测试 PHP

安装和配置 PHP 并设置 Apache 支持 PHP 之后，通常还需要编写一个 PHP 动态网页，以便对 PHP 引擎进行测试。

下面结合例子来加以说明。

【例 1.2】编写一个 PHP 动态网页，对 PHP 运行环境进行测试，结果如图 1.9 所示。

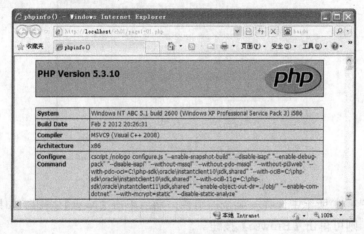

图 1.9　测试 PHP 运行环境

【设计步骤】

（1）打开 Windows 记事本程序，输入以下内容：

```
<?php phpinfo(); ?>
```

其中，"<?php" 和 "?>" 是 PHP 脚本代码的定界符；phpinfo() 是一个 PHP 函数，用于输出各种 PHP 信息；在 PHP 代码中，应在每个语句的末尾加上一个分号 ";" 作为结束符。

（2）选择【文件】→【保存】命令，打开【另存为】对话框。

（3）选择 Apache 网站文档的根目录，并在该目录下创建一个名为 ch01 的文件夹。

（4）选择 ch01 作为目标文件夹，并在【文件名】文本框中输入 "page1-01.php"，单击【保存】按钮。

（5）在 IE 浏览器的地址栏中输入以下 URL：

```
http://localhost/ch01/page1-01.php
```

如果此时能看到如图 1.9 所示的结果，则表明 PHP 运行环境配置成功。

### 1.2.5 安装和配置 MySQL

通过 PHP 可以连接各种不同格式的数据库，不过目前以 PHP+MySQL 组合应用最为广泛。目前，MySQL 的最新版本是 MySQL Community Server 5.5.20，其下载地址为：

```
http://www.mysql.com/downloads/mysql/
```

如果正在使用 Windows 操作系统，则可以下载一个 Windows MSI Installer 软件包，其文件名为 mysql-5.5.20-win32.msi。

#### 1. 安装和配置 MySQL

安装和配置 MySQL 服务器的主要步骤如下。

（1）双击 mysql-5.5.20-win32.msi 文件，当出现 MySQL Server 5.5 安装向导欢迎对话框时，直接单击【Next】按钮；在最终用户许可协议对话框中，选中【I accept the terms in the License Agreement】复选框，然后单击【Next】按钮。

（2）在如图 1.10 所示中选择安装类型，单击【Custom】按钮，以选择定制安装。

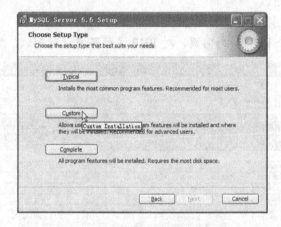

图 1.10　选择 MySQL 安装类型

（3）在如图 1.11 所示中选择安装全部组件，然后单击【Next】按钮。如果需要更改安装的目标文件夹，则可单击【Browse】按钮。

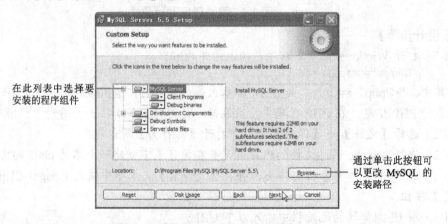

图 1.11　选择要安装的组件和目标文件夹

（4）在如图 1.12 所示中单击【Install】按钮，开始执行软件的安装过程，此时开始复制新文件,并显示安装进度。

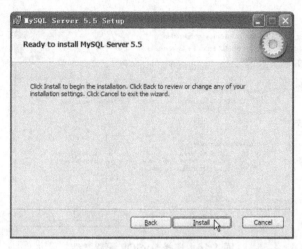

图 1.12  开始安装

(5)安装过程即将结束时,连续出现几个 MySQL 企业版的广告对话框,在这些对话框上直接单击【Next】按钮,进入下一步。

(6)当完成安装过程时,在如图 1.13 所示中选中【Launch the MySQL Instance Configuration Wizard】复选框,然后单击【Finish】按钮。

**提示**  如果在这个步骤选中【Launch the MySQL Instance Configuration Wizard】复选框,则单击【Finish】按钮时将启动 MySQL 配置向导。如果没有选中这个复选框,则单击【Finish】按钮时将结束安装过程。在这种情况下,若要配置 MySQL 数据库服务器,则可以通过运行程序文件 MySQLInstanceConfig.exe 来启动 MySQL 数据库服务器配置向导。

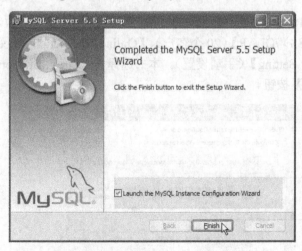

图 1.13  结束安装并启动 MySQL 服务器配置向导

(7)此时出现 MySQL 服务器实例配置向导的欢迎对话框,直接单击【Next】按钮,进入第一个配置步骤。

(8)在如图 1.14 所示中选择一种配置类型,可供选择的有【Detailed Configuration】(详细配置)和【Standard Configuration】(标准配置)。本书选取【Detailed Configuration】选项,

然后单击【Next】按钮。

若选择此选项，则可以在配置向导的提示下为当前计算机创建最佳的 MySQL 服务器配置

若当前计算机上尚未安装 MySQL 服务器，则只能选择此选项，此时可用手动方式设置 MySQL 服务器的各个选项

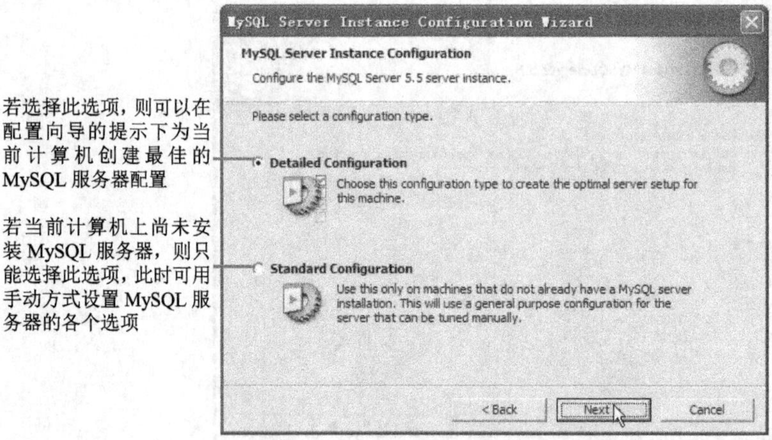

图 1.14　选择 MySQL 配置类型

（9）在如图 1.15 所示中选择一种服务器类型，可供选择的类型有【Developer Machine】（用于开发）、【Server Machine】（用于后台服务器）和【Dedicated MySQL Server Machine】（仅运行 MySQL）。本书选择【Developer Machine】，然后单击【Next】按钮。

（10）在如图 1.16 所示中选择数据库的用途，可供选择的类型有【Multifunction Database】（多功能数据库）、【Transactional Database Only】（仅用于事务处理）和【Non-Transactional Database Only】（用于简单网络开发）。本书选择【Multifunction Database】选项，然后单击【Next】按钮。

（11）在如图 1.17 所示中设置数据库的存储位置，本书采用默认设置，单击【Next】按钮，进入下一步。

（12）在如图 1.18 所示中设置 MySQL 服务器的最大并发连接数，可供选择的选项有【Decision Support（DSS）/OLAP】（20 个客户）、【Online Transaction Processing（OLTP）】（500 个客户）及【Manual Setting】（手动设置）。本书选择【Decision Support（DSS）/OLAP】选项，然后单击【Next】按钮。

若要把运行 MySQL 的计算机用于开发目的，则可选择此选项。此时，在当前计算机上可以运行许多其他应用程序，MySQL 服务器只使用最小限度的内存空间

若要把运行 MySQL 的计算机用作后台数据库服务器，则可选择此选项。此时，在当前计算机上可以运行一些服务器应用程序，该计算机可以用作 Web 服务器或者应用程序服务器。MySQL 服务器使用的内存空间为中等

若要使当前计算机只运行 MySQL 数据库服务器，而不运行 Web 服务器或邮件服务器等其他服务器软件，则选择此选项。此时，MySQL 服务器将使用所有可用内存空间

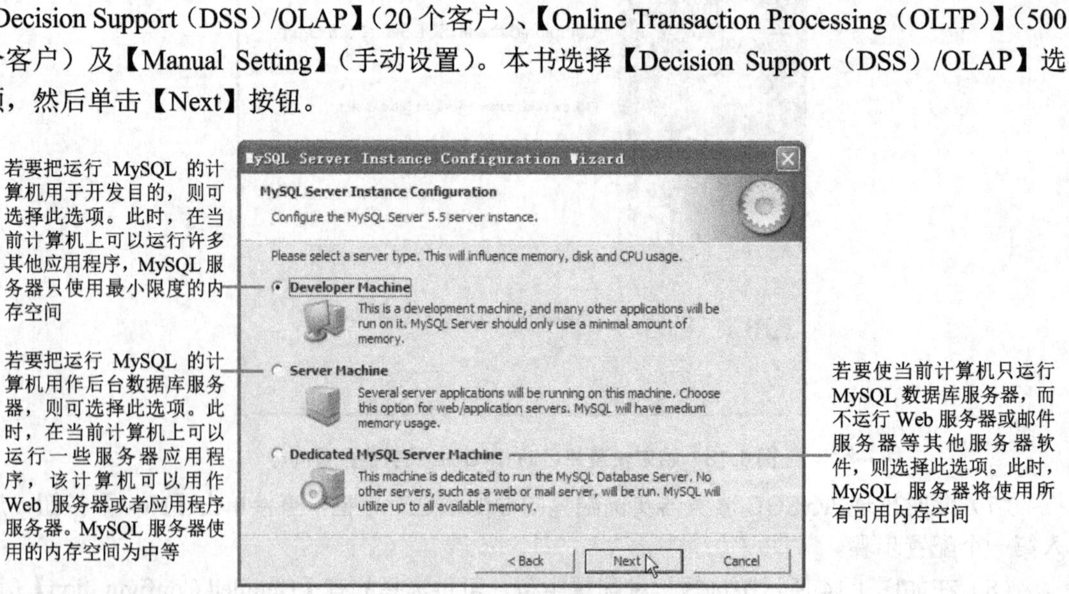

图 1.15　选择 MySQL 服务器类型

若要把 MySQL 数据库作为多功能数据库，则可选择此选项。此时将对 MySQL 服务器性能进行优化，以使用快速事务的 InnoDB 存储引擎和高效的 MyISAM 存储引擎

若 MySQL 数据库只用于事务处理，则选择此选项。此时将对应用程序服务器和处理事务的 Web 应用程序进行优化，以使 InnoDB 成为主要存储引擎，但仍可使用MyISAM 存储引擎

若 MySQL 数据库只用于简单的网站开发、监控或日志应用程序及分析程序，则选择此选项。此时，仅激活非事务处理的 MyISAM 存储引擎

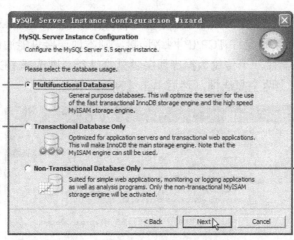

图 1.16　选择 MySQL 数据库用途

在此列表框中选择存储 InnoDB 表空间的驱动器

单击此按钮以选择存储 InnoDB 表空间的目录

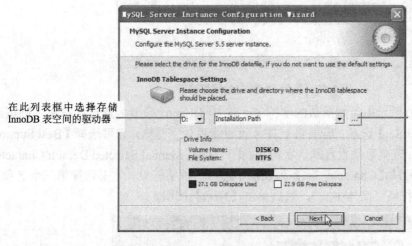

图 1.17　选择 MySQL 数据库存储位置

对于不需要很多并发连接的数据库应用程序，可选择此选项，此时会把最大并发连接数设置为 20

对于任意时刻活动连接数都在 500 的高并发应用程序，可选择此选项

若要手动设置最大并发连接数，则可选择此选项并输入并发连接数

在此框中输入并发连接数

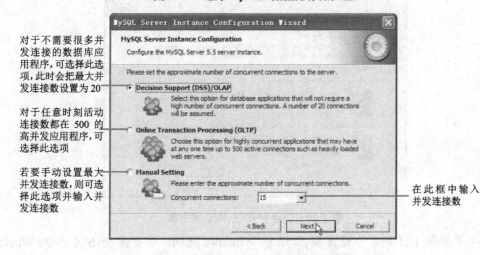

图 1.18　设置 MySQL 最大并发连接数

（13）在如图 1.19 所示中设置 MySQL 的网络选项。如果允许通过 TCP/IP 连接到 MySQL

服务器，则选中【Enable TCP/IP Networking】复选框，并在【Port Number】框中输入端口号，默认端口号为 3306。如果不允许 TCP/IP 网络连接，则本地连接只能通过命名管道来实现。若要强制 MySQL 服务器像一个传统数据库服务器那样运行，则选择【Enable Stric Mode】复选框。本书同时选中以上两个复选框，然后单击【Next】按钮

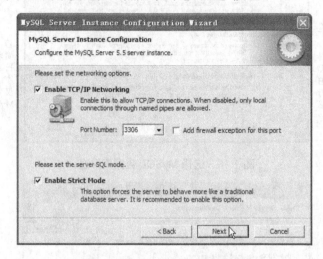

图 1.19　设置 MySQL 的网络选项

（14）在如图 1.20 所示中设置默认的字符集。若要将 Latin1 设置为默认字符集，则可选择【Standard Character Set】选项；若要将 UTF 8 设置为默认字符集，则可选择【Best Support Multilingualism】选项；若要手动设置默认字符集，则可选择【Manual Selected Default Character Set/Cllation】选项，并从【Character Set】列表框中选择一种字符集。本书选择第三个选项，并选择"gb2312"字符集（简体中文），然后单击【Next】按钮。

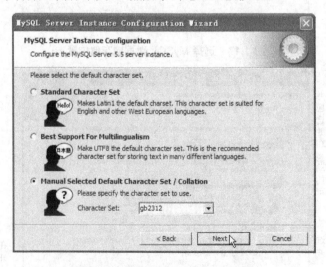

图 1.20　设置 MySQL 默认字符集

（15）在如图 1.21 所示中设置 MySQL 的 Windows 选项。若要将 MySQL 作为 Windows 服务来安装，则可选取【Install As Windows Service】复选框，并将服务名称设置为 MySQL。在 Windows 中，可以通过系统服务管理工具来启动或停止 MySQL 服务。若要通过命令行来

启动 MySQL 服务器，则可选取【Include Bin Diretory in Windows PATH】复选框。本书同时
选取了以上两个复选框，然后单击【Next】按钮。

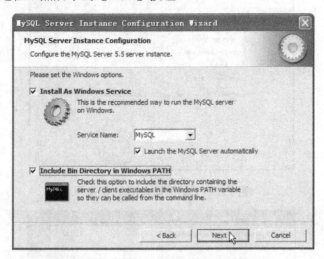

图 1.21　设置 MySQL 的 Windows 选项

　　（16）在如图 1.22 所示中设置 MySQL 服务器的安全性选项。若要为 MySQL 的默认账号
root 设置密码，则可选取【Modify Security Settings】复选框，并在【New root password】框
中输入密码，然后在【Confirm】框中再次输入密码加以确认。如果允许使用 root 账号对 MySQL
进行远程访问，则可选取【Eanble root access from remote machines】复选框。若要创建匿名
账户，则可选取【Create An Anonymous Accout】复选框。匿名账号的存在，将使数据库系统
的安全性受到影响。本书只选取第一个复选框并为 root 用户设置了密码（如 123456），然后
单击【Next】按钮。

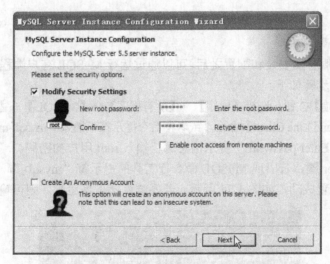

图 1.22　设置 MySQL 的安全选项

　　（17）在如图 1.23 所示中单击【Execute】按钮，开始对 MySQL 服务器进行配置。
　　（18）在如图 1.24 所示中单击【Finish】按钮，完成 MySQL 服务器的配置。

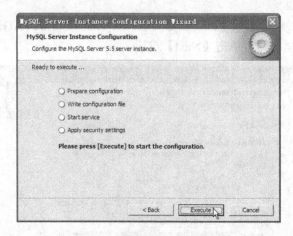

图 1.23　开始配置 MySQL 服务器

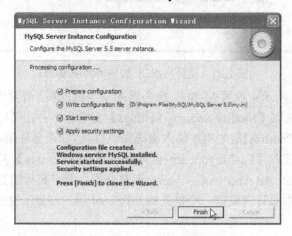

图 1.24　完成 MySQL 服务器配置

## 2. 测试 MySQL 服务器

完成 MySQL 服务器安装和配置之后，可以通过运行 MySQL 客户端程序对 MySQL 服务器进行测试。具体步骤如下。

（1）单击【开始】按钮，选择【程序】→【所有程序】→【MySQL】→【MySQL Server 5.5】→【MySQL Command Line Client】命令，或者在命令提示符下输入 "mysql -uroot -p"。

（2）当出现 "Enter password" 提示信息时，输入 root 用户的密码。

（3）按下 Enter 键，若出现 MySQL 命令行工具的提示符 "mysql>"，则表明 MySQL 数据库服务器安装配置成功，如图 1.25 所示。若要结束该工具运行，则可输入 quit 命令。

图 1.25　通过命令行客户端测试 MySQL 服务器

### 3. 安装 Navicat for MySQL

由于使用 MySQL 命令行工具创建和管理数据库比较麻烦，建议安装一个名为 Navicat for MySQL 的图形界面应用程序来执行相关操作。Navicat for MySQL 是一套专为 MySQL 设计的强大数据库管理及开发工具，可用于 3.21 及以上任何版本的 MySQL 数据库服务器，并支持大部分 MySQL 最新版本的功能，包括触发器、存储过程、函数、事件、视图、管理用户等。

目前，Navicat for MySQL 的最新版本是 9.1.11，可从以下地址下载：

```
http://www.navicat.com/
```

完成程序安装后，单击【开始】按钮，选择【PremiumSoft】→【Navicat for MySQL】→【Navicat for MySQL】，即可打开 Navicat for MySQL 应用程序窗口，如图 1.26 所示。

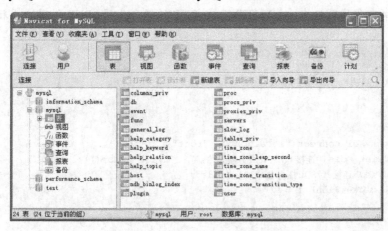

图 1.26　Navicat for MySQL 用户界面

### 4. 通过 PHP 连接 MySQL 服务器

为了通过 PHP 连接到 MySQL 服务器，还需对 PHP 做进一步的配置，具体步骤如下。

（1）将 PHP 目录下的 libmysql.dll 文件复制到<driver>:\Apache2.2\bin 目录中。

（2）利用记事本程序打开<driver>:\Apache2.2 目录中的 php.ini 文件。

（3）在文件中定位到 [MySQL]节，对以下属性进行设置。

- 设置 MySQL 服务器的主机名：
```
mysql.default_host=localhost
```

- 设置 MySQL 服务器的端口号：
```
mysql.default_port=3306
```

- 设置默认用户账号：
```
mysql.default_user=root
```

- 设置默认登录密码：
```
mysql.default_password=password
```

（4）为了启用 PHP 对 MySQL 的支持模块，在文件中定位到下面一行：
```
;extension=php_mysql.dll
```
删除前面的分号。

（5）保存对 php.ini 文件的修改，然后重启 Apache 服务器。

【例 1.3】编写一个 PHP 动态网页，创建与 MySQL 服务器的连接，结果如图 1.27 所示。

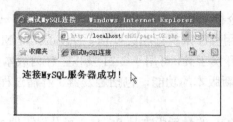

图 1.27　通过 PHP 连接 MySQL 服务器

**【设计步骤】**

（1）打开 Windows 记事本程序。

（2）在记事本程序窗口中，输入 HTML 与 PHP 的混合代码（PHP 代码块用粗体字表示），内容如下：

```
<html>
<head>
<title>测试 MySQL 连接</title>
</head>
<body>
<?php
$link=mysql_connect("localhost", "root", "******");
if(!$link) die("连接 MySQL 服务器失败：" . mysql_error());
echo "<h3>连接 MySQL 服务器成功！</h3>";
mysql_close($link);
?>
</body>
</html>
```

在上述 PHP 脚本代码块中，通过调用 mysql_connect 函数打开一个到 MySQL 服务器的连接，并用变量$link 来保存该函数的返回值。在该函数中，传递的 3 个参数分别用于指定 MySQL 服务器名称、用户账号和登录密码。若成功连接到 MySQL 服务器，则 mysql_connect 函数返回一个 MySQL 连接标志，失败则返回 FALSE。

通过 if 语句测试变量$link 的值，若为 FALSE，则调用 die()结构显示信息并结束当前脚本。本书通过连接运算符"."把字符串常量"连接 MySQL 服务器失败："与函数 mysql_error()的返回值（表示上一个 MySQL 操作产生的错误信息）合并成一个新字符串，作为 die()显示的信息；若$link 的值为 TRUE，则执行 echo 语句显示连接成功的信息。

通过调用 mysql_close 函数关闭由变量$link 标志的 MySQL 连接。

（3）把文件保存到网站根目录下的 chap01 文件夹中，并指定文件名为 page1-02.php。

（4）在 IE 浏览器的地址栏输入以下 URL：

```
http://localhost/chap01/page1-02.php
```

此时应能看到如图 1.27 所示的结果。

### 1.2.6　创建 PHP MySQL 动态站点

PHP 动态网页实际上是一种无格式的纯文本文件，利用 Windows 记事本即可编写 PHP 动态网页。不过，要通过这种方式来创建功能复杂的 PHP 动态网站，工作效率是十分低下的。为此，就需要选择一种适当的 PHP 开发工具。在本书中，主要选择 Adobe Dreamweaver CS 5.5

（以下简称为 Dreamweaver 或 DW）作为 PHP 网站开发工具。

在 Dreamweaver 中，可以通过站点来组织所有与网站相关的文档资源。通过在站点中组织文件，可以利用 Dreamweaver 把站点上传到 Web 服务器、自动跟踪和维护链接、管理和共享文件。如果想充分利用 Dreamweaver 的各项功能，就必须定义一个站点。下面介绍如何在 Dreamweaver 中创建一个基于 PHP MySQL 服务器模型的动态站点，操作步骤如下。

（1）启动 Dreamweaver，选择【站点】→【新建站点】命令。

（2）在站点设置对象对话框中，选择【站点】，为新站点输入一个名称（如 PHP），并指定本地站点文件夹（如 G:\phpdocs），如图 1.28 所示。

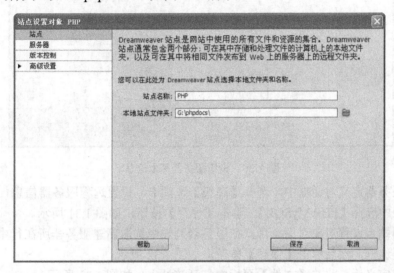

**图 1.28　设置站点的名称和本地文件夹**

（3）在站点设置对话框中，选择【服务器】选项，并在服务器列表下方单击加号按钮 ，以添加新的服务器，如图 1.29 所示。

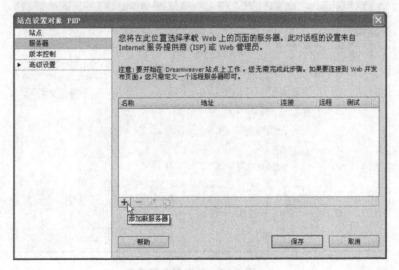

**图 1.29　添加新服务器**

（4）在服务器定义对话框中，选择【基本】选项卡，指定服务器名称、连接方法、服务器文件夹（应输入 Apache 服务器的文档根目录或某个虚拟目录的路径，或者通过单击文件夹图标█来选择此路径）及 Web URL（如 http://localhost），如图 1.30 所示。

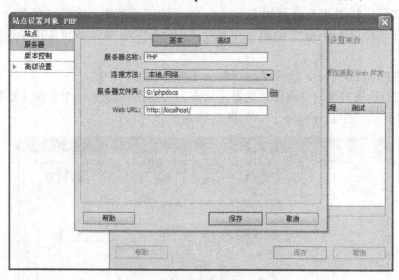

图 1.30　设置服务器基本信息

（5）在服务器定义对话框中，选择【高级】选项卡，设置远程服务器信息，并从【服务器模型】列表中选择【PHP MySQL】，单击【保存】按钮，如图 1.31 所示。

（6）返回站点设置对象对话框后，在服务器列表中选取新建服务器所在行中的【远程】和【测试】复选框，然后单击【保存】按钮，如图 1.32 所示。

完成站点定义后，将在【文件】面板中打开该站点，如图 1.33 所示。

【例 1.4】在 Dreamweaver 中创建一个基于 PHP MySQL 服务器模型的站点，并通过一个 PHP 动态网页对该站点进行测试，结果如图 1.34 所示。

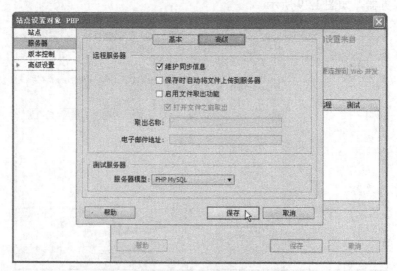

图 1.31　设置服务器模型

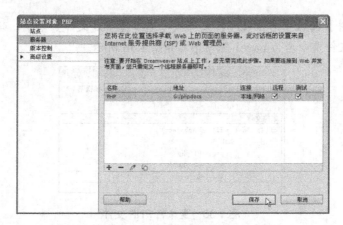

图 1.32　保存服务器设置信息

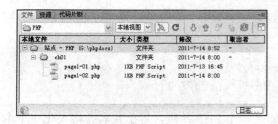

图 1.33　文件面板中的 Dreamweaver 站点　　　　　图 1.34　PHP 动态站点测试页

【设计步骤】

（1）利用站点设置对话框设置一个新站点，其各个参数设置如下。

● 站点名称和服务器名称：PHP。

● 本地站点文件夹和服务器文件夹：G:\phpdocs。

● 连接方法：本地/网络。

● Web URL：http://localhost。

● 服务器模型：PHP MySQL。

（2）按 Ctrl+U 组合键，打开"首选参数"对话框，设置默认文档类型为 HTML 5，设置默认编码为简体中文，如图 1.35 所示。

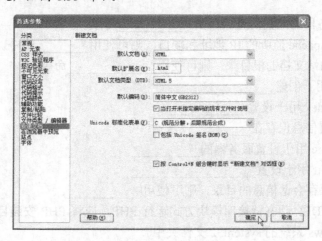

图 1.35　设置默认文档类型和默认编码

（3）在【文件】面板中右击 ch01 文件夹，选择【新建文件】命令，此时文件名暂定为 untitled.php，把文件重命名为 page1-03.php，如图 1.36 所示。

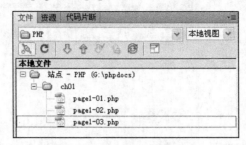

图 1.36　重命名 PHP 文件

（4）双击文件 page1-03.php，在 Dreamweaver 文档窗口中打开该文件。

（5）选择【查看】→【代码】命令，切换到代码视图，在<body>与</body>标记之间输入以下 PHP 代码块：

```php
<?php
echo "<p>欢迎您参加 PHP 动态网站开发!</p>\n";
echo "<p>本页面创建于" . date("Y-m-d H:i:s") . "</p>\n";
?>
```

在上述代码块中，"\n"表示换行符；date 是一个 PHP 函数，用于获取并格式化一个本地日期和时间，可以把一个格式字符串作为参数传递给该函数；在格式字符串中，Y 表示四位数字的年份，m 表示带前导零的月份，d 表示月份中的第几天（包含前导零的两位数字），H 表示 24 小时格式的小时（有前导零），i 表示有前导零的分钟数，s 表示秒数（有前导零）。

（6）按 F12 键，在 IE 浏览器中查看网页运行结果。

# 习题 1

## 一、填空题

1. Apache 服务器的配置信息保存在_____文件中。

2. 若要设置 Apache 监听的 IP 地址和端口，则可使用_____命令。

3. 若要设置网站文档的根目录，则可使用_____命令。

4. Alias 命令用于创建_____。

5. DirectoryIndex 用于设置_____。

6. PHP 的配置信息保存在_____文件中。

7. date.timezone 用于设置服务器的_____。

8. extension_dir 用于设置_____。

9. 若要设置保存会话信息的目录，则可使用_____。

10. 若要使用 DLL 动态链接库模块方式运行 PHP，应将 PHP 安装目录中的_____文件复制到 Windows 系统的 system32 文件夹中。

11. 若要通过 PHP 连接到 MySQL 服务器，应将_____文件复制到<driver>:\Apache2.2\bin 目录中。

12. 在 php.ini 文件中，extension=php_mysql.dll 表示 PHP 对_____的支持模块。

## 二、选择题

1. 在下列各项中，（　　）不属于 PHP 开发组件。

A. Apache 服务器　　　　　　　　B. IIS 服务器

C. MySQL 数据库服务器　　　　　D. PHP 脚本引擎

2. 配置 MySQL 服务器时可以设置一个管理员账号，其名称是（　　）。

A. admin　　　　　　　　　　　　B. sa

C. root　　　　　　　　　　　　　D. system

3. 若要设置 MySQL 服务器的主机名，则可对（　　）进行设置。

A. mysql.default_host　　　　　　B. mysql.default_port

C. mysql.default_password　　　　D. mysql.default_user

4. 若要结束 MySQL 命令行客户端程序运行，则可输入（　　）命令。

A. GO　　　　　　　　　　　　　B. quit

C. back　　　　　　　　　　　　　D. GOTO

## 三、简答题

1. Apache 服务器有哪些主要特点？

2. PHP 语言有哪些主要特点？

3. MySQL 有哪些主要特点？

4. 管理 Apache 服务器有哪些方法？

5. 在 Apache 中，PHP 有哪两种运行方式？如何利用 Apache 设置这些运行方式？

6. 要想通过 PHP 连接到 MySQL 服务器，需要做哪些事情？

7. 在 Dreamweaver 中创建 PHP 动态站点有哪些主要步骤？

 **上机实验** 1

1. 安装和配置 Apache 服务器，并通过编写一个 HTML 网页对 Apache 服务器进行测试。

2. 更改 Apache 服务器上的文档根目录，并创建一个虚拟目录。

3. 安装和配置 PHP 引擎，并使 Apache 支持 PHP。

4. 编写一个 PHP 动态网页，用于显示一行信息："Hello World"。

5. 安装和配置 MySQL 服务器，并通过 MySQL 命令行客户端对该服务器进行测试。

6. 编写一个 PHP 动态网页，以创建到 MySQL 服务器的连接。

7. 对 PHP 进行配置，以便通过 PHP 连接到 MySQL 服务器。

8. 在 Dreamweaver 中创建一个基于 PHP MySQL 服务器模型的 PHP 站点，并通过编写一个 PHP 动态网页对此 PHP 站点进行测试。

# 第 2 章　PHP 语言基础

PHP 是一种多用途脚本语言，它主要用于编写服务器端脚本程序，并通过在 HTML 文档中嵌入 PHP 代码块可构成 PHP 动态网页，以完成任何其他 CGI 程序能够完成的工作，如接收和处理用户请求、访问数据库等。本章将介绍 PHP 编程语言的基础性内容，主要包括 PHP 基本知识、数据类型、变量与常量、运算符与表达式及流程控制语句。

## 2.1　PHP 基本知识

创建 PHP 动态网页之前，首先需要了解 PHP 编程的一些基本知识，如 PHP 动态网页由哪些内容构成，如何创建 PHP 代码块和 PHP 注释，如何使用 PHP 与 HTML、JavaScript 一起工作等。下面就来介绍这些内容。

### 2.1.1　PHP 动态网页概述

PHP 动态网页是混合使用 PHP 和 HTML 编写的 Web 页面，也就是扩展名为.php 的 HTML 文档，实际上就是文本文件。它可以通过记事本程序或任何文本编辑器来创建和编辑，而且必须保存到 Apache 网站主目录或虚拟目录中。

一个 PHP 文件主要包含以下几个方面的内容。

- HTML 标记。在 PHP 文件中可以包含各种标准的 HTML 标记，如<html>…</html>、<head>…</head>、<title>…</title>、<p>…</p>、<br>、<form>…</form>及<input />等，通过这些 HTML 标记可以构建 HTML 文档结构并添加各种内容。
- CSS 样式表。在 PHP 文件中可以包含 CSS 样式定义，用于设置网页的外观。既可以在文档首部通过<style>…</style>嵌入 CSS 样式定义，也可以通过<link>链接外部 CSS 样式表文件，此外还可以在 HTML 标记中通过 style 属性设置 CSS 样式。
- 客户端脚本。一般情况下可以在文档首部通过<script>…</script>标记来添加基于 JavaScript 或 VBScript 脚本语言的客户端脚本程序，用于执行表单数据检查等操作。
- PHP 定界符。用于区分 PHP 代码与其他内容。关于 PHP 定界符的更多信息，请参阅本书 2.1.2 节 "创建 PHP 代码块" 的内容。
- PHP 代码。符合 PHP 语法的各种语句，这些语句运行于服务器端，用来执行各种各样的操作，如收集表单数据、发送/接收 Cookies 及访问数据库等。

与 HTML 静态网页一样，PHP 动态网页也存储在网站服务器上，客户端可以通过 HTTP 协议来访问这些资源，其格式为 "http://虚拟路径"。对于存储在本地服务器上的 HTML 静态网页，还可以通过 FILE 协议来访问，其格式为 "file:///物理路径"。在 PHP 动态网站开发过程中，同一台计算机往往既是服务器又是客户端计算机。即使在这种情况下，也必须通过 HTTP 协议来访问 PHP 动态网页，为此可在浏览器地址栏输入以"http://"开头的页地址。

服务器对 HTML 静态网页和 PHP 动态网页的处理过程是有所不同的。

- 当访问者通过客户端浏览器发出 HTML 页请求时，Apache 服务器将直接将该页送回到客户端浏览器。
- 当访问者通过客户端浏览器发出 PHP 页请求时，Apache 服务器首先将 PHP 代码转发给 PHP 语言引擎进行处理，然后将其执行结果和原有的 HTML 代码合并成一个完整的 HTML 文档并送回到客户端浏览器。

**注意**　如果正在使用 Dreamweaver，只需要按下 F12 键，即可在浏览器中预览当前正在编辑的 PHP 页，而不必用手动方式输入该页地址。也可以在实时视图中查看 PHP 页的运行结果，或在实时代码视图中查看动态生成的 HTML 代码。

### 2.1.2　创建 PHP 代码块

如前所述，一个 PHP 文件可以包含多种不同的内容。为了将 PHP 代码与其他内容加以区分，就需要用到 HTML 定界符和 PHP 定界符。HTML 定界符由一个小于号"<"和大于号">"组成，PHP 定界符则有以下四种形式。

- <?php…?>：这是 PHP 定界符的标准形式，建议读者使用这种形式。在 Dreamweaver 中，可以利用插入栏快速插入 PHP 定界符。方法是，在插入栏选择【PHP】类别，单击代码块图标，如图 2.1 所示。

**图 2.1　利用 DW 插入栏添加 PHP 定界符**

- <?…?>：这是<?php…?>定界符的简写形式。若要在文档中使用这种类型的定界符，则必须在配置文件 php.ini 中设置 short_open_tap=On，然后重启 Apache 服务器。
- <script language="php">…</script>：这是一个 HTML 标记，其作用是指定由 PHP 语言引擎来解释<script>与</script>标记之间的脚本。
- <%…%>：这是 ASP 语言的定界符。若要在 PHP 文件中使用这种形式的定界符，则必须在配置文件 php.ini 中设置 asp_tags=On，然后重启 Apache 服务器。

【例 2.1】本例说明如何使用两种不同形式的 PHP 定界符来创建 PHP 代码块，网页运行结果如图 2.2 所示。

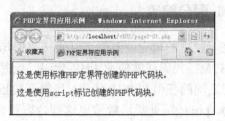

**图 2.2　PHP 定界符应用示例**

**【设计步骤】**

（1）启动 Dreamweaver，然后在【文件】面板中打开本书第 1 章中创建的 PHP 站点。

（2）右击站点的本地根目录，并从弹出菜单中选择【新建文件夹】命令，然后将该文件夹命名为 ch02。在本章中创建的所有 PHP 动态网页都将保存在该文件夹下。

（3）右击新建的文件夹 ch02，并从弹出的菜单中选择【新建文件】命令，然后将该文件命名为 page2-01.php。

（4）双击 page2-01.php 文件，在文档窗口中打开该文件。

（5）利用文档工具栏的【标题】文本框将文档标题设置为"PHP 定界符应用示例"。

（6）切换到代码视图，在 <body> 与 </body> 标记之间创建以下两个 PHP 代码块：

```
<?php echo "<p>这是使用标准 PHP 定界符创建的 PHP 代码块。</p>\n"; ?>
<script language="php">
echo "<p>这是使用 script 标记创建的 PHP 代码块。</p>\n";
</script>
```

（7）按 Ctrl+S 组合键保存文件，按 F12 键在浏览器中查看 PHP 动态网页的运行结果。

### 2.1.3 编写 PHP 注释

在 PHP 语言中，可以使用以下三种注释方式。

- C++ 风格的单行注释 "//"：注释从 "//" 开始，到行尾结束，这种方式主要用于添加一行注释。若要添加多行注释，则应在每行前面都添加 "//"。例如：

```
// 这是一行注释文字
```

- UNIX Shell 风格的单行注释 "#"：与单行注释 "//" 相同。例如：

```
# 这是另一行注释文字
```

**注意** 单行注释 "//" 或 "#" 仅注释到行末或者当前的 PHP 代码块，这意味着在 "// ... ?>" 或 "# ... ?>" 之后的 HTML 代码将被显示出来，"?>" 标记的作用是跳出 PHP 模式并返回 HTML 模式，"//" 或 "#" 并不能影响这一点。

- C 风格的多行注释 "/*...*/"：注释从 "/*" 开始，到 "*/" 结束，可以用于添加多行注释文字。例如：

```
/*
这是一行注释文字
这是另一行注释文字
*/
```

不能嵌套这种形式的注释。试图把一大块代码变成注释时很容易出现这种错误。例如：

```
/*
echo "这是一个测试。";          /* 这个注释将出现问题 */
*/
```

### 2.1.4 PHP 与 HTML 混合编码

PHP 语句在语法上是完全独立的单元，但也可以使一个语句跨越两个 PHP 代码块，并在这两个代码块之间包含 HTML 代码或其他非 PHP 代码。此时，PHP 将直接输出上一个结束标记与下一个开始标记之间的任何非 PHP 代码。当需要输出大量 HTML 内容时，退出 PHP 解析模式比使用 echo()、print() 或此类函数输出这些内容更为有效。下面结合例子来加以说明。

【例 2.2】本例说明如何实现 PHP 与 HTML 混合编码，结果如图 2.3 所示。

图 2.3　PHP 与 HTML 混合编码

【设计步骤】

（1）在文件夹 ch02 中创建一个 PHP 动态网页并命名为 page2-02.php。

（2）将文档标题设置为 "PHP 与 HTML 混合编码示例"。

（3）切换到代码视图，并在<body>标签下方输入以下内容：

```
<p>当前时间是: <u><?php echo date("H:i:s"); ?></u></p>
<?php
$time=localtime();                 //用 localtime 函数获取本地时间,其值是一个数组
$hour=$time[2];                    //从数组中获取小时数
if($hour>=6 && $hour<12){          //若当前时间在早上 6 点以后中午 12 点以前
?>
<p>上午好! </p>
<?php } elseif($hour>=12 && $hour<18){  //若当前时间在中午 12 点以后下午 6 点以前
?>
<p>下午好! </p>
<?php } ?>
```

上述内容中包含一个 if…elseif 语句，它跨越了三个 PHP 代码块，其两个分支分别是一个 HTML 段落，用于在不同时间段将显示出不同的问候语。

## 2.1.5　PHP 与 JavaScript 协同工作

PHP 动态网页中可以同时包含 PHP 服务器端脚本和 JavaScript 客户端脚本，而且这两种脚本可以协同工作。当访问者通过客户端浏览器发出对某个 PHP 动态网页的请求后，由 PHP 在运行中按照 HTML 的语法格式动态生成页面，并由服务器将整个页面的数据发送给客户端浏览器，该页面中可能包含<script>标记，因此动态生成由浏览器执行的客户端 JavaScript 脚本。使用 PHP 生成或操作客户端脚本，可以增强其有效性。例如，可以编写服务器端脚本，根据服务器特有的变量、用户浏览器类型或 HTTP 请求参数对客户端脚本加以组合。

如下面的模板所示，通过将 PHP 服务器端脚本语句包含在 JavaScript 客户端脚本中，可以在请求时动态初始化和更改客户端脚本。

```
<script language="javascript" type="text/javascript">
var js_var=<?php echo 服务器定义值; ?>;
…
JavaScript 客户端脚本
<?php 用于生成客户端语句的 PHP 服务器端脚本 ?>
JavaScript 客户端脚本
…
</script>
```

创造性地运用这项技术还可以减少往返次数和服务器处理次数。

【例2.3】本例说明如何实现PHP代码与JavaScript客户端脚本协同工作，包括在JavaScript脚本中使用PHP变量及通过PHP代码生成JavaScript客户端脚本，结果如图2.4所示。

图 2.4　PHP 与 JavaScript 协同示例

【设计步骤】

（1）在文件夹ch02中创建一个PHP动态网页并命名为page2-03.php。

（2）将文档标题设置为"PHP 与 JavaScript 协同示例"。

（3）切换到代码视图，并在<body>标签下方输入以下内容：

```php
<?php $now=date("Y-m-d H:i:s");?>
<script type="text/javascript">
  document.writeln("当前服务器时间是: <?php echo $now; ?>");
</script>
<?php
  echo "<script type='text/javascript'>\n";
  echo "alert('欢迎您访问本网站！\\n当前服务器时间是: " . $now . "')";
  echo "</script>";
?>
```

## 2.2　数据类型

PHP语言支持八种原始数据类型，包括四种标量类型、两种复合类型和两种特殊类型。四种标量类型包括布尔型（boolean）、整型数（integer）、浮点数（float）和字符串（string）；两种复合类型包括数组（array）和对象（object）；两种特殊类型包括资源（resource）和空值（NULL）。另外还有三种伪类型。下面着重介绍各种标量类型和特殊类型。

### 2.2.1　整型数

整型数是集合 Z = {..., −2, −1, 0, 1, 2, ...} 中的一个数。整型数包括正整数、负整数和零。一个整型数可以用十进制、十六进制或八进制符号表示，前面可以加上可选的符号（−或+）。若用八进制，则必须在数字前加上前缀0；若用十六进制，则必须在数字前加上前缀0x。

整型数的字长和平台有关。在32位操作系统中，整型数的取值范围是−2 147 483 648～+2 147 483 647。若一个数超出了整型数的范围，则将被解释为浮点数；当运算结果超出了整型数范围时，也会返回浮点数。PHP不支持无符号整数。

下面给出整型数的例子。

```php
<?php
$a=345;              //十进制数
$b=-123;             //一个负数
$m=0356;             //八进制数（等于十进制的 238）
$n=0x2AE;            //十六进制数（等于十进制的 686）
?>
```

## 2.2.2　浮点数

浮点数也称为双精度数或实数，其取值范围和精度远远大于整型数。在 32 位操作系统中，浮点数的取值范围为 1.7E–308～1.7E+308（即 $1.7 \times 10^{-308} \sim 1.7 \times 10^{308}$）。浮点数可以用小数形式或科学计数法表示，在科学计数法中用 E 或 e 表示以 10 为底的幂。

下面给出一些浮点数的例子。

```php
<?php
$x=1.236;
$y=1.2e8;
$z=5E-10;
?>
```

## 2.2.3　字符串

在 PHP 语言中，字符串是由一系列字符组成的，一个字符占用一个字节，一共有 256 种不同字符的可能性。从语法上讲，字符串可以用以下三种方法来定义。

### 1. 用单引号定义字符串

用单引号（'）括起字符串是表示一个字符串的最简单方法。在用单引号定义的字符串中，若要表示一个单引号，则需要用反斜线（\）进行转义，即表示为 "\'"；若要在单引号之前或字符串结尾需要出现一个反斜线，则需要用两个反斜线（\\）表示。如果试图转义任何其他字符，则反斜线本身也会被显示出来。与下面的两种语法有所不同，在单引号字符串中出现的**变量名不会被变量值替代**，转义序列也不会被解释。

### 2. 用双引号定义字符串

若用双引号（"）括起字符串，则会使 PHP 处理更多特殊字符的转义序列。若试图转义任何其他字符，则反斜线本身也会被显示出来。在用双引号定义的字符串中，**变量名会被变量值替代**，有时可能要用花括号把变量名括起来，以便于变量解析。转义字符在`列出。

表 2.1　PHP 转义字符

| 转 义 序 列 | 含 义 |
| --- | --- |
| \n | 换行（LF 或 ASCII 字符 0x0A（10）） |
| \r | 回车（CR 或 ASCII 字符 0x0D（13）） |
| \t | 水平制表符（HT 或 ASCII 字符 0x09（9）） |
| \\ | 反斜线 |
| \$ | 美元符号 |
| \" | 双引号 |
| \[0-7]{1,3} | 此正则表达式序列匹配一个用八进制符号表示的字符 |
| \x[0-9A-Fa-f]{1,2} | 此正则表达式序列匹配一个用十六进制符号表示的字符 |

### 3. 用定界符定义字符串

在处理长字符串时，也可以使用定界符语法（"<<<"）来定义字符串，即在 "<<<" 之后提供一个标识符，接着是字符串的内容，然后用同样的标识符来结束字符串。语法如下：

```
<<<标识符
    字符串内容
标识符
```

**注意** 结束标识符必须从行的第一列开始。标识符必须遵循 PHP 标识符的命名规则，即只能包含字母、数字和下画线，而且必须以下画线或非数字开始。

与双引号字符串相同，使用定界符定义字符串时，在字符串中包含的**变量名在运行时将被变量值替代**。此外，在这种字符串中，可以直接包含单引号和双引号，而不必进行转义。

**【例 2.4】**本例说明如何在 PHP 代码中用不同语法格式定义字符串，结果如图 2.5 所示。

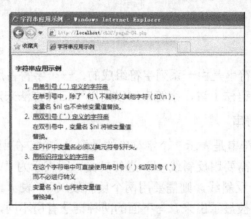

**图 2.5 字符串应用示例**

**【设计步骤】**

（1）在文件夹 ch02 中创建一个 PHP 动态网页并命名为 page2-04.php。

（2）将文档标题设置为"字符串应用示例"。

（3）切换到代码视图，并在\<body\>与\</body\>标签之间输入以下内容：

```
<h4>字符串应用示例</h4>
<?php
$nl="<br>\n"; // 用双引号定义字符串并将其赋给变量

echo '<ol><li><u>用单引号 (\') 定义的字符串</u>'.$nl;
echo '在单引号中，除了 \' 和 \\ 不能转义其他字符（如\n）。'.$nl;
echo '变量名 $nl 也不会被变量值替换。</li>';
echo "<li><u>用双引号 (\") 定义的字符串</u>".$nl;
echo "在双引号中，变量名 \$nl 将被变量值 $nl 替换。".$nl;
echo "在 PHP 中变量名必须以美元符号\$开头。</li>";
echo <<<STR
<li><u>用标识符定义的字符串</u> $nl
在这个字符串中可直接使用单引号（'）和双引号（"）$nl 而不必进行转义<br>
变量名 \$nl 也将被变量值 $nl 替换掉。</li></ol>
STR;
?>
```

### 2.2.4 布尔型

布尔型用于表示真值，其取值可以是 true 或 false。布尔值通常用于控制程序的执行流程。若要定义一个布尔值，可以使用关键字 true 或 false，这两个关键字是不区分大小写的，因此也可以使用 True 或 False，或者使用 TRUE 或 FALSE。例如：

```php
<?php
$b1=true;
$b2=false;
?>
```

### 2.2.5　特殊类型

在 PHP 语言中，有以下两种特殊类型。

#### 1. 资源

资源是一种特殊变量，保存了对外部资源的一个引用。资源是通过专门的函数来建立和使用的。由于资源类型变量保存为打开文件、数据库连接、图形画布区域等特殊句柄，因此无法将其他类型的值转换为资源。

#### 2. NULL

特殊的 NULL 值表示一个变量没有值。NULL 类型只有一个值，就是大小写敏感的关键字 NULL。例如：

```php
<?php
$var=NULL;
?>
```

在下列情况下，一个变量被认为是 NULL：被赋值为 NULL；尚未被赋值；通过调用函数 unset()而被销毁。

### 2.2.6　数据类型转换

在 PHP 编程中，可以根据需要将一种数据类型转换为另一种数据类型。数据类型转换分为自动转换和强制转换两种形式。

#### 1. 强制类型转换

在 PHP 语言中，若要将一个值转换为其他数据类型，则可以在该值前面添加一个目的类型关键字并通过圆括号将该关键字括起来，语法如下：

```
(type)value
```

可用的类型关键字在表 2.2 中列出。

表 2.2　强制类型转换

| 类型关键字 | 类 型 转 换 | 类型关键字 | 类 型 转 换 |
| --- | --- | --- | --- |
| (int)、(integer) | 将值转换为整型 | (array) | 将值转换为数组 |
| (float)、(double)、(real) | 将值转换为浮点型 | (object) | 将值转换为对象 |
| (bool)、(boolean) | 将值转换为布尔型 | (string) | 将值转换为字符串 |

#### 2. 整型转换

若要显式地将一个值转换为整型，则既可以使用 int 或 integer 进行强制转换，还可以通过函数 intval 将一个值转换成整型。不过，在大多数情况下都不需要强制转换，因为当运算符、函数或流程控制需要一个整型参数时，它的值会自动转换。

将其他数据类型转换为整型时，遵循以下规则。

● 从布尔值转换时，false 转换为 0，true 转换为 1。

- 当从浮点数转换成整数时，将丢弃小数位，即数字将被取整。若浮点数超出了整数范围，则结果不确定，因为没有足够的精度使浮点数给出一个确切的整数结果。

### 3. 字符串转换

在 PHP 中，可以用 string 或者 strval 函数将一个值转换为字符串。当某表达式需要字符串时，字符串的转换会在表达式范围内自动完成，如当使用 echo 或 print 语句，或将一个变量值与一个字符串进行比较的时候。

将一个值转换为字符串时，遵循以下规则。

- 布尔值 true 将被转换为字符串 "1"，而值 false 将被表示为 "."（即空字符串，用 echo 语句输出时看不到结果）。
- 整数或浮点数数值在转换成字符串时，字符串由表示这些数值的数字字符组成，浮点数还包含指数部分。
- 数组将被转换成字符串 "Array"，因此无法通过 echo 或 print 语句来输出数组的内容。
- 对象将被转换成字符串 "Object"。
- 资源类型总是以 "Resource id #1" 的格式被转换成字符串，其中 1 是 PHP 在运行时给资源指定的唯一标志。若要获取资源的类型，可使用函数 get_resource_type。
- NULL 将被转换成空字符串。

**提示** 将数组、对象或者资源打印出来，并不能提供任何关于这些值本身的有用的信息。对于调试来说，使用函数 print_r 和 var_dump 是更好的打印值的方法。

当一个字符串被当作数字来求值时，根据以下规则来决定结果的类型和值。

- 如果包括 "."、"e" 或 "E" 中任意一个字符，则字符串被当作浮点数来求值，否则就被当作整型数。
- 该值由字符串最前面的部分决定。若字符串以合法的数字数据开始，则用该数字作为其值，否则其值为 0。合法数字数据由可选的正负号开始，跟着一个或多个数字，后面跟着可选的指数。指数是一个 "e" 或 "E" 后面跟着一个或多个数字。

### 4. 布尔转换

若要将一个值转换成布尔值，可以用 bool 或 boolean 来强制转换。不过，在很多情况下不需要用强制转换，因为当运算符、函数或者流程控制需要一个布尔型参数时，该值会被自动转换。当转换为布尔型时，以下各种值都被认为是 false。

- 布尔值 false；
- 整型值 0（零）；
- 浮点型值 0.0（零）；
- 空白字符串和字符串 "0"；
- 没有成员变量的数组；
- 没有单元的对象（仅适用于 PHP 4）；
- 特殊类型 NULL（包括尚未设定的变量）。

所有其他值都被认为是 true（包括任何资源）。

### 5. 测试数据类型

在 PHP 语言中，可以使用 gettype() 函数来测试一个值的数据类型，语法如下：

```
string gettype(mixed var)
```

其中，参数 var 表示待测试的数据；关键字 mixed 表示"混和"伪类型，说明该参数可以接收多种不同的数据类型。

gettype()函数返回参数值的类型，返回的字符串的可能值为"boolean"、"integer"、"double"（由于历史原因，若是 float，则返回"double"而非"float"）、"string"、"array"、"object"、"resource"或"NULL"。

【例 2.5】本例说明如何在 PHP 中测试数据类型，结果如图 2.6 所示。

图 2.6　测试数据类型

【设计步骤】

（1）在文件夹 ch02 中创建一个 PHP 动态网页并命名为 page2-05.php。

（2）将文档标题设置为"测试数据类型"。

（3）切换到代码视图，并在<body>标签下方输入以下内容:

```
<h4>测试数据类型</h4>
<?php
$x1="this";
$x2=123;
$x3=12.36;
$x4=true;
$x5=array(1,2,3);//定义数组
$x6=NUll;
echo "<ul>";
echo "<li>变量 \$x1 的类型：<i>".gettype($x1)."</i></li>";
echo "<li>变量 \$x2 的类型：<i>".gettype($x2)."</i></li>";
echo "<li>变量 \$x3 的类型：<i>".gettype($x3)."</i></li>";
echo "<li>变量 \$x4 的类型：<i>".gettype($x4)."</i></li>";
echo "<li>变量 \$x5 的类型：<i>".gettype($x5)."</i></li>";
echo "<li>变量 \$x6 的类型：<i>".gettype($x6)."</i></li>";
echo "</ul>";
?>
```

## 2.3　变量与常量

变量实际上就是一种用于访问计算机内存地址的占位符，且该地址存储程序运行时可更改的数据。使用变量不需要了解变量在计算机内存中的地址，通过变量名即可查看或设置变量的值。常量是一个简单值的标识符，常量的值在程序执行期间不能改变。

## 2.3.1 定义变量

在 PHP 语言中规定，变量用一个美元符号（$）后面跟变量名来表示，而且变量名是区分大小写的。变量名与其他标识符一样，都遵循相同的命名规则：一个有效的变量名由字母或下画线开头，后面可以跟上任意数量的字母、数字或下画线。

命名变量通常与对变量赋值操作一起进行。下面给出一些变量命名的例子。

```php
<?php
$username="张三";                    //合法变量名，以字母开头
$_2site="www.mysite.com.cn";         //合法变量名，以下画线开头
$my站点="www.mysite.net";            //合法变量名，可以用中文
$2site="www.mysite.com";             //非法变量名，以数字开头
num=123;                             //无效变量名，未加$前缀
?>
```

在 PHP 中，可以在同一个变量中存储不同类型的数据。例如，可能首先把一个整型数存储在某个变量中，然后又把一个字符串存储到该变量中。在实际应用中，常常需要了解变量值所属的数据类型，这可以通过调用下列 PHP 函数来实现。

（1）使用下列函数可以检查变量或对象是否属于某种数据类型，若是则返回 true，否则返回 false。

- is_int()函数：检查变量是否为整型。
- is_float()函数：检查变量是否为浮点型。
- is_numeric()函数：检查变量是否为数值型。
- is_string()函数：检查变量是否为字符串。
- is_bool()函数：检查变量是否为布尔型。
- is_array()函数：检查变量是否为数组。
- is_object()函数：检查变量是否为对象。

（2）使用 gettype()函数测试一个变量的数据类型。参阅本书 2.2.6 节"测试数据类型"内容。

（3）使用 var_dump()函数显示变量的相关信息，语法如下：

```
void var_dump(mixed expression[, mixed expression[, ...]])
```

var_dump()函数显示关于一个或多个表达式的结构信息，包括表达式的类型与值。数组将递归展开值，通过缩进显示其结构。

（4）使用 print_r()函数显示关于变量的易于理解的信息，语法如下：

```
bool print_r(mixed expression[, bool return])
```

若 print_r()函数给出的参数是字符串、整型数或浮点数，则打印变量值本身；若给出的是数组，则按照一定格式显示键和元素。对象与数组类似。若要捕捉 print_r()的输出，则可将 return 参数设置为 true，此时 print_r()将不显示结果，而是返回其输出内容。

## 2.3.2 检查变量是否被设置

为了保证 PHP 代码的安全运行，在使用一个变量之前最好检查是否已定义该变量。下面介绍两个相关的函数。

（1）empty()函数，用于检查一个变量是否为空，语法如下：

```
bool empty(mixed var)
```

若参数 var 是非空或非零的值，则 empty()返回 false。空字符串""、0、"0"、NULL、false、

array()、var $var；及没有任何属性的对象都将被认为是空的。若参数 var 为空，则 empty() 返回 true。

（2）isset()函数，用于检测变量是否被设置，语法如下：

```
bool isset(mixed var[, mixed var[, ...]])
```

若参数 var 存在则返回 true，否则返回 false。isset()函数只能用于变量，因为传递任何其他参数都将造成解析错误。

若使用 isset()测试一个被设置成 NULL 的变量，则返回 false。同时要注意，一个 NULL 字节（"\0"）并不等同于 PHP 的 NULL 常数。

【例 2.6】本例说明如何定义并检测变量，结果如图 2.7 所示。

图 2.7　检测变量

【设计步骤】

（1）在文件夹 ch02 中创建一个 PHP 动态网页并命名为 page2-06.php。

（2）将文档标题设置为"检测变量"。

（3）切换到代码视图，并在<body>与</body>标签之间输入以下 PHP 代码块：

```
<h4>检测变量</h4>
<?php
$x=123;
$y="123";
$z=false;
echo "<ul><li>变量\$x：";
var_dump($x);
if(!empty($x))
   echo "，不为空";
else
   echo "，为空";
echo "<li>变量\$y：";
var_dump($y);
if(!empty($y))
   echo "，不为空";
else
   echo "，为空";
echo "<li>变量\$z：";
var_dump($z);
if(isset($z))
   echo "，已被设置";
else
   echo "，未被设置";
echo "<li>变量\$t：";
if(!empty($t))
```

```
    echo "不为空; ";
else
    echo "为空; ";
if(isset($t))
    echo "已被设置";
else
    echo "未被设置";
?>
```

### 2.3.3　可变变量与变量引用

在 PHP 中，除了使用标识符表示变量名外，也可以使用一个变量的值来表示另一个变量的名称，这就是可变变量，也称为动态变量。此外，还允许使用不同的变量名称来引用同一变量的内容，这就是变量的引用。

#### 1. 可变变量

若要动态地创建一个变量名，则可使用"可变变量"语法来实现，即在其值要作为变量名使用的变量前面加一个美元符号"$"。若在一个变量名前面放两个美元符号$，则 PHP 将取右面变量的值作为变量名。例如：

```
<?php
$x="str";
$$x="demo";        //$$x 等效于$str
echo "$x $str";         //输出结果为"str demo"
?>
```

**注意**　通过使用花括号，还能构造出用于表示变量名的更复杂的表达式，在此表达式中甚至可以包含函数调用。PHP 会求出位于花括号内的表达式的值，并将该值作为一个变量名。

#### 2. 变量引用

在 PHP 中通过变量引用可以使不同变量指向同一个内容。若要引用一个变量，则可在该变量名前面加一个&符号。例如：

```
<?php
$a=1;
$b=2;
$a=&$b;            //使$a 和$b 指向同一个变量
$a=3;                 //改变$a 时$b 随之而变
echo "$a $b";        //输出结果为"3 3"
?>
```

**提示**　如果要把一个变量传递给一个函数，并且希望保留在函数内部对该变量值的修改，则在定义函数时应指定它接收一个传递引用而不是用传递值的变量作为参数，然后将变量引用传递给函数。详情请参阅本书 3.2.2 节内容。

### 2.3.4　使用常量

常量是用一个标识符（名字）表示的简单值。在脚本执行期间不能改变常量的值。默认情况下常量为大小写敏感，按照惯例，常量标识符总是用大写字母来表示的。在 PHP 中，常量分为自定义常量和预定义常量。

**1. 自定义常量**

在 PHP 语言中，可以用 define()函数来定义常量。语法如下：

```
bool define(string name, mixed value[, bool case_insensitive])
```

其中，name 指定常量的名称，常量名与其他任何 PHP 标识符遵循同样的命名规则，合法的常量名以字母或下画线开始，后面跟着任何字母、数字或下画线；value 指定常量的值；参数 bool case_insensitive 指定常量名称是否区分大小写，默认值为 true，即区分大小写。

使用自定义常量时，应注意以下几点。

- 常量只能用 define()函数定义，而不能通过赋值语句定义。
- 一个常量一旦被定义，就不能再改变或者取消定义。
- 常量只能包含标量数据，即 boolean、integer、float 和 string。
- 不要在常量名前面加上美元符号（$）。
- 如果常量名是动态的，则也可以用函数 constant()来读取常量的值。
- 用函数 get_defined_constants()可以获得所有已定义的常量的列表。
- 如果只要检查是否定义了某常量，则可以调用 defined()函数。
- 常量可以在任何地方定义和访问。

下面给出定义和使用常量的例子。

```php
<?php
define("USER", "root");
echo USER;              //输出 "root"
echo User;              //输出 User 时出错
?>
```

在 PHP 5.3.0 版本以后，可使用 const 关键字在类定义的外部定义常量。语法如下：

```
const 常量名=值;
```

例如，常量 USER 也可以使用 const 关键字定义如下：

```
const USER="root";
```

**2. 预定义常量**

PHP 提供了大量的预定义常量，可以在脚本中直接使用。不过，很多常量都是由不同的扩展库定义的。它们只有在加载了这些扩展库时才会出现，或者在动态加载后或在编译时已经包括进去了。在预定义常量中，有 5 个特殊的常量不区分大小写，而且会根据它们使用的位置而改变其值，这些常量称为魔术常量。例如，__LINE__的值就由它在脚本中所处的行来决定。

下面给出 PHP 中一些预定义常量，其中，前 7 个是魔术常量。

- __LINE__：返回文件中的当前行号。
- __FILE__：返回文件的完整路径和文件名。如果用在包含文件中，则返回包含文件名。自 PHP 4.0.2 版本起，__FILE__总是包含一个绝对路径，而在此之前的版本有时会包含一个相对路径。
- __DIR__：文件所在的目录。
- __FUNCTION__：返回函数名称。自 PHP 5 版本起该常量返回该函数被定义时的名称（区分大小写）。在 PHP 4 版本中该值总是小写字母的。
- __CLASS__：返回类的名称。自 PHP 5 起该常量返回该类被定义时的名称（区分大小写）。在 PHP 4 中该值总是小写字母的。

- __METHOD__：返回该方法被定义时的名称（区分大小写）（PHP 5 版本新增）。
- __NAMESPACE__：当前命名空间的名称（大小写敏感）。这个常量是在编译时定义的（PHP 5.3.0 版本新增）。
- PHP_VERSION：返回 PHP 的版本号。
- PHP_OS：返回执行 PHP 解析器的操作系统名称。

【例 2.7】本例说明如何在 PHP 中使用自定义常量和预定义常量，结果如图 2.8 所示。

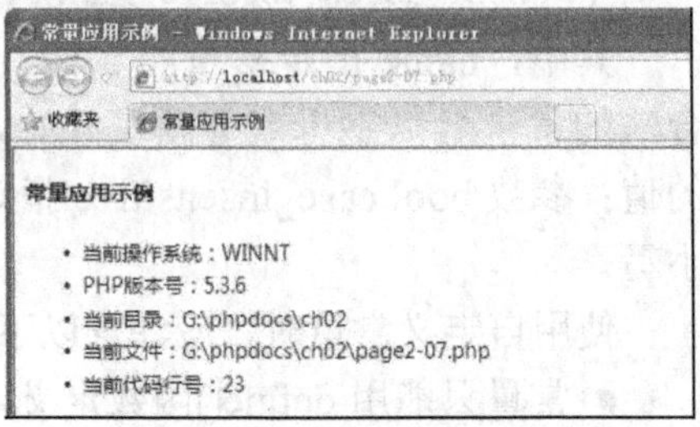

**常量应用示例**
- 当前操作系统：WINNT
- PHP版本号：5.3.6
- 当前目录：G:\phpdocs\ch02
- 当前文件：G:\phpdocs\ch02\page2-07.php
- 当前代码行号：23

图 2.8　PHP 常量应用示例

【设计步骤】

（1）在文件夹 ch02 中新建一个 PHP 动态网页并保存为 page2-07.php。

（2）将文档标题设置为"常量应用示例"。

（3）切换到代码视图，在<body>标签下方输入以下内容：

```
<h4>常量应用示例</h4>
<?php
const NL="\n";
echo "<ul>";
echo "<li>当前操作系统：".PHP_OS;
echo "<li>PHP 版本号：".PHP_VERSION.NL;
echo "<li>当前目录：".__DIR__.NL;
echo "<li>当前文件：".__FILE__.NL;
echo "<li>当前代码行号：".__LINE__.NL;
echo "</ul>";
?>
```

## 2.4　运算符与表达式

PHP 提供了丰富的运算符，可用来进行各种各样的运算。运算符与变量、常数、文本、属性、函数的返回值等值元素组合在一起形成表达式，它将产生一个新值。运算符通过执行计算、比较或其他运算来处理值元素。

### 2.4.1　算术运算符

算术运算符包括加号（＋）、减号（－）、乘号（＊）、除号（/）和取模运算符（％），分别用于执行加、减、乘、除和求余数运算。

其中，"－"除了作为减号外，也可以作为一元运算符（负号）使用，即对一个数取相反数；除号（/）总是返回浮点数，即使两个运算数都是整数或由字符串转换成的整数也是如此；当被除数$a 为负值时，取模$a ％ $b 的结果也是负值。

下面给出使用算术运算符的例子。

```
<?php
$a=32;
$b=6;
echo $a+$b;          //输出 38
echo $a-$b;          //输出 26
```

```
echo $a*$b;                 //输出 192
echo $a/$b;                 //输出 5.3333333333333
echo $a%$b;                 //输出 2
?>
```

### 2.4.2　赋值运算符

基本的赋值运算符是"="，其作用是把右边表达式的值赋给左边的运算数。

赋值运算表达式的值就是所赋的值。也就是说，"$a = 3"的值是 3。这样，一个赋值运算表达式也可以用在其他表达式中，例如：

```
$a=($b=2)+6;            //执行赋值操作后，$b 等于 2，$b 等于 8
```

除了基本的赋值运算符外，还可以将其他运算符与赋值运算符组合起来构成复合赋值运算符。表 2.3 中列出了常用的复合赋值运算符。

表 2.3　常用复合赋值运算符

| 运　算　符 | 语　　法 | 等　价　形　式 |
| --- | --- | --- |
| += | $x += $y | $x = $x + $y |
| -= | $x -= $y | $x = $x - $y |
| *= | $x *= $y | $x = $x * $y |
| /= | $x /= $y | $x = $x / $y |
| %= | $x %= $y | $x = $x % $y |
| .= | $x .= $y | $x = $x . $y |

【例 2.8】本例说明如何使用基本赋值运算符和复合赋值运算符，结果如图 2.9 所示。

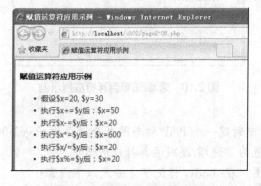

图 2.9　赋值运算符应用示例

【设计步骤】

（1）在文件夹 ch02 中新建一个 PHP 动态网页并保存为 page2-08.php。

（2）将文档标题设置为"赋值运算符应用示例"。

（3）切换到代码视图，在<body>标记下方输入以下内容：

```
<h4>赋值运算符应用示例</h4>
<?php
echo '<ul>';
echo '<li>假设$x='.($x=20).', $y='.($y=30);    //基本赋值运算符"="
echo '<li>执行$x+=$y后：$x='.($x+=$y);              //复合赋值运算符"+="
echo '<li>执行$x-=$y后：$x='.($x-=$y);              //复合赋值运算符"-="
echo '<li>执行$x*=$y后：$x='.($x*=$y);              //复合赋值运算符"*="
echo '<li>执行$x/=$y后：$x='.($x/=$y);              //复合赋值运算符"/="
echo '<li>执行$x%=$y后：$x='.($x%=$y);              //复合赋值运算符"%="
```

```
echo '</ul>';
?>
```

### 2.4.3　递增/递减运算符

PHP 支持 C 语言风格的前/后递增运算符（++）和递减运算符（--），这些运算符都是单目运算符，它们经常用在循环语句中。递增/递减运算符在表中 2.4 列出。

表 2.4　递增/递减运算符

| 名　　称 | 语　　法 | 说　　明 |
|---|---|---|
| ++（递增） | ++$x（前加） | 首先在$x 的值上加 1，然后返回$x |
| | $x++（后加） | 首先返回$x，然后在$x 的值上加 1 |
| --（递减） | --$x（前减） | 首先在$x 的值上减 1，然后返回$x |
| | $x--（后减） | 首先返回$x，然后将$x 的值减 1 |

递增/递减运算符对布尔值没有影响。递减 NULL 值也没有效果，递增 NULL 的结果是 1。

【例 2.9】本例说明如何使用递增/递减运算符，结果如图 2.10 所示。

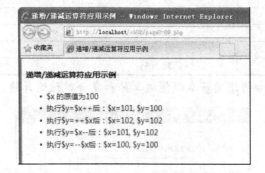

图 2.10　递增/递减运算符应用示例

【设计步骤】

（1）在文件夹 ch02 中新建一个 PHP 动态网页并保存为 page2-09.php。

（2）将文档标题设置为"递增/递减运算符应用示例"。

（3）切换到代码视图，在<body>标记下方输入以下内容：

```
<h4>递增/递减运算符应用示例</h4>
<?php
echo '<ul>';
echo '<li>$x 的原值为'.($x=100);
$y=$x++;
echo '<li>执行$y=$x++后：$x='.$x.', $y='.$y;
$y=++$x;
echo '<li>执行$y=++$x 后：$x='.$x.', $y='.$y;
$y=$x--;
echo '<li>执行$y=$x--后：$x='.$x.', $y='.$y;
$y=--$x;
echo '<li>执行$y=--$x 后：$x='.$x.', $y='.$y;
echo "</ul>";
?>
```

### 2.4.4　字符串运算符

在 PHP 中，有两个字符串运算符。一个是连接运算符（.），它返回两个操作数连接后的字符串；另一个是连接赋值运算符（=），它将右边操作数附加到左边的操作数之后。

下面给出字符串运算符的例子。

```php
<?php
$a="Hello "; $b=$a."World!";        //现在$b 包含字符串"Hello World!"
$a="Hello "; $a.="World!";       //现在$a 包含字符串"Hello World!"
?>
```

### 2.4.5　位运算符

位运算符允许对整型数中指定的位进行置位，即对二进制位从低位到高位对齐后进行运算。执行位运算时会将操作数转换为二进制整数，然后按位进行相应的运算，运算的结果以十进制整数表示。如果两个运算数都是字符串，则位运算符将对字符的 ASCII 值进行操作。PHP 提供的位运算符在表 2.5 列出。

表 2.5　位运算符

| 运 算 符 | 语 法 | 说 明 |
|---|---|---|
| &（按位与） | $x & $y | 把$x 和$y 中都为 1 的位设置为 1 |
| \|（按位或） | $x \| $y | 把$x 或$y 中为 1 的位设置为 1 |
| ^（按位异或） | $x ^ $y | 把$x 和$y 中不同的位设置为 1 |
| ~（按位取反） | ~$x（单目运算符） | 把$x 中为 0 的位设置为 1，反之亦然 |
| <<（向左移位） | $x << $y | 把$x 中的位向左移动$y 次（每一次移动都表示"乘以 2"） |
| <<（向右移位） | $x >> $y | 把$x 中的位向右移动$y 次（每一次移动都表示"除以 2"） |

【例 2.10】本例说明如何使用各种位运算符，结果如图 2.11 所示。

图 2.11　位运算符应用示例

【设计步骤】

（1）在文件夹 ch02 中新建一个 PHP 动态网页并保存为 page2-10.php。

（2）将文档标题设置为"位运算符应用示例"。

（3）切换到代码视图，在<body>标签下方输入以下内容:

```php
<h4>位运算符应用示例</h4>
<?php
echo "<ul>";
echo "<li>3&5=".(3&5);          //00000011&00000101=00000001
echo "<li>3|5=".(3|5);          //00000011|00000101=00000111
echo "<li>3^5=".(3^5);          //00000011^00000101=00000110
```

```
    echo "<li>~3=".(~3);        //~00000011=11111100
    echo "<li>3<<2=".(3<<2);    //00000011<<10=00001100
    echo "<li>32>>2=".(32>>2);//00100000>>10=00001000
    echo "</ul>";
?>
```

### 2.4.6 比较运算符

比较运算符用于比较两个值的大小，通过比较运算符连接操作数将构成比较表达式，比较表达式的值为布尔值 true 或 false。PHP 提供的比较运算符在表 2.6 中列出。

表 2.6 比较运算符

| 运　算　符 | 语　　法 | 说　　明 |
|---|---|---|
| ==（等于） | $x == $y | 若$x 等于$y，则为 true；否则为 false |
| ===（全等） | $x === $y | 若$x 等于$y 且两者类型相同，则为 true；否则为 false |
| !=（不等于） | $x != $y | 若$x 不等于$y，则为 true；否则为 false |
| <>（不等于） | $x <> $y | 若$x 不等于$y，则为 true；否则为 false |
| !==（非全等） | $x !== $y | 若$x 不等于$y 或两者类型不同，则为 true；否则为 false |
| <（小于） | $x < $y | 若$x 小于$y，则为 true；否则为 false |
| >（大于） | $x > $y | 若$x 大于$y，则为 true；否则为 false |
| <=（小于或等于） | $x <= $y | 若$x 小于或等于$y，则为 true；否则为 false |
| >=（大于或等于） | $x >= $y | 若$x 大于或等于$y，则为 true；否则为 false |

### 2.4.7 条件运算符

在 PHP 中还有一个条件运算符是 "? :"，这是一个三元运算符，通过它连接 3 个运算数可以构成一个条件表达式，语法如下：

```
(expr1)?(expr2):(expr3)
```

条件表达式 (expr1) ? (expr2) : (expr3) 的值按照以下规则计算：

当表达式 expr1 的值为 true 时，条件表达式的值为 expr2；当 expr1 的值为 false 时，条件表达式的值为 expr3。

条件运算符用于快速构造条件语句，可以视为 if…else 语句的简写形式。

例如，可以利用条件运算符来计算一个数的绝对值，即：

```
$abs=$x>0?$x:-$x;
```

【例 2.11】本例说明如何使用比较运算符和条件运算符，结果如图 2.12 所示。

图 2.12 比较运算符和条件运算符应用示例

**【设计步骤】**

（1）在文件夹 ch02 中新建一个 PHP 动态网页并保存为 page2-11.php。

（2）将文档标题设置为"比较运算符和条件运算符应用示例"。

（3）切换到代码视图，在<body>标签下方输入以下内容：

```
<h4>比较运算符和条件运算符应用示例</h4>
<?php
$x=200;
$y=300;
echo '<ul>';
echo '<li>$x='.$x.', $y='.$y;
echo '<li>$x==$y? '.($x==$y?'true':'false');
echo '<li>$x===$y? '.($x===$y?'true':'false');
echo '<li>$x<>$y? '.($x<>$y?'true':'false');
echo '<li>$x!=$y? '.($x!=$y?'true':'false');
echo '<li>$x!==$y? '.($x!==$y?'true':'false');
echo '<li>$x<$y? '.($x<$y?'true':'false');
echo '<li>$x>$y? '.($x>$y?'true':'false');
echo '<li>$x<=$y? '.($x<=$y?'true':'false');
echo '<li>$x>=$y? '.($x>=$y?'true':'false');
echo '</ul>';
?>
```

### 2.4.8　逻辑运算符

逻辑运算符用于连接布尔表达式并构成逻辑表达式，逻辑天的值为布尔值 true 或 false。在 PHP 语言中，逻辑运算符包括逻辑与、逻辑或、逻辑异或和逻辑非，这些逻辑运算符在表 2.7 中列出。

**表 2.7　逻辑运算符**

| 运　算　符 | 语　　法 | 说　　　　明 |
|---|---|---|
| and（逻辑与） | $x and $y | 若$x 和$y 均为 true，则为 true |
| or（逻辑或） | $x or $y | 若$x 或$y 任意一个为 true，则为 true |
| xor（逻辑异或） | $x xor $y | 若$x 或$y 任意一个为 true 但不同时为 true，则为 true |
| !（逻辑非） | ! $x | 若$x 为 true，则为 false |
| &&（逻辑与） | $x && $y | 若$x 和$y 均为 true，则为 true |
| ‖（逻辑或） | $x ‖ $y | 若$x 或$y 任意一个为 true，则为 true |

"逻辑与"和"逻辑或"分别有两种不同形式的运算符，原因是它们运算的优先级不同。

**【例 2.12】**本例说明如何使用逻辑运算符，结果如图 2.13 所示。

**图 2.13　逻辑运算符应用示例**

**【设计步骤】**

（1）在文件夹 ch02 中新建一个 PHP 动态网页并保存为 page2-12.php。

（2）将文档标题设置为"逻辑运算符应用示例"。

（3）切换到代码视图，在\<body\>标签下方输入以下内容：

```
<h4>逻辑运算符应用示例</h4>
<?php
$a=3; $b=6; $c=8;
echo '<ul>';
echo '<li>$a='.$a.', $b='.$b.', $c='.$c;
echo '<li>$a>0 && $b*$b-4*$a*$c>0? ';
echo ($a>0 && $b*$b-4*$a*$c>0)?'true':'false';
echo '<li>$a+$b>$c || $a-$b<$c? ';
echo ($a+$b>$c || $a-$b<$c)?'true':'false';
echo '$a>$b xor $b<$c? ';
echo ($a>$b xor $b< $c)?'true':'false';
echo '!($a>$c)? ';
echo !($a>$c)?'true':'false';
echo '</ul>';
?>
```

## 2.4.9　表达式

表达式是 PHP 语言的重要基础之一。通过在表达式后面添加一个分号（;）将其构成一个语句。最基本的表达式形式是常量和变量，较复杂的表达式是函数。在 PHP 中，表达式可以说是无处不在的。除了常见的算术表达式外，还有各种各样的表达式。

下面来看一个简单的赋值语句。

```
$x=10;
```

上述语句包含几个表达式呢？

很明显，在赋值运算符"="的左边，变量$x 是一个表达式；在该运算符的右边，"10"是一个整型常量，这也是一个值为 10 的表达式。赋值之后，变量$x 的值变成 10，因此它就是一个值为 10 的表达式。这样就有两个表达式。

实际上，在这个例子中还有一个表达式，这就是位于分号";"左边的"$x=10"，这是一个赋值表达式，其值也是 10。在该赋值表达式右边添加一个分号，表示语句的结束，由此构成一个赋值语句。

赋值表达式也可以出现在另一个赋值语句中。例如：

```
$y=($x=10);
```

执行这个语句后，变量$x 和$y 都变为 10。赋值运算符具有右结合性，即赋值操作的顺序是由右到左的。因此，也可以写成以下形式：

```
$y=$x=10;
```

一个常用的表达式类型是比较表达式，这种表达式的值为 false 或 true。PHP 支持各种比较运算符，通过这些运算符构成的比较表达式经常用在条件判断语句中。通过逻辑运算符连接比较表达式可以构成逻辑表达式，用来表示更为复杂的条件。

通过三元条件运算符（?:）可以构成条件表达式。例如：

```
$first?$second:$third
```

若第一个子表达式的值是 true（非零），则计算第二个子表达式的值，并将其值作为整个条件表达式的值；否则，将第三个子表达式的值作为条件表达式的值。

### 2.4.10 运算符优先级

前面介绍了 PHP 中的各种运算符。在实际应用中，一个表达式中通常包含多种运算符，在这种情况下，运算符的优先级决定计算的先后顺序，运算符的结合方向也对表达式的计算有影响。此外，还可以使用圆括号来提高某些优先级低的运算符的优先级。若搞不清楚某些运算符的优先级，则多用圆括号常常可以避免出现错误。

表 2.8 从高到低列出了 PHP 中各种运算符的优先级。同一行中的运算符具有相同优先级，此时，它们的结合方向决定求值顺序。左结合表示表达式从左向右求值，右结合则相反。

表 2.8 运算符优先级

| 结合方向 | 运 算 符 | 结合方向 | 运 算 符 |
|---|---|---|---|
| 非结合 | new | 左 | ^ |
| 右 | [ | 左 | | |
| 非结合 | ++ -- | 左 | && |
| 非结合 | ! ~ - (int) (float) (string) (array) (object) @ | 左 | || |
| 左 | * / % | 左 | ? : |
| 左 | + - . | 右 | = += -= *= /= .= %= &= |= ^= <<= >>= |
| 左 | << >> | 左 | and |
| 非结合 | < <= > >= | 左 | xor |
| 非结合 | == != === !== | 左 | or |
| 左 | & | 左 | , |

## 2.5 流程控制语句

流程控制语句用于控制程序执行的流程，使用这些语句可以编写制定决策或重复操作的代码。在 PHP 中，流程控制语句包括选择语句、循环语句、跳转语句及包含文件语句。

### 2.5.1 选择语句

当需要在 PHP 代码中进行两个或两个以上的选择时，可以通过测试条件来选择要执行的一组语句。PHP 提供的选择语句包括 if 语句和 switch 语句。

#### 1. if 语句

if 语句是最常用的选择语句，它根据表达式的值来选择要执行的语句，基本语法如下：

```
if(expr)
    statements
```

当执行上述 if 语句时，首先对表达式 expr 求布尔值。若 expr 的值为 true，则执行语句 statements；若 expr 的值为 false，则将忽略语句 statements。statements 可以是单条语句或多条语句，若是多条语句，则应使用花括号（{}）将这些语句括起来以构成语句组。

若要在满足某个条件时选择一组语句，而在不满足该条件时执行另一组语句，则可以使用 else 来扩展 if 语句，语法如下：

```
if(expr)
    statements
else
    elsestatements
```

当执行上述语句时，首先对表达式 expr 求布尔值，若表达式 expr 的值为 true，则执行语句 statements；否则，将执行语句 elsestatements。其中，statements 和 elsestatements 可以是单条语句或是语句组。

若要同时判断多个条件，则需使用 elseif 来扩展 if 语句，语法如下：

```
if(expr1)
    statements
elseif(expr2)
    elseifstatements
else
    elsestatements
```

当执行上述语句时，首先对表达式 expr1 求布尔值，若 expr1 的值为 true，则执行语句 statements；否则，对表达式 expr2 求布尔值；若 expr2 的值为 true，则执行语句 elseifstatements；否则，执行语句 elsestatements。其中，statements、elseifstatements 和 elsestatements 都可以是单条语句或语句组。

根据需要，也可以将一个 if 语句嵌套在其他 if 语句中。

【例 2.13】在本例中利用 if 语句对一元二次方程的根进行判别，结果如图 2.14 所示。

图 2.14   if 语句应用示例

【设计步骤】

（1）在文件夹 ch02 中新建一个 PHP 动态网页并保存为 page2-13.php。

（2）将文档标题设置为"if 语句应用示例"。

（3）切换到代码视图，在<body>标签下方输入以下 PHP 代码块：

```php
<?php
$a=3;
$b=5;
$c=6;
echo "二次项系数={$a}，一次项系数={$b}，常数项={$c}时 <br>\n";
$d=$b*$b-4*$a*$c;
echo "一元二次方程{$a}<i>x</i><sup><small>2</small></sup>+{$b}<i>x</i>+{$c}=0";
if($d>0)
    echo "有两个相异实根\n";
elseif($d==0)
    echo "有两个相等实根";
else
    echo "没有实数根";
?>
```

（4）在浏览器中查看该页的运行结果。

（5）替换练习。在上述 PHP 代码块中，把变量$c 的值更改为 2，然后查看 PHP 动态网页的运行结果。

### 2. switch 语句

若要将同一个变量或表达式与多个不同的值进行比较，并根据它等于哪个值来执行不同的代码，则可以使用 switch 语句来实现，语法如下：

```
switch(expr){
   case expr1:
      statements1
      break;
   case expr2:
      statements2
      break;
   . . .
   default:
      defaultstatements
      break;
}
```

执行 switch 语句时，首先计算表达式 expr 的值，若 expr 的值等于 expr1 的值，则执行语句 statements1，直到遇到第一条 break 语句或 switch 结构结束；否则，检查 expr 的值是否等于 expr2 的值，若二者相等，则执行语句 statements2，直到遇到第一条 break 语句或 switch 结构结束，依次类推；若表达式 expr 的值与表达式 expr1、expr2 等的值都不相等，则执行语句 defaultstatements，然后结束 switch 结构。

**注意**　使用 switch 语句时，如果不在 case 的语句段后面写上 break，则 PHP 将继续执行下一个 case 分支中的语句段。

【例 2.14】在本例中利用 switch 语句把英文星期转换为中文星期，结果如图 2.15 所示。

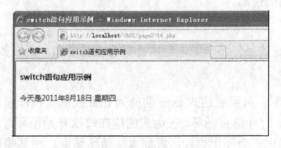

**图 2.15　switch 语句应用示例**

【设计步骤】
（1）在文件夹 ch02 中新建一个 PHP 动态网页 switch 并保存为 page2-14.php。
（2）将文档标题设置为"switch 语句应用示例"。
（3）切换到代码视图，在<body>标签下方输入以下 PHP 代码块：

```
<?php
echo "今天是".date("Y 年 n 月 d 日");
$d=date("D");
switch($d){  //将英文星期转换成中文星期
   case "Mon":
      echo "星期一";
      break;
```

```
      case "Tue":
        echo "星期二";
        break;
      case "Wed":
        echo "星期三";
        break;
      case "Thu":
        echo "星期四";
       break;
      case "Fri":
        echo "星期五";
        break;
      case "Sat":
        echo "星期六";
        break;
      case "Sun":
        echo "星期日";
        break;
    }
    ?>
```

在上述 PHP 代码块中，通过调用 date()函数格式化一个本地日期，传递给该函数的参数即格式字符串。在这个格式字符串中，Y 表示 4 位数的年份；n 表示不带前导 0 的月份；d 表示月份中的第几天，是带有前导零的两位数字；D 表示星期中的第几天，用 3 个英文字母的文本表示，例如，星期一表示为 "Mon"。

### 2.5.2 循环语句

PHP 语言提供了四种形式的循环结构，包括 while 语句、do-while 语句、for 语句和 foreach 语句，分别适用于不同的情形。

**1. while 语句**

while 语句根据指定的条件将一组语句执行零遍或若干遍，语法如下：

```
while(expr)
    statements
```

当执行 while 语句时，只要表达式 expr 的值为 true 就重复执行嵌套中的循环语句，直到该表达式的值变为 false 时才结束循环。表达式的值在每次开始循环时检查，即使这个值在循环语句中改变了，语句也不会停止执行，直到本次循环结束。在某些情况下，如果 while 表达式的值一开始就是 false，则循环语句一次都不会执行。statements 可以是单条语句或语句组。对于语句组应使用花括号（{}）括起来。

**2. do-while 语句**

do-while 语句根据指定的条件将一组语句执行一遍或若干遍，语法如下：

```
do{
    statements
}while(expr);
```

do-while 与 while 语句十分相似，区别在于表达式 expr 的值是在每次循环结束时而不是在开始时检查。因此，do-while 的循环语句至少会执行一次。

【例 2.15】分别通过 while 和 do-while 语句计算前 100 个自然数之和，结果如图 2.16 所示。

图 2.16　while/do-while 语句应用示例

【设计步骤】

（1）在文件夹 ch02 中新建一个 PHP 动态网页并保存为 page2-15.php。

（2）将文档标题设置为"while/do-while 语句应用示例"。

（3）切换到代码视图，在<body>标签下方输入以下 PHP 代码块：

```php
<?php
echo "<h4>while 语句应用</h4>";
$i=1;
$sum=0;
while($i<=100){
    $sum+=$i;
    $i++ ;
}
echo "1+2+3+...+100={$sum}";
echo "<h4>do...while 语句应用</h4>";
$i=1;
$sum=0;
do{
    $sum+=$i;
    $i++;
}while($i<=100);
echo "1+2+3+...+100={$sum}";
?>
```

### 3. for 语句

for 语句是 PHP 中最为复杂、使用频率最高的循环结构。在事先知道循环次数的情况下，使用 for 语句是比较方便的。

for 语句的语法如下：

```
for(expr1;expr2;expr3)
    statements
```

其中，表达式 expr1 在循环开始前无条件求值一次。表达式 expr2 在每次循环开始前求值，若其值为 true，则继续循环，执行嵌套的循环语句 statements；若其值为 false，则终止循环。表达式 expr3 在每次循环之后执行。

在上述语法格式中，3 个表达式都可以为空。若表达式 expr2 为空，则意味着将无限循环下去，因为与 C 语言一样，PHP 认为其值为 true。在这种情况下，通常会希望使用 break 语句来结束循环而不是使用 for 的表达式真值判断。

【例 2.16】在本例中通过双重 for 循环动态地创建了一个表格，并且使奇偶行的背景颜色交替变化，结果如图 2.17 所示。

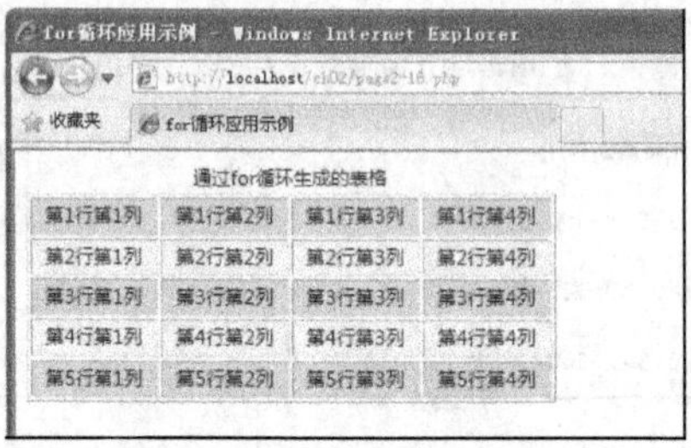

图 2.17　for 循环应用示例

【设计步骤】

（1）在文件夹 ch02 中新建一个 PHP 动态网页并保存为 page2-16.php。

（2）将文档标题设置为 "for 循环应用示例"。

（3）切换到代码视图，在 &lt;body&gt; 标签下方输入以下内容：

```
<table border="1" width="368">
<caption>通过 for 循环生成的表格</caption>
<?php
for($i=1;$i<=5;$i++){       //每执行一次外层 for 循环生成一行
  if($i%2==0)
    $bgcolor="#FFFFCC";    //表格偶数行的背景颜色
  else
    $bgcolor="#CCFF99";    //表格奇数行的背景颜色
?>
  <tr align="center" bgcolor="<?php echo $bgcolor; ?>">
<?php for($j=1;$j<=4;$j++){      //每执行一次内层 for 循环生成一个单元格 ?>
    <td>第<?php echo $i; ?>行第<?php echo $j; ?>列</td>
<?php } ?>
  </tr>
<?php } ?>
</table>
```

在上述代码中，设置 &lt;tr&gt; 标签的 bgcolor 属性时引用了服务器端变量 $bgcolor 的值，因此奇偶行的背景颜色交替变化。设置单元格内容时引用了服务器端变量 $i 和 $j 的值。

除了以上介绍的 while、do-while 和 for 循环之外，PHP 还提供了 foreach 循环结构，此结构仅用于数组，将在本书后面的章节中介绍。

### 2.5.3　跳转语句

在 PHP 语言中，break 和 continue 是两种常用的跳转语句，它们可以用在 switch 语句和各种循环语句中，以增加对程序流程的控制。

#### 1. break 语句

break 语句结束当前 for、foreach、while、do-while 或 switch 语句的执行，在该语句可以添加一个可选的数字参数，以决定跳出几重循环。

#### 2. continue 语句

continue 语句用在各种循环结构中，用来跳过本次循环中剩余的代码并在条件求值为真时开始执行下一次循环。在 PHP 中，continue 也可以用在 switch 语句中。在 continue 语句中，可以使用一个可选的数字参数，以决定跳过几重循环到循环结尾。

【例 2.17】本例说明如何在循环结构中使用 break 和 continue 语句，用于输出 100 以内的偶数，结果如图 2.18 所示。

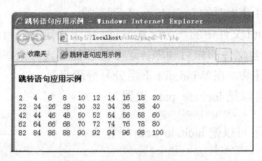

**图 2.18　跳转语句应用示例**

【设计步骤】

（1）在文件夹 ch02 中新建一个 PHP 动态网页并保存为 page2-17.php。

（2）将文档标题设置为"跳转语句应用示例"。

（3）切换到代码视图，在<body>标签下方输入以下内容：

```
<h4>跳转语句应用示例</h4>
<?php
$i=1;
while(1){                         //循环条件恒为真，只能用 break 结束循环
  $i++;
  if($i%2!=0)continue;            //如果$i 为奇数，则跳过后面剩下的语句
  echo $i;
  if($i<10)
    echo "   ";
  elseif($i%20==0)
    echo "<br>\n";
  else
    echo "  ";
  if($i==100)break;              //如果$i 等于 100，则跳出 while 循环结构
}
?>
```

### 2.5.4　包含文件语句

PHP 提供了一组包含文件语句，包括 include()、include_once()、require()和 require_once()。使用这些语句可以在一个 PHP 文件中包含并运行指定的其他文件，从而可以实现代码的可重用性，并简化代码结构。

#### 1. include 语句

include 语句用于包含并运行指定文件。语法如下：

```
include filepath;
include(filepath);
```

其中，filepath 是一个字符串，表示包含文件的路径。被包含文件既可以是 PHP 文件，也可以是其他类型的文件。

搜索被包含文件的顺序是：首先在当前工作目录相对的 include_path 下查找，然后在当前运行脚本所在目录相对的 include_path 下查找。例如，include_path 设置为 "."，当前工作目录是/www/，在脚本中要包含文件 include/a.php，且该文件中有一句 include "b.php"，则搜索 b.php 的顺序是首先查看/www/，然后查看/www/include/。如果文件名以 "./" 或者 "../" 开始，则只在当前工作目录相对的 include_path 下查找。

include_path 是 php.ini 文件中的一个配置选项，用于指定一组目录的列表，指示 require() 和 include 语句搜索被包含文件的先后顺序。这个选项的格式与系统的 PATH 环境变量类似，在 UNIX 下用冒号分隔目录，在 Windows 下用分号分隔目录。

例如，在 UNIX 下可以把 include_path 设置为：

```
include_path = ".:/php/includes"
```

又如，在 Windows 下可以把 include_path 设置为：

```
include_path = ";c:\php\includes"
```

在包含路径中使用 "." 可以允许相对路径，它代表当前目录。

include 语句在开发 PHP 动态网站时非常有用。在一个网站中，大多数页面的页眉和页脚都是相同的，为了避免在每个页面编写同样的代码，可以将页眉和页脚的内容分别放在 header.php 和 footer.php 中，然后在其他页面中包含这两个文件。此外，还可以把一些经常要调用的函数放在专门的文件中，通过包含该文件即可调用其中的所有函数。

使用 include 语句时，应注意以下几点。

- 当一个文件被包含时，PHP 语法解析器在目标文件的开头脱离 PHP 模式并进入 HTML 模式，到文件结尾处恢复。因此，如果要在目标文件中编写 PHP 代码，则必须包括在有效的 PHP 定界符之间。
- 当使用 include 语句包含一个文件时，如果找不到指定的文件，则会产生一个警告信息，同时继续运行脚本。
- 在被包含的文件中，既可以使用 return() 语句来终止该文件中程序的执行并返回调用它的脚本，也可以从被包含文件中返回一个值。在 include 语句调用脚本中，可以像普通函数一样获得 include 调用的返回值。
- include 语句是一个特殊的语言结构，其参数两端的括号不是必需的。不过，如果要使用 include 调用的返回值，则必须用括号把整个 include 语句括起来。
- 若希望在条件语句中使用 include 语句，则必须将其放在语句组中，即放在花括号中。

【例 2.18】本例说明如何使用 include 语句包含并运行指定的文件，结果如图 2.19 所示。

图 2.19　包含文件应用示例

【设计步骤】

（1）在文件夹 ch02 中新建一个文件夹并命名为 incldues，然后在文件夹 incldues 中创建一个 PHP 动态网页并保存为 vars.php。

（2）打开文件 vars.php，切换到代码视图下，删除所有源代码，然后输入以下内容：

```php
<?php
$domain_name="www.myphp.org";  //定义变量
$email="admin@myphp.org";
return "OK";                    //设置返回值
?>
```

（3）在文件夹 ch02 中创建一个 PHP 动态网页并命名为 page2-18.php，然后将文档标题设置为"包含文件应用示例"。

（4）打开文件 page2-18.php，切换到代码视图，在<body>标签下方输入以下内容：

```php
<h4>包含文件应用示例</h4>
<?php
if((include "includes/vars.php")=="OK"){
    echo "本网站域名: $domain_name<br>";
    echo "站长的信箱: $email";
}
?>
<p>欢迎光临 请多多指导</p>
```

（5）保存所有文件，然后在浏览器中查看 PHP 动态网页 page2-18.php 的运行结果。

**2. include_once 语句**

include_once 语句用于在脚本执行期间包含并运行指定文件，其功能与 include 语句类似，唯一的区别是：如果该文件中的代码已经被包含了，则不会再次被包含。如同此语句名称暗示的那样，只会包含一次。

include_once 语句应该用于在脚本执行期间同一个文件有可能被包含超过一次的情况下，确保它只被包含一次，以避免函数重定义，变量重新赋值等问题。

include_once()的返回值与 include()相同。如果指定文件已被包含，则返回 true。

**3. require 语句**

require 语句用于包含并运行指定文件。语法如下：

```
require filename
require(filename)
```

require 语句与 include 语句功能类似，唯一的区别是：如果找不到文件，则 include 语句产生一个警告，而 require 语句则导致一个致命错误；如果要在丢失文件时停止处理页面，则应该使用 require 语句。

下面给出使用 require 语句的例子。

```php
<?php
require "prepend.php";
require $somefile;
require ("somefile.txt");
?>
```

**4. require_once 语句**

require_once 语句用于在脚本执行期间包含并运行指定文件，其功能与 require 语句类似，所不同的是：如果该文件中的代码已经被包含了，则不会再次被包含。

在脚本执行期间，同一个文件有可能被包含超过一次。在这种情况下，若要确保文件只被包含一次，以避免函数重定义，变量重新赋值等问题，则应使用 require_once 语句。

## 2.6 函数

函数是拥有名称的一组语句，调用函数时可以向它传递一些参数，当函数执行完毕后还可以向调用代码返回一个值。在 PHP 应用开发中，既可以直接使用内部函数来完成某项功能，也可以将需要多次执行的程序代码定义成一个函数，以便反复调用，提高工作效率。

### 2.6.1 内部函数

PHP 提供了丰富的标准函数和语言结构，这些标准函数称为内部函数或内置函数。大多数内部函数都可以在代码中直接使用。按照功能，PHP 内部函数可分为以下类别。

- 影响 PHP 行为的扩展；
- 音频格式操作；
- 身份认证服务；
- 日历和事件相关扩展；
- 命令行特有的扩展；
- 压缩与归档扩展；
- 信用卡处理；
- 加密扩展；
- 数据库扩展；
- 文件系统相关扩展；
- 国际化与字符编码支持；
- 图像生成和处理；
- 邮件相关扩展；

- 数学扩展；
- 非文本内容的 MIME 输出；
- 进程控制扩展；
- 其他基本扩展；
- 其他服务；
- 搜索引擎扩展；
- 面向服务器的扩展；
- Session 扩展；
- 文本处理；
- 与变量和类型有关的扩展；
- Web 服务；
- Windows 平台下的扩展；
- XML 操作。

有一些内部函数需要与特定的 PHP 扩展模块一起进行编译，否则在使用它们时将会出现一个致命的"未定义函数"错误。例如，若要使用 mysql_connect()函数连接 MySQL 数据库，则需要在编译 PHP 时加上 MySQL 支持。又如，若要使用图像函数 imagecreatetruecolor()创建一个真彩色图像，就需要在编译 PHP 时加上 GD 库的支持。

为了有效地使用内部函数，在调用函数之前可以对可用函数信息进行检测。

#### 1. 检查函数是否存在

用 function_exists()函数可以检查指定的函数是否存在，语法如下：

```
bool function_exists(string function_name)
```

其中，参数 function_name 用于指定要检查的函数名。通过调用 function_exists 函数可以检查已定义函数的列表，其中包含内部函数和用户自定义函数。若指定的函数存在，则返回 true，否则返回 false。

#### 2. 检查模块中包含的函数

用 get_extension_funcs()函数可以获取一个模块中的所有函数名组成的数组，语法如下：

```
array get_extension_funcs(string module_name)
```

其中，参数 module_name 用于指定模块名，必须用小写形式表示。

例如，下面的代码用于显示 XML 和 GD 模块所包含的函数：

```
print_r(get_extension_funcs("xml"));
print_r(get_extension_funcs("gd"));
```

### 3. 检查所有已定义函数

用 get_defined_functions()函数可以获取包含所有已定义函数的一个数组，语法如下：

```
array get_defined_functions(void)
```

该函数返回一个多维数组，其中包含所有已定义函数，包括内部函数和用户自定义函数。内部函数可以通过键名 "internal" 访问，用户自定义函数可以通过键名 "user" 访问。

【例 2.19】本例说明如何对 PHP 函数进行检测，结果如图 2.20 所示。

图 2.20　检测函数相关信息

【设计步骤】

（1）在文件夹 ch02 中创建一个 PHP 动态网页并保存为 page2-19.php。

（2）将文档标题设置为 "检测函数相关信息"。

（3）切换到代码视图，在\<body\>标签下方输入以下内容：

```
<h4>检测函数相关信息</h4>
<?php
echo "<ul>";
echo "<li>函数mysql_connect".(function_exists("mysql_connect")?"已":"不")."存在";
echo "<li>函数no_exist".(function_exists("no_exist")?"已":"不")."存在";
echo "<li>GD 模块中包含 ".count(get_extension_funcs("gd"))." 个函数";
$arr=get_defined_functions();
$n=count($arr["internal"]);
sort($arr["internal"]);
echo "<li>PHP ".PHP_VERSION." 提供了 {$n} 个内部函数:";
echo "<ol>";
foreach($arr["internal"] as $v){
   echo "<li>$v";
}
?>
```

## 2.6.2　自定义函数

在 PHP 语言中，通过关键字 function 来定义函数，语法如下：

```
function func_name($arg1,$arg2,...$argN){
   statements
```

```
    return expr;
  }
```

其中，func_name 是要创建函数的名称。命名函数时应遵循与变量命名相同的规则，但函数名不能以美元符号（$）开头。函数名不区分大小写，但是在调用函数的时候，通常使用其在定义时的形式。

arg1～argN 是函数的参数，通过这些参数可以向函数传递信息。一个函数可以有多个参数，它们之间用逗号分隔。但是，函数的参数是可选的，也可以不为函数指定参数。参数可以是各种数据类型，如整型、浮点型、字符串及数组等。statements 表示在函数中执行的一组语句。任何有效的 PHP 代码都有可以在函数内部使用，甚至包括其他函数和类的定义。

return 语句既可用于立即结束此函数的执行并将它的参数作为函数的值返回，也可用于终止脚本文件的执行。任何类型都可以返回，其中包括列表和对象。这导致函数立即结束它的运行，并且将控制权传递回调用它的行。return()是语言结构而不是函数，仅在参数包含表达式时才需要用括号将其括起来。

【例 2.20】本例说明如何定义和调用函数并向其传递参数，用于动态生成 HTML 表格，结果如图 2.21 所示。

图 2.21    用户自定义函数应用示例

【设计步骤】

（1）在文件夹 ch02 中创建一个 PHP 动态网页并保存为 page2-20.php。

（2）将文档标题设置为"用户自定义函数应用示例"。

（3）切换到代码视图，在<body>标签下方输入以下 PHP 代码块：

```php
<h4>用户自定义函数应用示例</h4>
<?php
function create_table($row_num,$col_num){
  echo "<table border=1 cellpadding=5 cellspacing=0>";
  echo "<caption>动态表格（{$row_num}行{$col_num}列）</caption>";
  for($i=1;$i<=$row_num;$i++){
    echo "<tr>";
    for ($j=1;$j<=$col_num;$j++)
      echo "<td>第{$i}行第{$j}列</td>";
    echo "</tr>";
  }
  echo "</table>";
}
create_table(2,4);          //画一个 2 行 4 列的表格
```

```
echo "<br>";
create_table(3,6);          //画一个 3 行 6 列的表格
?>
```

### 2.6.3　函数的参数

通过函数的参数列表可以将信息传递到函数，参数列表就是以逗号作为分隔符的表达式列表。PHP 支持按值传递参数（默认）、通过引用传递及默认参数。在 PHP 4 版本及其后续版本中还支持可变长度参数列表。

#### 1. 通过引用传递参数

在默认情况下，函数参数通过值传递，这意味着即使在函数内部改变参数的值，也不会改变函数外部的值。如果希望允许函数修改它的参数值，则必须通过引用传递参数。若要函数的一个参数通过引用传递，则可以在函数定义中该参数的前面预先加上引用符号（&）。

下面给出一个通过引用传递函数参数的例子。

```php
<?php
function add_some_extra(&$string){
    $string.=" World!";
}
$str="Hello";
add_some_extra($str);
echo $str;    //变量$str 已被修改，输出结果为："Hello World!"
?>
```

#### 2. 设置参数的默认值

定义函数时，还可以为函数的参数设置默认值。默认值既可以是标量类型，也可以是数组和特殊类型，如数组和 NULL。但默认值必须是常量表达式，而不能是变量、类成员或函数调用。当使用默认参数时，任何默认参数必须放在任何非默认参数的右侧；否则，函数将可能不按照预期的情况工作。自 PHP 5 版本起，默认值可以通过引用传递。

下面给出在一个函数中使用默认参数的例子。

```php
<?php
function fruit($name,$color="red"){
    return "This is $color $name.";
}
echo fruit("apple");         //输出结果为："This is a red apple."
echo fruit("apple",null);  //输出结果为："This is a apple."
echo fruit("apple","green");    //输出结果为："This is a green apple."
?>
```

#### 3. 使用可变长度参数列表

从 PHP 4 版本起，在用户自定义函数中可以使用可变长度参数列表。定义可变长度参数列表时，可以使用以下函数获取参数的信息。

● 用 func_num_args()函数返回传递给函数的参数数目，语法如下：
```
int func_num_args(void)
```
该函数返回传递给当前用户自定义函数的参数数目。

● 用 func_get_arg()函数从参数列表中获取一个参数，语法如下：
```
mixed func_get_arg(int arg_num)
```

其中，arg_num 指定参数在参数列表中的偏移量，第一个参数的偏移量为 0。如果 arg_num 大于实际传递的参数数目，则产生一个警告，而且 func_get_arg() 将返回 false。

- 用 func_get_args() 函数返回一个由函数参数列表组成的数组，语法如下：

```
array func_get_args(void)
```

该函数返回一个数组，该数组中的每个元素都是当前用户自定义函数的参数列表中的对应成员的一个复制结果，但不考虑那些默认参数。

**注意** 上述函数不能用作函数的参数。若要传递一个值，则可将结果赋给一个变量，然后向函数中传递该变量。此外，当在自定义函数外部调用这些函数时，将产生一个警告。

**【例 2.21】** 本例说明如何通过引用传递函数参数、设置函数参数的默认值及创建可变参数列表，结果如图 2.22 所示。

图 2.22　函数参数应用示例

**【设计步骤】**

（1）在文件夹 ch02 中创建一个 PHP 动态网页并保存为 page2-21.php。

（2）将文档标题设置为"函数参数应用示例"。

（3）切换到代码视图，在 <body> 标签下方输入以下内容：

```
<h4>函数参数应用示例</h4>
<?php
function swap(&$x,&$y){
    $t=$x;
    $x=$y;
    $y=$t;
}
function show_text($text,$font_size='12px',$color='#000000'){
    echo "<span style=\"font-size:{$font_size};color:{$color}\">{$text}</span>";
}
function sum(){
    $numargs=func_num_args ();
    if($numargs>=2){
        $arg_list=func_get_args();
        $sum=0 ;
        for($i=0;$i<$numargs;$i++)
            $sum+=$arg_list[$i];
    }
    return($sum);
}
$a=200;
```

```
$b=300;
echo '<ol>';
echo '<li>通过引用传递参数：交换变量<br>';
echo '交换前：$a='.$a.', $b='.$b.'。<br>';
swap($a,$b);
echo '交换后：$a='.$a.', $b='.$b.'。';
echo '<li>设置参数的默认值：指定文本的字号和颜色<br>';
show_text('PHP');
show_text('动态网站','18px');
show_text('开发','22px','red');
echo '<li>使用可变长度参数列表：求和<br>';
echo '100+200+300='.sum(100,200,300).'<br>';
echo '100+200+300+400+500+600='.sum(100,200,300,400,500,600);
?>
```

### 2.6.4 函数的返回值

函数的返回值通过使用可选的 return 语句返回。返回值可以是任何类型，其中包括列表和对象。执行 return 语句时，函数立即结束运行并将控制权传递回调用它的行。如果在一个函数中调用 return 语句，则将立即结束此函数的执行，并将 return 语句的参数作为函数的值返回给调用代码。

下面给出一个设置和使用函数返回值的例子。

```
<?php
function square($x){
    return $x*$x;
}
echo square(3);                    //输出：9
?>
```

不能从函数返回多个值，但可以通过返回一个数组来得到类似的效果。例如，下面的例子。

```
<?php
function small_numbers(){
    return array(0,1,2);           //返回一个数组
}
list($zero,$one,$two)=small_numbers();
echo $zero.','.$one.','.$two;      //输出：0,1,2
?>
```

若要从函数返回一个引用，则必须在函数声明和指派返回值给一个变量时都使用引用操作符（&）。例如：

```
<?php
function &test(&$x){               //声明函数时在函数名前加&，并以引用方式传递参数$x
    $x++;
    return $x;                     //从函数中返回对参数$x的引用
}
$a=100;
$b=&test($a);                      //调用函数时在函数名前加&，使变量$b指向变量$a的内容
test($b);                          //不使用函数返回值，改变$b的同时也改变了$a
echo $a.', '.$b;                   //输出:102,102
?>
```

【例 2.22】本例说明如何设置函数的返回值，通过辗转相除法求两个数的最大公约数，结果如图 2.23 所示。

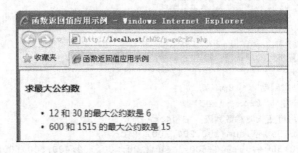

图 2.23　函数返回值应用示例

【设计步骤】

（1）在文件夹 ch02 中创建一个 PHP 动态网页并保存为 page2-22.php。

（2）将文档标题设置为"函数返回值应用示例"。

（3）切换到代码视图，在\<body\>标签下方输入以下内容：

```php
<h4>求最大公约数</h4>
<?php
function gcd($x,$y){
    if($x<$y){
        $t=$x;$x=$y;$y=$t;
    }
    while($y!=0){
        $t=$x%$y;$x=$y;$y=$t;
    }
    return($x);
}
echo "<ul>";
echo "<li>12 和 30 的最大公约数是 ".gcd(12,30);
echo "<li>600 和 1515 的最大公约数是 ".gcd(600,1515);
?>
```

## 2.6.5　变量作用域

变量作用域即变量定义的上下文背景，也就是变量的生效范围。

（1）变量的作用域与包含文件。大多数 PHP 变量不仅在当前 PHP 文件中生效，而且其作用域也将包含 include 和 require 引入的文件。例如：

```php
<?php
$a=1;
include "another.php";
?>
```

在这里，变量$a 也将在包含文件 another.php 中生效。

（2）局部变量。在用户自定义函数中，将引入一个局部函数范围。在默认情况下，任何用于函数内部的变量将被限制在局部函数范围内，这种变量称为局部变量。例如：

```php
<?php
$a=1;                    //在函数外定义的是全局变量
function test(){
    echo $a;             //在这里引用的是局部变量
```

```
    }
    test();                          //不会产生任何输出
    ?>
```

在这里，由于 echo 语句引用了一个局部版本的变量$a，但在函数内部并未对该变量赋值，所以上述代码块不会有任何输出。

（3）全局变量。在任何函数外部定义的变量是全局变量。若要在函数内部使用全局变量，则可以首先使先用 global 关键字来声明全局变量，然后对全局变量进行访问。例如：

```
    <?php
    $a=1;
    $b=2;

    function sum(){
      global $a,$b;                  //声明全局变量$a、$b
      $b=$a+$b;                      //结果：$b 的值为 3
    }
    sum()
    echo $b;                         //输出全局变量
    ?>
```

在函数内部，也可以直接通过预定义数组$GLOBALS 来访问全局变量。在$GLOBALS 数组中，每一个变量为一个元素，键名对应变量名，值对应变量的内容。$GLOBALS 之所以在全局范围内存在，是因为$GLOBALS 是一个超全局变量。上述例子也可以写成：

```
    <?php
    $a=1;
    $b=2;
    function sum(){
      $GLOBALS["b"]=$GLOBALS["a"]+$GLOBALS["b"];     //通过$GLOBALS 数组引用全局变量
    }
    sum();
    echo $b;                                          //输出全局变量
    ?>
```

（4）使用静态变量。静态变量使用关键字 static 来声明，它仅在局部函数域中存在，但当程序执行离开此作用域时，其值并不丢失。例如：

```
    <?php
    function test(){
      static $a=0;                   //声明静态变量
      echo $a."<br>";
      $a++;
    }                                //离开函数作用域时保留$a 的值
    test();                          //输出：0
    test();                          //输出：1
    test();                          //输出：2
    ?>
```

## 2.6.6　可变函数

PHP 语言支持可变函数的概念。这意味着如果一个变量名后有圆括号，PHP 将寻找与变量的值同名的函数，并且尝试执行它。可变函数也称为变量函数，它可以用来实现包括回调函数、函数表在内的一些用途。可变函数不能用于语言结构，如 echo()、print()、unset()、isset()、empty()、include()、require()及类似的语句。

【例 2.23】本例说明如何使用变量函数，即通过一个变量来引用几个不同的函数，结果如图 2.24 所示。

图 2.24　可变函数应用示例

【设计步骤】

（1）在文件夹 ch02 中创建一个 PHP 动态网页并保存为 page2-23.php。

（2）将文档标题设置为"可变函数应用示例"。

（3）切换到代码视图，在<body>标签下方输入以下 PHP 代码块：

```php
<?php
function f1(){
    echo "这是由函数 f1() 输出的内容<br>";
}
function f2($var){
    echo "这是在函数 f2() 中输出的内容: $var <br>";
}
function f3($var1,$var2){
    echo "这是在函数 f3() 中输出的内容: $var1, $var2 <br>";
}
$func="f1";$func();
$func="f2";$func("Hello");
$func="f3";$func("Hello","World");
?>
```

### 2.6.7　匿名函数

匿名函数也称为闭包函数，它允许临时创建一个没有指定名称的函数。匿名函数经常用作回调函数的参数。当然，也有其他应用的情况。匿名函数仅在 PHP 5.3.0 及以上版本中有效。

匿名函数也可以作为变量的值来使用。PHP 会自动将表达式转换成内置类 Closure 的对象实例。将一个 Closure 对象赋值给一个变量的方式与普通变量赋值的语法是一样的，最后也要加上分号。

下面给出一个使用匿名函数对变量赋值的例子。

```php
<?php
$greet=function($name){
    echo "Hello $name";
};
$greet("World");          //输出:"Hello World"
$greet("PHP");            //输出:"Hello PHP"
?>
```

## 习题 2

### 一、填空题

1．在用双引号或定界符定义字符串时，变量名运行时将被＿＿＿＿替代。

2．布尔型用于表示真值，其取值可以是＿＿＿或＿＿＿。

3．empty()函数用于检查一个变量是否为＿＿；isset()函数用于检测变量是否为＿＿＿＿＿。

4．若要创建动态变量，则可在其值要作为变量名使用的变量前面加一个＿＿＿＿＿。

5．若要引用一个变量，则可在该变量名前面加一个＿＿符号。

6．在 PHP 中，"不等于"运算符有＿＿或＿＿两种形式。

7．"逻辑与"运算符 and 的另一种形式是＿＿；"逻辑或"运算符 or 的另一种形式是＿＿。

8．while 语句根据指定的条件将一组语句执行＿＿遍或若干遍；do-while 语句根据指定的条件将一组语句执行＿＿遍或若干遍。

9．在用 get_defined_functions()函数获取的数组中，内部函数和用户自定义函数分别对应于键名＿＿＿和＿＿＿＿。

10．当使用默认参数时，任何默认参数必须放在任何非默认参数的＿＿＿。

11．在用户自定义函数中，可用 func_num_args()函数返回传递给函数的＿＿＿＿＿。

12．通过调用 get_defined_functions()函数可获取包含＿＿＿＿＿＿＿＿＿的一个数组。

### 二、选择题

1. 在 Dreamweaver 中，可通过按（　　　）键在浏览器中预览当前正在编辑的 PHP 页。

A. F2　　　　　　　　　　　　　　B. F5

C. F8　　　　　　　　　　　　　　D. F12

2. 若要访问服务器上的 PHP 动态网页则可通过（　　）协议来实现。

A. FILE　　　　　　　　　　　　　B. HTTP

C. FTP　　　　　　　　　　　　　D. NETBEUI

3. 在下列各项中，（　　）不属于 PHP 定界符。

A. <%…%>　　　　　　　　　　　B. <#…#>

C. <?…?>　　　　　　　　　　　D. <?php…?>

4. 函数调用 gettype(1.23)的返回值是（　　）。

A. boolean　　　　　　　　　　　B. integer

C. double　　　　　　　　　　　D. string

5. 通过调用（　　）函数可检查变量是否为字符串。

A. is_int()　　　　　　　　　　　B. is_float()

C. is_numeric()　　　　　　　　　D. is_string()

6. 使用魔术常量（　　）可返回文件的完整路径和文件名。

A. __LINE__　　　　　　　　　　B. __FILE__

C. __DIR__                              D. __METHOD__

7. 若要通过引用传递向函数传递参数，则应在函数定义中在该参数前面加上（    ）符号。

A. @                                    B. $

C. &                                    D. #

### 三、简答题

1. PHP 文件包含的主要内容是什么？

2. 服务器对 HTML 静态网页和 PHP 动态网页的处理过程有什么不同？

3. 在 PHP 中，字符串可以用哪三种方法来定义？

4. $x++ 与 ++$x 有什么不同？试举例说明。

5. 简述条件运算符（?：）的运算规则。

6. 在 "$x = $a + $b;" 中有哪些表达式？

7. include 语句和 include_once 语句有什么共同点？有什么不同点？

8. require 语句和 include 语句有什么区别？

9. 局部变量和全局变量有什么区别？

## 上机实验 2

1. 创建一个 PHP 动态网页，要求至少使用两种不同的 PHP 定界符。

2. 创建一个 PHP 动态网页，在不同时间显示不同的问候语。

3. 创建一个 PHP 动态网页，要求动态生成一段 JavaScript 客户端脚本，用于弹出一个警告框，其中显示服务器时间。

4. 创建一个 PHP 动态网页，要求用三种不同格式定义字符串并加以显示。

5. 创建一个 PHP 动态网页，要求使用预定义常量显示出当前操作系统名称、PHP 版本号、当前目录、当前文件及当前代码行号。

6. 创建一个 PHP 动态网页，利用 if 语句对一元二次方程的根进行判别。

7. 创建一个 PHP 动态网页，利用 switch 语句把英文星期转换为中文星期。

8. 创建一个 PHP 动态网页，分别通过 while 和 do-while 语句计算前 100 个偶数之和。

9. 创建一个 PHP 动态网页，通过双重循环结构生成一个表格，要求奇偶行的背景颜色交替变化。

10. 创建两个 PHP 文件，要求在一个文件中定义两个变量，在另一个文件中包含变量文件并显示这些变量的值。

11. 创建一个 PHP 动态网页，要求通过用户自定义函数动态生成具有指定行数和列数的表格。

12. 创建一个 PHP 动态网页，要求定义和调用以下函数。

（1）用于交换两个变量值的函数（提示：通过引用传递参数）。

（2）用于设置文本的字体和颜色的函数（提示：通过参数默认值指定字体和颜色）。

（3）用于计算若干个整数之和的函数（提示：使用可变参数列表）。

13. 创建一个 PHP 动态网页，定义和调用一个函数，用于计算指定的立方值。

# 第 3 章　PHP 面向对象编程

面向对象编程是目前十分流行的程序设计方法，它具有代码维护方便、可扩展性好、支持代码重用等优点。PHP 5 及其以上版本引入了新的对象模型，完全重写了 PHP 处理对象的方式，拥有更佳性能和更多特性。本章介绍 PHP 面向对象编程方面的内容，首先介绍如何在 PHP 中使用类和对象，然后讨论如何实现继承与多态。

## 3.1　类与对象

类和对象是面向对象编程中的基本概念。类是一些内容的抽象表示形式，在类中封装了对象包含的信息（即属性）和对象可执行的操作（即方法），而对象是类所表示内容的可用实例。类是对象的蓝图或模板，对象是类的实例，基于一个类可创建多个具有不同属性的对象。

### 3.1.1　类的定义

类是 PHP 中的一种复合数据类型，也是功能最为强大的数据类型。面向对象编程的基本步骤是：首先通过类定义数据类型的数据和行为，然后基于此类创建对象，并通过设置对象的属性或调用对象的方法来完成所需操作。

在 PHP 语言中，可以使用关键字 class 来声明一个类，语法如下：

```php
<?php
class class_name{
    //类的属性和方法
}
?>
```

其中，class_name 表示类名，可为任何非 PHP 保留字的名字；在花括号之间包含类的成员定义，主要有两种成员，即属性和方法。不能将一个类定义分隔到多个文件或 PHP 代码块中。

类是对象的模板，通过类的实例化可以创建对象，对象占用一定的存储空间。被创建的对象称为类的一个实例。在 PHP 中，可以使用 new 运算符来创建对象，语法如下：

```php
<?php
$instance=new class_name();
?>
```

其中，class_name 表示类名。上述赋值语句创建类的一个对象实例，并将该对象的一个引用赋给变量$instance。可用类型运算符 instanceof 来确定一个变量是否属于某个类的实例。

创建一个对象后，可使用以下语法格式来访问该对象的属性和方法：

```
$instance->property
$instance->method()
```

其中，$instance 为对象变量；property 和 method 分别为对象的属性和方法。

### 3.1.2 类的成员

在类定义中，通常包含变量成员和函数成员，前者称为类的属性，后者称为类的方法。除属性和方法外，还可以在类中定义常量，称为类常量。

**1. 属性**

属性声明是由关键字 public、protected 或 private 开头，后面跟一个变量和位于赋值号右边的初始化表达式组成的。语法如下：

```php
<?php
class class_name{
    public|protected|private $property_name[=initializer];
}
?>
```

其中，public、protected 和 private 为访问修饰符，指定什么代码可以访问这个属性；property_name 表示属性名称；initializer 为初始化表达式，其值必须是常数。

对类成员（属性或方法）的访问控制是通过在前面添加关键字 public、protected 或 private 来实现的。由 public 所定义的类成员可以在任何地方被访问。由 protected 所定义的类成员可以被其所在类的派生类和父类访问（该成员所在的类也可以访问）。由 private 定义的类成员只能被其所在类访问。

**注意** 为了兼容 PHP 4，PHP 5 声明属性依然可以直接使用关键字 var，或者放在 public、protected 或 private 之前，但是 var 并不是必须的。如果直接使用 var 声明属性，而没有 public、protected 或 private，则 PHP 5 会认为该属性为 public。

**2. 方法**

与普通函数一样，类的方法也可以用 function 关键字来定义，但在声明类的方法时应当在 function 关键字前面使用访问修饰符 public、protected 或 private。语法如下：

```php
<?php
class class_name{
    [public|protected|private] function method_name([mixed $args[,$...]]){
        //在此处编写方法体代码
    }
}
?>
```

其中，public、protected 和 private 为可选的访问修饰符，指定什么代码可以访问这个方法，若未指定访问修饰符，则该方法会被设置成默认的 public；method_name 表示方法名称；$args 表示方法的参数。若参数类型为对象，则可在参数前面加上对象所属的类，称为类型提示。

在类的成员方法中，可以通过$this->member_name 语法来访问类的属性和方法。其中，$this 是一个伪变量，它是调用该方法的实例化对象引用。不过，在访问类的静态属性或静态方法中不能使用这种语法，而是使用 self::$member_name。请参阅本书 4.1.4 节。

**3. 常量**

类常量不同于属性变量，命名时不要在其名称前面冠以美元符号（$）。类常量可按照以下语法来声明：

```
const constant=value;
```

其中，constant 表示类常量的名称；value 表示类常量的值。常量的值必须是一个固定值，不能是变量、类属性或其他操作（如函数调用）的结果。

在类的方法成员内部，不能使用伪变量 $this 和箭头运算符（->）来引用类常量，而必须使用 self::constant 语法来引用。在类的外部可通过 class_name::constant 形式来引用类常量。

【例 3.1】利用类和对象求圆的面积和周长，结果如图 3.1 所示。

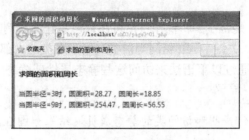

**图 3.1　求圆的面积和周长**

【设计步骤】

（1）在 Dreamweaver 中打开 PHP 站点，在站点根目录下创建一个文件夹并命名为 ch03。

（2）在文件夹 ch03 中新建一个 PHP 动态网页并保存为 page3-01.php，然后将文档标题设置为 "求圆的面积和周长"。

（3）切换到代码视图，在<body>标签下面输入以下内容：

```php
<h4>求圆的面积和周长</h4>
<?php
class circle{                                   //声明 circle 类
  public $radius;                               //类的属性
  public function getPerimeter(){               //类的方法，用于计算圆周长
    return(2*$this->radius*pi());
  }
  public function getArea(){                     //类的方法，用于计算圆面积
    return($this->radius*$this->radius*pi());    //函数 pi()返回圆周率
  }
}
$c1=new circle();                                //创建一个 circle 对象
$c1->radius=3;                                   //设置对象的属性
echo "当圆半径=".$c1->radius."时，";
echo "圆面积=".round($c1->getArea(),2)."，";     //函数 round()对浮点数进行四舍五入
echo "圆周长=".round($c1->getPerimeter(),2)."<br>";
$c2=new circle();                                //创建另一个 circle 对象
$c2->radius=9;
echo "当圆半径=".$c2->radius."时，";
echo "圆面积=".round($c2->getArea(),2)."，";
echo "圆周长=".round($c2->getPerimeter(),2);
?>
```

### 3.1.3　静态成员

使用 static 关键字可以将类的属性或方法声明为静态的。这样，无须对类进行实例化即可访问这些属性或方法。一个声明为静态的属性不能由类的实例化对象来访问，但可以由对象通过->操作符来访问静态方法。静态属性和静态方法不能在派生类中重新定义。

声明静态成员时，static 关键字必须放在访问修饰符之后。为了与 PHP 4 版本保持兼容，

如果未指定访问修饰符，则将类的属性和方法默认为 public。

由于静态方法不需要通过对象即可调用，所以伪变量$this 在静态方法中不可用。

静态属性不能由对象通过->操作符访问。若要在静态方法内部访问静态属性，则可使用以下语法来实现：

```
self::$property
```

其中，一对冒号（::）是范围解析操作符，可在未声明任何实例的情况下访问类中的函数或者基类中的属性或方法。关键字 self 指向当前类，用于在类的内部对成员或方法进行访问。

在类定义的外部，可通过以下语法来访问这些静态属性或静态方法：

```
class_name::$property
class_name::method()
```

【例3.2】本例说明如何声明和访问类的静态成员，结果如图 3.2 所示。

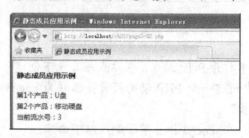

**图 3.2　静态成员应用示例**

【设计步骤】

（1）在文件夹 ch03 中新建一个 PHP 动态网页并保存为 page3-02.php。

（2）将文档标题设置为"静态成员应用示例"。

（3）切换到代码视图，在\<body>标签下面输入以下内容：

```php
<h4>静态成员应用示例</h4>
<?php
class product{
  public static $count=1;                //静态属性
  public $serial_number;
  public $name;
  public function instance_method(){
    echo "第".$this->serial_number."个产品: ".$this->name."<br>";
  }
  public static function static_method(){   //静态方法
    echo "当前流水号: ".self::$count."<br>";
  }
}
$p1=new product();
$p1->name="U 盘";
$p1->serial_number=product::$count++;        //访问静态属性
$p1->instance_method();
$p2=new product();
$p2->name="移动硬盘";
$p2->serial_number=product::$count++;
$p2->instance_method();
product::static_method();                  //调用静态方法
?>
```

### 3.1.4　构造方法和析构方法

构造方法和析构方法是类中的两个特殊方法成员。前者在每次创建对象时自动调用，后者在某个对象的所有引用都被删除或对象被显式销毁时执行。

#### 1. 构造方法

在 PHP 5 版本中，可以在一个类中定义一个函数作为构造方法。具有构造方法的类会在每次创建对象时先调用此方法，所以非常适合在使用对象之前做初始化工作。

构造方法的语法格式如下：

```
void __construct([mixed $args[,$...]]){
    //在此处编写方法体的代码
}
```

其中，__construct 为构造方法的名称，该名称以两个下画线开头；$args 表示要传递给构造方法的参数。

**注意**　为了实现向后兼容性，如果 PHP 5 版本在类中找不到 __construct()函数，它就会尝试寻找旧式的构造函数，也就是与类同名的函数。

#### 2. 析构方法

类似于其他面向对象的语言（如 C++），PHP 5 版本引入了析构方法的概念。析构方法会在某个对象的所有引用都被删除或者当对象被显式销毁时执行。

析构方法的语法如下：

```
void __destruct(void){
    //在此处编写方法体的代码
}
```

其中，__destruct 为析构方法的名称，该名称以两个下画线开头；析构方法没有参数，也没有返回值。

析构方法既可以用于记录调试信息或关闭数据库连接，也可以执行其他扫尾工作。析构方法在脚本关闭时被调用，此时所有的头信息均已经发出。

【例 3.3】本例说明如何在类中创建构造方法和析构方法，结果如图 3.3 所示。

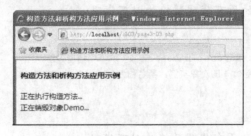

**图 3.3　构造方法和析构方法应用示例**

【设计步骤】

（1）在文件夹 ch03 中新建一个 PHP 动态网页并保存为 page3-03.php。

（2）将文档标题设置为"构造方法和析构方法应用示例"。

（3）切换到代码视图，在\<body\>标签下面输入以下内容：

```
<h4>构造方法和析构方法应用示例</h4>
<?php
```

```php
class MyDestructableClass{
  public $name;                          //类的属性
  function __construct($name){           //构造方法
     echo "正在执行构造方法...<br>";
     $this->name=$name;
  }
  function __destruct(){                 //析构方法
     echo "正在销毁对象".$this->name."...";
  }
}
$obj=new MyDestructableClass("Demo");
?>
```

### 3.1.5　自动加载对象

在应用开发中，通常要对每个类的定义建立一个 PHP 源文件，因此，只能在每个脚本开头编写一个长长的文件列表，以包含所需的类文件。在 PHP 5 版本中，可以定义一个 __autoload 函数，它会在试图使用尚未被定义的类时自动调用。通过调用此函数，脚本引擎在 PHP 出错前有了最后一个机会来加载所需的类。

【例 3.4】本例说明如何通过调用 __autoload 函数来自动加载对象，结果如图 3.4 所示。

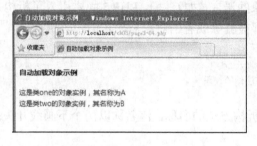

图 3.4　自动加载对象示例

【设计步骤】

（1）在文件夹 ch03 中新建三个 PHP 文件，分别保存为 one.php、two.php 和 page3-04.php。

（2）将文件 one.php 的原有代码替换为以下代码：

```php
<?php
class one{
  function __construct($name){             //构造方法
     echo "这是类 one 的对象实例，其名称为{$name}<br>";
  }
}
?>
```

（3）将文件 two.php 的原有代码替换为以下代码：

```php
<?php
class two{
  function __construct($name){             //构造方法
     echo "这是类 two 的对象实例，其名称为{$name}<br>";
  }
}
?>
```

（4）在代码视图中打开文件 page3-04.php，在<body>标签下面输入以下内容：

```
<h4>自动加载对象示例</h4>
<?php
function __autoload($class_name){
   require_once $class_name.'.php';
}
$obj1=new one("A");
$obj2=new two("B");
?>
```

（5）在浏览器中查看页面 page3-04.php 的运行结果。

### 3.1.6　对象迭代

PHP 5 版本提供了一种迭代对象的功能，就像使用数组那样，可以通过 foreach 循环语句来遍历对象中的属性。语法如下：

```
<?php
foreach($obj as $key=>$value){
    //每次循环中对象的属性名和属性值
    //分别被赋给变量$key 和$value
}
?>
```

**注意**　如果在类方法内部进行迭代，则可使用伪变量$this 来指向当前对象，此时将得到所有属性的值；如果在类外部进行迭代，则只能得到外部可见的那些属性的值。

【例 3.5】本例说明如何进行简单的对象迭代，结果如图 3.5 所示。

**图 3.5　对象迭代应用示例**

【设计步骤】
（1）在文件夹 ch03 中新建一个 PHP 动态网页并保存为 page3-05.php。
（2）将文档标题设置为"对象迭代应用示例"。
（3）切换到代码视图，在<body>标签下面输入以下内容：

```
<h4>对象迭代应用示例</h4>
<?php
class MyClass{
   public $var1="public var1";
   public $var2="public var2";
   public $var3="public var3";
   protected $protected="protected var";
   private $private="private var";
   public function iterateVisible(){
      foreach($this as $key=>$value){
         echo "<li>$key=>$value";
```

```
        }
    }
}
$obj=new MyClass();
echo "在类内部进行迭代: <br>";
echo "<ol style=\"float:left\">";
$obj->iterateVisible();
echo "</ol>";
echo "在类外部进行迭代: <br>";
echo "<ol style=\"float:left\">";
foreach($obj as $key=>$value){
    echo "<li>$key=>$value";
}
echo "</ol>";
?>
```

### 3.1.7　对象复制

在 PHP 中，对象赋值是通过引用形式实现的。当把一个对象已经创建的实例赋值给一个新变量时，通过新变量就可以访问同一对象实例。当通过新变量更改对象的属性值时，原变量所引用对象的属性值也随之发生变化。

若要生成对象的一个副本，则应以克隆方式来实现。语法如下：

```
$copy_of_object=clone $object;
```

此时，变量$copy_of_object 引用的对象将独立于变量$object 引用的对象。

对象克隆是 PHP 5 的新特性之一。克隆对象时将调用被克隆对象的__clone()方法，而对象的__clone 方法不能直接被调用。当创建对象的副本时，PHP 5 会检查__clone()方法是否存在。如果该方法不存在，则调用默认的__clone()方法，复制对象的所有属性。如果__clone()方法已经被定义过，则该方法就会负责设置新对象的属性。在默认情况下，PHP 引擎会复制对象的所有属性。__clone()方法会自动包含$this 和$that 两个指针，分别指向对象的副本和正本，克隆对象时将从$that 到$this 复制信息，覆盖那些需要更改的属性。

【例 3.6】本例说明如何进行对象复制，结果如图 3.6 所示。

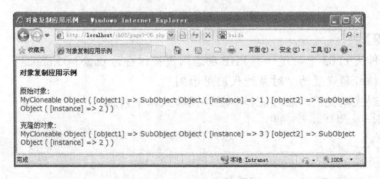

图 3.6　对象复制应用示例

【设计步骤】

（1）在文件夹 ch03 中新建一个 PHP 动态网页并保存为 page3-06.php。

（2）将文档标题设置为"对象复制应用示例"。

（3）切换到代码视图，在<body>标签下面输入以下内容：

```
<h4>对象复制应用示例</h4>
<?php
class SubObject{
  static $instances=0;                     //静态属性
  public $instance;
  public function __construct(){          //构造方法
    $this->instance=++self::$instances;
  }
  public function __clone(){          //克隆方法
    $this->instance=++self::$instances;
  }
}
class MyCloneable{
  public $object1;
  public $object2;
  function __clone(){                     //克隆方法
    $this->object1=clone $this->object1;
  }
}
$obj1=new MyCloneable();
$obj1->object1=new SubObject();
$obj1->object2=new SubObject();
$obj2=clone $obj1;
echo "原始对象:<br>";
print_r($obj1);
echo "<br><br>克隆的对象:<br>";
print_r($obj2);
?>
```

### 3.1.8　对象比较

在 PHP 4 中，对象比较的规则十分简单：如果两个对象是同一个类的实例，并且它们有相同的属性和值，则这两个对象相等。该比较规则适用于用相等运算符（==）和全等运算符（===）对两个对象进行比较。

在 PHP 5 中，对象的比较要比 PHP 4 中复杂，也比其他面向对象语言复杂。可分为以下两种情况。

● 当使用相等运算符（==）时，将以一种简单方式来比较对象变量，如果具有相同的属性和值，而且是同一个类的实例，则两个对象相同。

● 当使用全等运算符（===）时，只有当两个对象变量引用同一个类的同一个实例时，这两个对象变量才是相同的。

【例 3.7】本例说明如何进行对象比较，结果如图 3.7 所示。

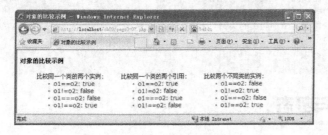

图 3.7　对象的比较示例

**【设计步骤】**

（1）在文件夹 ch03 中新建一个 PHP 动态网页并保存为 page3-07.php。

（2）将文档标题设置为"对象的比较示例"。

（3）切换到代码视图，在</head>标签上方创建一个 CSS 样式表，代码如下：

```
<style type="text/css">
ol>li{float:left;margin-right:3em;list-style:none;}
</style>
```

（4）在<body>标签下面输入以下内容：

```
<h4>对象的比较示例</h4>
<?php
function bool2str($bool){
   if($bool===false){
     return "false";
   }else{
     return "true";
   }
}
function compareObjects(&$o1,&$o2){
   echo "<ul>";
   echo "<li>o1==o2: ".bool2str($o1==$o2);
   echo "<li>o1!=o2: ".bool2str($o1!=$o2);
   echo "<li>o1===o2: ".bool2str($o1===$o2);
   echo "<li>o1!==o2: ".bool2str($o1!==$o2);
   echo "</ul>";
}
class Flag{
   public $flag;
   function Flag($flag=true){
     $this->flag=$flag;
   }
}
class OtherFlag{
   public $flag;
   function OtherFlag($flag=true){
     $this->flag=$flag;
   }
}
$o=new Flag();
$p=new Flag();
$q=$o;
$r=new OtherFlag();
echo "<ol>";
echo "<li>比较同一个类的两个实例:";
compareObjects($o,$p);
echo "<li>比较同一个类的两个引用:";
compareObjects($o,$q);
echo "<li>比较两个不同类的实例:";
compareObjects($o,$r);
echo "</ol>";
?>
```

## 3.2 继承与多态

继承和多态都是面向对象编程的重要概念。继承是指从一个类可以派生出新类，新类自动拥有基类的全部属性和操作，并可以拥有自己的特性。多态是指将同一操作作用于不同对象时可以产生不同的结果，多态性可以通过接口、继承或抽象类来实现。

### 3.2.1　类的继承

在面向对象编程过程中，通常需要生成这样一些类，这些类与其他现有的类拥有相同属性和方法。在实际应用中，可以定义一个通用类用于所有的项目，然后通过不断丰富这个通用类来适应每个具体项目。

为了使这一点变得更加容易，类可以从其他的类中扩展出来。扩展或派生出来的扩充类拥有其基类的所有属性和方法，并包含所有派生类中定义的部分。类中的元素不能减少，也就是说，不可以注销任何存在的方法或属性。一个扩充类总是依赖一个单独的基类，也就是说，不支持多继承。

在 PHP 中，可使用关键字 extends 来扩展一个类，语法如下：

```php
<?php
class derived_class extends base_class{
    //类的属性和方法
}
?>
```

其中，derived_class 表示新建的类，称为派生类或子类；base_class 表示新类所继承的类，称为基类或父类。

当扩展一个类时，派生类就会继承基类的所有公有和保护方法。但是派生类的方法会覆盖基类的方法。

如果派生类中定义了构造方法，则不会暗中调用其基类的构造方法。若要执行基类的构造方法，则需要在派生类的构造方法中通过以下语法来调用：

```
parent::__construct();
```

其中，parent 指的是派生类在 extends 声明中所指的基类的名字。这样做可以避免在多个地方使用基类的名字。

如果派生类中定义了析构造方法，则基类的析构函数不会被 PHP 引擎暗中调用。若要执行基类的析构函数，则必须在派生类的析构方法中进行显式调用：

```
parent::__destruct();
```

在派生类的方法中，可以通过以下语法来调用基类的方法：

```
parent::__method();
```

【例3.8】在本例中首先声明一个 Person 类，然后以 Person 作为基类来创建派生类 Student，结果如图 3.8 所示。

图 3.8　类的继承应用示例

**【设计步骤】**

（1）在文件夹 ch03 中新建一个 PHP 动态网页并保存为 page3-08.php。

（2）将文档标题设置为 "类的继承应用示例"。

（3）切换到代码视图，在</head>标签上方创建一个 CSS 样式表，代码如下：

```
<style type="text/css">
div{float:left;margin-right:6em;}
</style>
```

（4）在<body>标签下面输入以下内容：

```php
<h4>类的继承应用示例</h4>
<?php
class Person{
  protected $name;
  protected $gender;
  public function __construct($name,$gender){
    $this->name=$name;
    $this->gender=$gender;
  }
  public function showInfo(){
    echo "<div>个人信息<ul><li>姓名：".$this->name.
      "<li>性别：".$this->gender."</ul></div>";
  }
}
class Student extends Person{
  private $studentId;
  private $age;
  public function __construct($studentId,$name,$gender,$age){
    parent::__construct($name,$gender);
    $this->studentId=$studentId;
    $this->age=$age;
  }
  public function showInfo(){
    echo "<div>学生个人信息<ul><li>学号：".$this->studentId.
      "<li>姓名：".$this->name."<li>性别：".$this->gender.
      "<li>年龄：".$this->age."</ul></div>";
  }
}
$p=new Person("张三",26);
$p->showInfo();
$stu=new Student("110001","李明","男",19);
$stu->showInfo();
?>
```

### 3.2.2 抽象类

PHP 5 支持抽象类和抽象方法。抽象类不能直接被实例化，必须首先继承该抽象类，然后再实例化派生类。在抽象类中至少要包含一个抽象方法。若一个类方法被声明为抽象的，则其中就不能包括具体的功能实现。抽象类和抽象方法使用 abstract 关键字来声明，语法如下：

```php
<?php
abstract class class_name{
```

```
        [public|protected] function method_name([mixed $args[,$...]]);
        //类的其他成员（包括非抽象方法）
    }
    ?>
```

　　如果一个类中包含抽象方法（哪怕只有一个），就必须将这个类声明为抽象的。抽象方法也是使用 abstract 关键字来声明的，但是只能声明方法的签名（或称为方法头），而不能提供方法的具体实现代码。声明抽象方法的语法不同于声明一般方法。抽象方法不包含在花括号{}中的主体部分，而且用分号（;）来结束。

　　如果在派生类中覆盖了所有的抽象方法，则派生类就变成为一个普通的类。如果没有覆盖所有的抽象方法，则派生类仍然是抽象类。

　　【例 3.9】在本例中首先声明一个名为 Shape 的抽象类，然后以 Shape 作为基类来创建派生类 Triangle 和 Rectangle，用于计算长方形和三角形的面积，结果如图 3.9 所示。

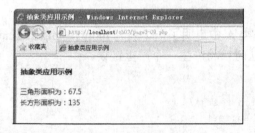

**图 3.9　抽象类应用示例**

**【设计步骤】**

（1）在文件夹 ch03 中新建一个 PHP 动态网页并保存为 page3-09.php。

（2）将文档标题设置为"抽象类应用示例"。

（3）切换到代码视图，在<body>标签下面输入以下内容：

```
<h4>抽象类应用示例</h4>
<?php
abstract class Shape{
    protected $base;
    protected $height;
    public function setValue($b,$h){
        $this->base=$b;
        $this->height=$h;
    }
    public abstract function getArea();
}

class Triangle extends Shape{
    public function getArea(){
        return round((($this->base)*($this->height)/2),2);
    }
}

class Rectangle extends Shape{
    public function getArea(){
        return round((($this->base)*($this->height)),2);
    }
}
```

```php
$t=new Triangle();
$t->setValue(15,9);
echo "三角形面积为: ".$t->getArea()."<br>";
$r=new Rectangle();
$r->setValue(15,9);
echo "长方形面积为: ".$r->getArea()."<br>";
?>
```

### 3.2.3　final 关键字

PHP 5 新增了一个 final 关键字。如果基类中的某个方法被声明为 final，则派生类无法覆盖该方法；如果一个类被声明为 final，则不能被继承。

如果在类定义中使用 private 关键字修饰一个属性或方法，则该属性或方法不能被继承；如果使用 protected 关键字修饰一个属性或方法，则该属性或方法可以被继承，但类的外部是不可见的。

在下面的示例中，基类 A 中声明了一个名为 moreTesting 的 final 方法。当试图在派生类 B 中实现 moreTesting 方法时，将产生一个严重错误。

```php
<?php
class A{
  public function test(){
      echo "调用 A::test()<br>";
  }
  public final function moreTesting(){
      echo "A::moreTesting()<br>";
  }
}
class B extends A{
  public function moreTesting(){
      echo "调用 B::moreTesting()<br>";
  }
}
//产生 Fatal error: Cannot override final method A::moreTesting()
?>
```

在下面的示例中，声明了一个名为 A 的 final 类。当试图通过类 B 扩展类 A 时，将产生一个严重错误。

```php
<?php
final class A{
  public function test(){
      echo "调用 A::test()<br>";
  }
  public final function moreTesting(){
      echo "调用 A::moreTesting()<br>";
  }
}
class B extends A{
}
//产生 Fatal error: Class B may not inherit from final class (A)
?>
```

### 3.2.4  接口

当一个抽象类只包含抽象方法时，也可以通过接口来实现。在 PHP 5 中，使用 interface 来定义接口，语法如下：

```php
<?php
interface interface_name{
   public function method_name([mixed $args[,$...]]);
}
?>
```

其中，interface_name 表示接口名；method_name 表示接口中的方法名称；$args 表示接口方法的参数。接口中定义的所有方法都必须是 public，而且都是空的，即不需要定义这些方法的具体内容。

定义一个接口后，可以在定义类时使用 implements 操作符来实现该接口，语法如下：

```php
<?php
class class_name implements interface_name{
  //类的属性和方法
}
?>
```

其中，class_name 表示类名；interface_name 表示通过该类要实现的接口，该接口中的所有方法必须在类体中实现，否则会产生一个严重错误。如果需要，也可以通过一个类来实现多于一个的接口，用逗号分隔每个接口。

**提示**  在接口中也可以定义常量。接口也可以通过使用 extends 操作符来继承。

**【例 3.10】** 在本例中首先声明一个名为 iVideoCard 的接口，然后声明一个名为 Colorful 的类来实现 iVideoCard 接口，并声明一个名为 Mainboard 的类，用于模拟计算机主板和显卡，运行结果如图 3.10 所示。

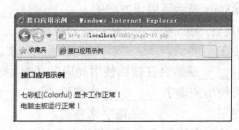

**图 3.10  接口应用示例**

**【设计步骤】**

（1）在文件夹 ch03 中新建一个 PHP 动态网页并保存为 page3-10.php。

（2）将文档标题设置为"接口应用示例"。

（3）切换到代码视图，在<body>标签下面输入以下内容：

```php
<h4>接口应用示例</h4>
<?php
interface iVideoCard{                        //声明接口 iVideoCard
  function Display();
  function getName();
}
class Colorful implements iVideoCard{        //声明类 Colorful 以实现接口 iVideoCard
  function getName(){                        //实现接口方法 getName
```

```
            return "七彩虹(Colorful)";
        }
        function Display(){                          //实现接口方法 Display
            echo $this->getName()." 显卡工作正常！<br>";
        }
    }
    class Mainboard{
        public $vc;
        public function run(iVideoCard $vc){         //通过类型声明将函数参数强制转换成特定类型
            $this->vc=$vc;
            $this->vc->Display();
            echo "计算机主板运行正常！<br>";
        }
    }
    $cf=new Colorful();                              //创建 Colorful 类的一个实例
    $mb=new Mainboard();                             //创建 Mainboard 类的一个实例
    $mb->run($cf);                                   //将对象作为参数传递给 run 方法
    ?>
```

# 习题 3

## 一、填空题

1. 在类中封装了对象包含的信息（即_____）和对象可执行的操作（即_____）。

2. 在 PHP 中，可以使用_____运算符来创建对象。

3. 在类方法中，伪变量$this 表示调用该方法的_____引用。

4. 使用_____关键字可以将类的属性或方法声明为静态的。

5. 具有构造方法的类会在_____时先调用此方法。

6. 在 PHP 中，_____函数会在试图使用尚未定义的类时自动调用。

7. 若要扩展一个类，可使用关键字_____来实现。

8. 抽象类和抽象方法使用_____关键字来声明。

9. 如果基类中的某个方法被声明为 final，则派生类无法_____该方法。

10. 如果一个类被声明为 final，则不能被_____。

## 二、选择题

1. 使用关键字（　　）可使类成员只能被其所在类访问。

A. var                          B. public

C. protected                    D. private

2. 设 A 类包含一个名为$name 的非静态属性，$a 表示 A 类的一个实例化对象，则可以使用（　　）来引用$name 属性。

A. $a->name                     B. $a=>name

C. $a->$name                    D. A::$name

3. 在 PHP 5 中，构造方法的名称统一为（　　）。

A. construct                        B. __construct

C. destruct                        D. __destruct

4. 要在派生类中调用基类的构造方法，可使用（　　）语法来实现。

A. $this->__construct();            B. $this::__construct();

C. parent::__construct();           D. self::__construct();

5. 使用（　　）关键字可声明一个不能直接被实例化的类。

A. final                            B. protected

C. abstract                         D. private

### 三、简答题

1. 类与对象有什么关系？

2. 类有哪几种成员？

3. 构造方法和析构方法有什么特点？

4. 在 PHP 5 中，如何比较两个对象？

 **上机实验 3**

1. 创建一个 PHP 动态网页，利用类和对象计算矩形的周长和面积。

2. 创建一个 PHP 动态网页，声明一个具有静态属性和静态方法的类，并在该类外部访问这些静态成员。

3. 创建一个 PHP 动态网页，声明一个具有构造方法和析构方法的类。

4. 按要求创建以下三个 PHP 文件：

（1）文件 one.php，用于声明类 one；

（2）文件 two.php，用于声明类 two；

（3）文件 three.php，用于创建类 one 和 two 的实例化对象，并要求自动加载 one.php 和 two.php。

5. 创建一个 PHP 动态网页，声明一个具有公有属性、保护属性和私有属性的类，并在该类的内部和外部用 foreach 语句来遍历所有属性。

6. 创建一个 PHP 动态网页，首先声明一个 Person 类，然后在 Person 为基类创建派生类 Student，要求在派生类中增加一些新的属性。

7. 创建一个 PHP 动态网页，首先声明一个名为 Shape 的抽象类，然后以 Shape 作为基类来创建派生类 Triangle 和 Rectangle，用于计算长方形和三角形的面积。

8. 创建一个 PHP 动态网页，首先声明一个名为 iOperation 的接口，其中包含 addition 和 subtration 两个方法，然后通过类 Op 来实现 iOperation 接口，并通过 addition 和 subtration 实现加法和减法运算。

# 第 4 章　PHP 数据处理

PHP 语言支持多种数据类型，既有标量类型，也有复合类型和特殊类型。如何对各种类型的数据进行处理，是 PHP 编程的重要内容之一。本章讨论如何对 PHP 中的常用数据类型进行处理，包括数组处理、字符串处理以及日期/时间处理。

## 4.1　数组处理

数组是一种复合数据类型，用于保存一组类型相同或不相同的数据，并将一组值映射为键。键名称为数组的索引，它可以是整型数或字符串，相应的数组分别称为枚举数组和关联数组。键可以有一个或多个，相应的数组分别称为一维数组或多维数组。

### 4.1.1　创建数组

在 PHP 语言中，创建数组有两种方法：一种方法是使用 array()语言结构；另一种方法是使用方括号语法格式。

#### 1. 用 array()创建数组

array()语言结构用于新建一个数组，该语言结构接收一定数量用逗号分隔的 key => value 参数对，语法如下：

```
$array_name=array([key=>]value,...);
```

其中，array_name 表示数组名；参数 key 可选，表示键名，可为整型数或字符串；value 表示与键对应的值，可为任何类型（包括数组）。array()结构返回根据参数创建的数组。

创建一个数组后，便可以通过数组名和键来引用数组内的任何一个元素的值，语法如下：

```
$array_name[key]
```

若要引用多维数组内的元素，则需要使用数组名和多个键来实现。例如，对于二维数组，可以通过以下语法格式来访问其元素：

```
$array_name[key1][key2]
```

下面给出一个用 array()语言结构创建数组的例子。

```php
<?php
$arr=array(1=>10,2=>20,30,40,"aa"=>50,"bb"=>60,70);    //键既有整型数，也有字符串
echo $arr[3];                                           //显示 30
echo $arr["aa"];                                        //显示 50
echo $arr["bb"];                                        //显示 60
echo $arr[5];                                           //显示 70
?>
```

使用 array()语言结构时，应注意以下几点。

● 如果对给出的值没有指定键名，则新的键名将是当前最大的整数索引值加 1；如果指

定的键名已经有了值，则该值将会被覆盖。

- 如果把键名指定为浮点数，则被取整为整型数。
- 如果使用 true 作为键名，则使整型数 1 成为键名；如果使用 false 作为键名，则使整型数 0 成为键名。
- 如果使用 NULL 作为键名，则等同于使用空字符串。使用空字符串作为键名将新建（或覆盖）一个用空字符串作为键名的值，这与使用空的方括号不同。
- 不能用数组和对象作为键名。

**2. 用方括号语法新建或修改数组**

通过在方括号内指定键名可以对数组元素进行赋值，语法如下：

```
$array_name[key]=value;
```

其中，key 可以是整型数或字符串；value 可以是任何值。

若$array_name 不存在，将会新建一个数组。这也是一种定义数组的替换方法。若要改变一个数组元素的值，则对它赋一个新值即可。若要删除一个键–值对，可使用 unset()。

也可以不指定键名，此时应在变量名后面加上一对空的方括号（[]），即：

```
$array_name[]=value;
```

如果给出方括号但没有指定键名，则取当前最大整数索引值，新的键名将是该值加 1。如果当前还没有整数索引，则键名将为 0。如果指定的键名已经有值了，则该值将被覆盖。

下面给出一个用方括号语法创建和更改数组的例子。

```php
<?php
$username=array(3=>"张三",5=>"李四",8=>"kk");
$username[]="tt";            //添加一个新元素，键为 9
$username[12]="mary";        //添加一个新元素，键为 12
$username["sa"]="root";        //添加一个新元素，键为"sa"
unset($username[5]);         //删除数组元素$username[5]
unset($username);            //删除整个数组
?>
```

【例 4.1】本例说明如何使用 array()语言结构创建数组，结果如图 4.1 所示。

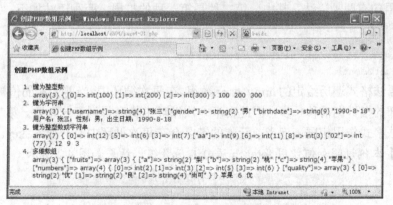

图 4.1　创建 PHP 数组示例

【设计步骤】

（1）在 Dreamweaver 中打开 PHP 站点，在站点根目录下创建一个文件夹并命名为 ch04。

（2）在文件夹 ch04 中创建一个 PHP 动态网页并保存为 page4-01.php，然后将文档标题设置为"创建PHP数组示例"。

（3）切换到代码视图，在\<body>标签下方输入以下内容：

```
<h4>创建 PHP 数组示例</h4>
<?php
//未指定键名，默认键名为0、1、2
$a1=array(100,200,300);
echo "<ol>";
echo "<li>键为整型数<br>" ;
var_dump($a1);
echo $a1[0]."  ".$a1[1]."  ".$a1[2];
//指定字符串作为键名
$a2=array("username"=>"张三","gender"=>"男","birthdate"=>"1990-8-18");
echo "<li>键名为字符串<br>";
var_dump($a2);
echo "用户名: ".$a2["username"]."; 性别: ".$a2["gender"]."; 出生日期: ".$a2["birthdate"];
//指定整型数或字符串作为键名
$a3=array(10,5=>6,3=>7,"aa"=>9,11,"8"=>3,"02"=>77,0=>12);
echo "<li>键名为整型数或字符串<br>" ;
var_dump($a3) ;
echo $a3[0]."  ".$a3["aa"]."  ".$a3[8] ;
//指定数组作为值（多维数组）
$a4=array("fruits"=>array("a"=>"梨","b"=>"桃","c"=>"苹果"),
    "numbers"=>array(2,3,5,6),"quality"=>array("优","良","尚可"));
echo "<li>多维数组<br>";
var_dump($a4);
echo $a4["fruits"]["c"]."  ".$a4["numbers"][3].
    "  ".$a4["quality"][0];
?>
```

## 4.1.2  遍历数组

在 PHP 语言中，可以通过 foreach 循环语句来遍历数组。该语句仅用于数组。当试图将该语句用于其他数据类型或者一个未初始化的变量时会产生错误。

foreach 语句有两种语法。其中，第二种是第一种的扩展。两种语法如下：

```
foreach(array_expr as $value)
    statements
foreach(array_expr as $key=>$value)
    statements
```

第一种语法格式遍历给定的 array_expr 数组。在每次循环中，当前元素的值被赋给$value，并且数组内部的指针向前移一步，因此在下一次循环中将会得到下一元素。第二种语法格式与第一种语法格式作用相同，但当前元素的键名会在每次循环中赋给变量$key。

【例 4.2】本例说明如何使用 foreach 语句遍历数组，结果如图 4.2 所示。

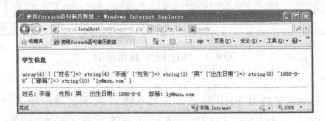

图 4.2　使用 foreach 语句遍历数组

**【设计步骤】**

（1）在文件夹 ch04 中创建一个 PHP 动态网页并保存为 page4-02.php。

（2）将文档标题设置为"使用 foreach 语句遍历数组"。

（3）切换到代码视图，在<body>标签下方输入以下内容：

```
<h4>学生信息</h4>
<?php
$student=array("姓名"=>"李遥","性别"=>"男",
    "出生日期"=>"1988-8-8","邮箱"=>"ly@msn.com");
var_dump($student);
echo "<hr>";
foreach($student as $key=>$value){
    echo " $key: $value  ";
}
?>
```

## 4.1.3　预定义数组

PHP 提供了一些预定义数组，这些数组可以在 PHP 代码中直接使用，而无须进行初始化。这些数组包含来自 Web 服务器（如果可用）、运行环境及用户输入的数据，而且在全局范围内自动生效，因此也称为超全局数组。一些常用的预定义数组变量在表 4.1 中列出。

**表 4.1　常用的预定义数组变量**

| 预定义变量 | 描　　述 | 应 用 示 例 |
|---|---|---|
| $GLOBALS | 包含一个引用指向每个当前脚本的全局范围内有效的变量，该数组的键名为全局变量的名称 | 用 $GLOBALS["a"] 可访问在脚本中定义的全局变量$a |
| $_SERVER | 由 Web 服务器设定或者直接与当前脚本的执行环境相关联，是一个包含头信息、路径和脚本位置的数组，该数组的实体由 Web 服务器创建。在脚本中可以用 phpinfo()函数来查看其内容 | 用$_SERVER["PHP_SELF"]可获取当前正在执行脚本的文件名，与 document root 相关 |
| $_GET | 由 URL 请求提交至脚本的变量，是通过 HTTP GET 方法传递的变量组成的数组，可用来获取附加在 URL 后面的参数值 | 用$_GET["id"]可获取附加在 URL 后的名为 id 的参数的值 |
| $_POST | 由 HTTP POST 方法提交至脚本的变量，是通过 HTTP POST 方法传递的变量组成的数组，可用来获取用户通过表单提交的数据 | 用$_POST["name"]可获取通过表单提交的名为 name 的表单元素的值 |
| $_COOKIE | 由 HTTP Cookies 方法提交至脚本的变量，是通过 HTTP cookies 传递的变量组成的数组，可用于读取 Cookie 值 | 用$_COOKIE["email"]可获取存储在客户端的名为 email 的 Cookie 值 |
| $_REQUEST | 由 GET、POST 和 COOKIE 机制提交至脚本的变量，因此该数组并不值得信任。所有包含在该数组中的变量的存在与否，以及变量的顺序均按照 php.ini 中的 variables_order 配置指示来定义 | $_REQUEST 数组，包括 GET、POST 和 COOKIE 的所有数据 |
| $_FILES | 由 HTTP POST 文件上传而提交至脚本的变量，是通过 HTTP POST 方法传递的已上传文件项组成的数组，可用于 PHP 文件上传编程 | 用$_FILES["userfile"]["name"]可获取客户端机器文件的文件名 |
| $_SESSION | 是当前注册给脚本会话的变量，也是包含当前脚本中会话变量的数组，可用于访问会话变量 | 用$_SESSION["user_level"]可检索名为 user_level 的会话变量的值 |

常用的$_SERVER 数组元素在表 4.2 中列出。

**表 4.2　常用的$_SERVER 数组元素**

| 元 素 键 名 | 元素值描述 |
|---|---|
| PHP_SELF | 当前正在执行脚本的文件名，与 document root 相关 |

续表

| 元 素 键 名 | 元素值描述 |
|---|---|
| GATEWAY_INTERFACE | 服务器使用的 CGI 规范的版本。例如，"CGI/1.1" |
| SERVER_NAME | 当前运行脚本所在服务器主机的名称。如果该脚本运行在一个虚拟主机上，则该名称由那个虚拟主机所设置的值决定 |
| SERVER_SOFTWARE | 服务器标志的字符串，在响应请求时的头信息中给出 |
| SERVER_PROTOCOL | 请求页面时通信协议的名称和版本。例如，"HTTP/1.0" |
| REQUEST_METHOD | 访问页面时的请求方法。例如，"GET"、"HEAD"、"POST"、"PUT" |
| REQUEST_TIME | 请求开始时的时间戳。从 PHP 4.2.0 版本起有效 |
| QUERY_STRING | 查询字符串，即 URL 中第一个问号（?）之后的内容 |
| DOCUMENT_ROOT | 当前运行脚本所在的文档根目录，在服务器配置文件中定义 |
| HTTP_ACCEPT | 当前请求的 Accept 头信息的内容 |
| HTTP_ACCEPT_CHARSET | 当前请求的 Accept-Charset:头信息的内容。例如，"iso-8859-1,*,utf-8" |
| HTTP_ACCEPT_ENCODING | 当前请求的 Accept-Encoding:头信息的内容。例如，"gzip" |
| HTTP_ACCEPT_LANGUAGE | 当前请求的 Accept-Language:头信息的内容。例如，"zh-cn" |
| HTTP_CONNECTION | 当前请求的 Connection:头信息的内容。例如，"Keep-Alive" |
| HTTP_HOST | 当前请求的 Host:头信息的内容 |
| HTTP_REFERER | 链接到当前页面的前一页面的 URL 地址 |
| HTTP_USER_AGENT | 当前请求的 User-Agent:头信息的内容 |
| HTTPS | 如果脚本是通过 HTTPS 协议访问，则被设为一个非空的值 |
| REMOTE_ADDR | 正在浏览当前页面用户的 IP 地址 |
| REMOTE_HOST | 正在浏览当前页面用户的主机名。反向域名解析基于该用户的 REMOTE_ADDR |
| REMOTE_PORT | 用户连接到服务器时所使用的端口 |
| SCRIPT_FILENAME | 当前执行脚本的绝对路径名 |
| SERVER_ADMIN | 该值指明了 Apache 服务器配置文件中的 SERVER_ADMIN 参数。如果脚本运行在一个虚拟主机上，则该值是那个虚拟主机的值 |
| SERVER_PORT | 服务器所使用的端口，默认为 80。若使用 SSL 安全连接，则该值为用户设置的 HTTP 端口 |
| SERVER_SIGNATURE | 包含服务器版本和虚拟主机名的字符串 |
| PATH_TRANSLATED | 当前脚本所在文件系统（不是文档根目录）的基本路径。这是在服务器进行虚拟到真实路径的映像后的结果 |
| SCRIPT_NAME | 包含当前脚本的路径 |
| REQUEST_URI | 访问此页面所需的 URI |
| PHP_AUTH_USER | 当 PHP 运行在 Apache 或 IIS（PHP 5 是 ISAPI）模块方式下，并且正在使用 HTTP 认证功能，这个变量便是用户输入的用户名 |
| PHP_AUTH_PW | 当 PHP 运行在 Apache 或 IIS（PHP 5 是 ISAPI）模块方式下，并且正在使用 HTTP 认证功能，这个变量便是用户输入的密码 |

【例 4.3】本例说明如何使用预定义数组变量来获取服务器变量列表，结果如图 4.3 所示。

【设计步骤】

（1）在文件夹 ch04 中创建一个 PHP 动态网页并保存为 page4-03.php。

（2）将文档标题设置为"预定义数组应用示例"。

（3）切换到代码视图，在<body>标签下方输入以下代码：

```
<table border="1" cellspacing="0">
<caption>服务器变量列表</caption>
<tr bgcolor="#CCCCCC"><th>变量</th><th>值</th></tr>
<?php foreach($_SERVER as $key=>$value) {?>
<tr><td><?php echo $key; ?></td><td><?php echo $value; ?></td></tr>
<?php } ?>
</table>
```

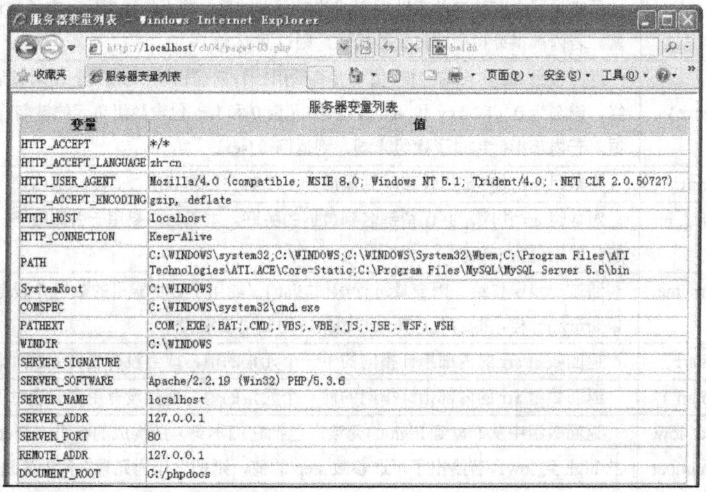

**图 4.3  服务器变量列表**

## 4.1.4  数组函数

PHP 提供了丰富的数组函数，通过这些函数可用多种方法来操作数组。这些函数是 PHP 内核的一部分，无须安装外部库文件即可使用。常用的数组函数在表 4.3 中列出。

**表 4.3  常用的数组函数**

| 数组函数 | 说    明 |
| --- | --- |
| bool array_key_exists ( mixed key, array search ) | 检查给定的键名或索引是否存在于数组中。key 表示键名或索引，search 表示待搜索的数组。若给定的 key 存在于数组中，则返回 true |
| mixed array_pop ( array &arr ) | 弹出并返回 arr 数组的最后一个元素（出栈），将数组 arr 的长度减 1。若 arr 为空或不是数组，则返回 NULL |
| int array_push ( array &arr, mixed var [, mixed ...] ) | 将一个或多个传入的单元压入数组 arr 的末尾（入栈）。var 表示传入的单元。数组 arr 的长度将根据入栈单元的数目增加 |
| array array_reverse ( array arr [, bool preserve_keys] ) | 返回一个元素顺序相反的新数组。若 preserve_keys 为 true，则保留原来的键名 |
| mixed array_shift ( array &arr ) | 将数组 arr 的第一个元素移出并作为结果返回，将 arr 的长度减 1 并将所有其他元素向前移动一位。所有的数字键名将改为从零开始计数，字符串键名将不变。若 arr 为空或不是数组，则返回 NULL。使用本函数后会重置数组指针 |
| number array_sum ( array arr ) | 计算数组 arr 中所有值的和并以整数或浮点数返回 |
| array array_unique ( array arr ) | 接收数组 arr 作为输入并返回没有重复值的新数组 |
| int array_unshift ( array &arr, mixed var [, mixed ...] ) | 将传入的单元插入到数组 arr 的开头。单元是作为整体被插入的，因此传入的单元将保持同样的顺序。所有的数值键名将修改为从零开始重新计数，所有的字符串键名保持不变。本函数返回数组 arr 新的元素数目 |
| array array_values ( array input ) | 返回数组 input 中所有的值并为其建立数字索引 |

续表

| 数 组 函 数 | 说　　明 |
|---|---|
| bool asort ( array &arr [, int sort_flags] ) | 对数组 arr 进行排序，数组的索引保持和元素的关联。若成功则返回 true；若失败则返回 false |
| int count ( mixed var [, int mode] ) | 返回 var（通常数组）中的元素数目，对任何其他类型都只有一个单元。若把可选参数 mode 设为 1，则将递归地对数组计数，这对计算多维数组的所有元素尤其有用。mode 的默认值是 0 |
| mixed current ( array &arr ) | 函数返回当前被内部指针指向的数组元素的值，并不移动指针。本函数返回数组中的当前元素。若内部指针指向超出了数组端，则返回 false |
| array each ( array &arr ) | 返回数组 arr 中当前的键-值对并将数组指针向前移动一步。键-值对被返回为 4 个单元的数组，键名为 0、1、key 和 value，其中元素 0 和 key 包含数组单元的键名，1 和 value 则包含数据。若内部指针越过了数组末端，则返回 false |
| mixed end ( array &arr ) | 将数组 arr 的内部指针移动到最后一个元素并返回其值 |
| bool ksort ( array &arr [, int sort_flags] ) | 对数组 arr 排序，并保留键名到数据的关联。本函数主要用于关联数组。若成功则返回 true，若失败则返回 false |
| void list ( mixed varname, mixed ... ) | 通过一步操作给一组变量进行赋值。list()仅能用于数字索引的数组并假定数字索引从 0 开始。像 array()一样，list()不是真正的函数，而是语言结构 |
| mixed next ( array &arr ) | 返回数组 arr 的内部指针指向的下一个元素的值，或当没有更多元素时返回 false |
| mixed prev ( array &arr ) | 返回数组 arr 的内部指针指向的前一个元素的值，或当没有更多元素时返回 false |
| array range ( mixed low, mixed high [, number step] ) | 返回数组中从 low 到 high 的元素（包括它们本身）所构成的数组。若 low > high，则序列将从 high 到 low。若给出了可选参数 step 的值，则把它作为元素之间的步进值。step 应为正值。若未指定 step，则默认为 1 |
| mixed reset ( array &arr ) | 将数组 arr 的内部指针倒回到第一个元素并返回该元素的值，若数组为空，则返回 false |
| bool rsort ( array &arr [, int sort_flags] ) | 对数组 arr 进行逆向排序（从最高到最低），并为该数组中的元素赋予新的键名。若成功则返回 true，若失败则返回 false |
| bool shuffle ( array &arr ) | 打乱数组 arr，进行随机排序，并为数组 arr 中的元素赋予新的键名。若成功则返回 true，若失败则返回 false |
| bool sort ( array &arr [, int sort_flags] ) | 对数组 arr 进行排序（从最低到最高），并为该数组中的元素赋予新的键名。若成功则返回 true，若失败则返回 false |

**注意**　在上述数组函数中，若在某参数前面使用了引用符号（&），则说明该参数是通过引用方式传递的。在这种情况下，当函数调用结束时该参数的值有可能已被更改。

**【例 4.4】** 在本例中演示了一些数组函数的使用方法，结果如图 4.4 所示。

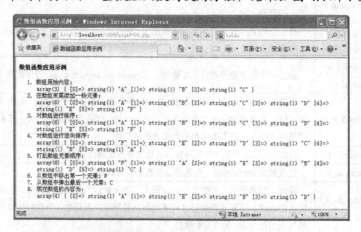

**图 4.4　数组函数应用示例**

**【设计步骤】**

（1）在文件夹 ch04 中创建一个 PHP 动态网页并保存为 page4-04.php。

（2）将文档标题设置为"数组函数应用示例"。

（3）切换到代码视图，在<body>标签下方输入以下内容：

```
<h4>数组函数应用示例</h4>
<?php
$arr=array("A","B","C");
echo "<ol>";
echo "<li>数组原始内容:<br>";
var_dump($arr);
array_push($arr,"D","E","F");
echo "<li>在数组末尾添加一些元素:<br>";
var_dump($arr);
sort($arr);
echo "<li>对数组进行排序:<br>";
var_dump($arr);
rsort($arr);
echo "<li>对数组进行逆向排序:<br>";
var_dump($arr) ;
shuffle($arr);
echo "<li>打乱数组元素顺序:<br>";
var_dump($arr);
$var=array_shift($arr);
echo "<li>从数组中移出第一个元素: $var";
$var=array_pop($arr);
echo "<li>从数组中弹出最后一个元素: $var";
echo "<li>现在数组的内容为:<br>";
var_dump($arr);
?>
```

## 4.2　字符串处理

字符串既是一种标量数据类型，也是数组等复合数据类型的构成要素。PHP 提供了许多用于字符串处理的内置函数。利用这些函数可以轻松地实现字符串的比较、查找、替换及格式化等操作。

### 4.2.1　字符串的格式化输出

在 PHP 中，可以使用 echo 语句来输出包括字符串在内的各种数据，在本书前面的章节中已经多次用到这个语句。除 echo 语句外，还可以利用以下两个内部函数来输出字符串。

（1）使用 print()函数输出一个字符串，语法如下：

```
int print(string $arg)
```

其中，参数 arg 指定要输出的字符串。本函数总是返回 1。

**说明**　实际上，print()并不是一个真正的函数，而是一个语言结构。因此，也可以不对其参数使用括号。

（2）使用 printf()函数输出一个格式化的字符串并返回输出字符串的长度，语法如下：

```
int printf(string $format[,mixed $args[,mixed...]])
```

其中，args 指定要输出的参数，不同参数之间用逗号分隔；format 指定输出格式，对每个输出参数需要分别指定一个输出格式，所有的格式说明都是以%开始的，语法如下：

```
%['padding_character][-][width][.precision]type
```

此处的参数'padding_character 是可选的，用来填充变量直至所指定的宽度，其作用是在变量值前面进行填充。默认的填充字符是一个空格。若指定 0 或空格，则不需要 ' 单引号作为前缀；若指定其他字符，则必须指定 ' 作为前缀。

参数 "-" 指定采用左对齐，默认为右对齐。参数 width 指定变量值所占用的宽度。参数 precision 指定小数点后显示的位数。参数 type 为类型码，常用的类型码在表 4.4 中列出。

表4.4　常用的类型码

| 类 型 码 | 说　明 |
| --- | --- |
| % | 一个标量字符，即百分号 "%"。不需要参数。若要打印一个%符号，必须用%% |
| b | 把参数处理为一个整数，并表示为二进制数 |
| c | 把参数处理为一个整数，并表示为具有对应 ASCII 值的字符 |
| d | 把参数处理为一个整数，并表示为一个十进制数 |
| e | 把参数用科学计数法表示出来，如 1.6e+2 |
| u | 把参数处理为一个整数，并表示为一个无符号的十进制数 |
| f 和 F | 把参数处理为一个浮点数，并表示出来 |
| o | 把参数处理为一个整数，并表示为一个八进制数 |
| s | 把参数处理为一个字符串，并表示出来 |
| x | 把参数处理为一个整数，并表示为一个十六进制数，字母用小写 |
| X | 把参数处理为一个整数，并表示为一个十六进制数，字母用大写 |

若要返回而不是输出一个格式化的字符串，则可以使用 sprintf()函数。

```
string sprintf(string $format[,mixed $args[,mixed...]])
```

其中，参数 format 和 args 的作用与 printf()函数中相同。所不同的是，sprintf()函数结束时将返回一个按照参数 format 指定格式进行处理后所生成的字符串。表 4.4 中列出的类型码同样适用于 sprintf()函数。

【例 4.5】本例说明如何对字符串进行格式化输出，结果如图 4.5 所示。

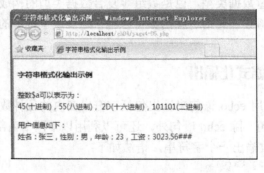

图 4.5　字符串格式化输出示例

【设计步骤】

（1）在文件夹 ch04 中创建一个 PHP 动态网页并命名为 page4-05.php。

（2）将该页的文档标题设置为 "字符串格式化输出示例"。

（3）切换到代码视图，在<body>标签下方输入以下内容：

```
<h4>字符串格式化输出示例</h4>
<?php
```

```
$a=45;
printf("<p>整数\$a 可以表示为：<br>%d(十进制)，%o(八进制)，
    %X(十六进制)，%b(二进制)</p>",$a,$a,$a,$a);
$username="张三";
$gender="男";
$age=23;
$wages=3023.56;
$str=sprintf("<p>用户信息如下：<br>姓名：%s，性别：%s，年龄：%d，
    工资：%'#-10.2f</p>\n",$username,$gender,$age,$wages);
print $str;
?>
```

## 4.2.2　常用字符串函数

PHP 提供了许多用于字符串处理的内置函数，为应用开发带来了极大的便利。表 4.5 中列出了一些常用的字符串函数。

表 4.5　常用的字符串函数

| 函　　数 | 说　　明 |
| --- | --- |
| string addslashes( string $str ) | 使用反斜线引用字符串。返回字符串，该字符串为了数据库查询语句等需要在某些字符前加上了反斜线 |
| string chr( int $ascii ) | 返回指定的字符。返回相对应于 ascii 所指定的单个字符 |
| array explode( string $separator, string $str [, int $limit ] ) | 使用一个字符串分割另一个字符串。返回由字符串组成的数组，每个元素均为 str 的一个子串，它们被字符串 separator 作为边界点分割出来。若设置了 limit 参数，则返回的数组包含最多 limit 个元素，而最后那个元素将包含 str 的剩余部分 |
| string htmlentities( string $str [, int $flags[, string $charset]] ) | 将字符串中的一些 HTML 标记转换为 HTML 实体并返回处理后的字符串。参数 str 为待处理字符串；参数 flags 指定字符转换方式；参数 charset 指定转换过程中所用字符集 |
| string htmlspecialchars ( string $str [, int $flags[, string $charset]] ) | 将字符串中的一些特殊字符替换为 HTML 文本实体并返回经过处理的字符串。参数 str 指定要处理的字符串；flags 指定字符转换的方式；charset 指定转换过程中使用的字符集 |
| string implode ( string $glue , array $pieces ) | 将数组元素连接成一个字符串并返回该字符串。参数 glue 指定用于连接数组元素的符号；参数 pieces 表示要连接成一个字符串的数组 |
| string lcfirst ( string $str ) | 将一个字符串的首字符转换为小写 |
| string ltrim ( string $str [, string $charlist ] ) | 删除字符串左边的空格（或其他字符）并返回处理后的字符串。参数 str 指定要处理的字符串；参数 charlist 指定要删除的字符 |
| string money_format ( string $format , float $number ) | 将一个数字格式化为一个货币字符串。参数 format 指定货币字符串的格式；参数 number 指定要处理的数字 |
| string nl2br ( string $str [, bool $is_xhtml ] ) | 在字符串所有新行之前插入 HTML 换行标志并返回处理后的字符串。参数 str 指定要处理的字符串；参数 is_xhtml 指定是否使用 XHTML 兼容换行符 |
| int ord ( string $str) | 返回字符串 str 中第一个字符的 ASCII 码值 |
| void parse_str ( string $str [, array &$arr ] ) | 将字符串 str 解析成变量。参数 str 指定要解析的字符串，如果提供参数 arr（数组），则变量值将成为该数组的元素 |
| string rtrim ( string $str [, string $charlist ] ) | 删除字符串末端的空白字符（或其他字符）并返回改变后的字符串。参数 str 指定要处理的字符串；参数 charlist 指定想要删除的字符列表 |
| array str_getcsv ( string $input [, string $delimiter [, string $enclosure [, string $escape ]]] ) | 解析 CSV 字符串为一个数组并返回一个包含读取到的字段的索引数组。参数 input 指定待解析的字符串；参数 delimiter 指定字段界定符（仅单个字符）；参数 enclosure 指定字段包裹字符（仅单个字符）；参数 escape 设置转义字符（仅单个字符），默认为反斜线（\） |
| string str_pad ( string $input , int $pad_length [, string $pad_string [, int $pad_type]] ) | 使用字符串 pad_string 填充字符串 input，指定长度为 pad_length，并返回 input 被从左端、右端或者同时两端被填充到指定长度后的结果。若未指定可选的参数 pad_string，则 input 将被空格字符填充，否则它将被 pad_string 填充到指定长度 |

| 函　　数 | 说　　明 |
| --- | --- |
| string str_repeat ( string $input , int $multiplier ) | 重复一个字符串并返回重复后的结果。参数 input 指定待操作的字符串；参数 multiplier 指定对 input 进行重复的次数 |
| mixed str_replace ( mixed $search , mixed $replace , mixed $subject [, int &$count ] ) | 执行子字符串替换并返回替换后的数组或者字符串。参数 search 指定查找的目标值，可为字符串或数组；参数 replace 指定 search 的替换值，若为数组则可用来指定多重替换；参数 subject 指定执行替换的数组或字符串；参数 count 指定匹配和替换的次数 |
| str_ireplace | 与 str_replace 功能相同，但忽略大小写 |
| string str_shuffle ( string $str ) | 随机打乱一个字符串并返回打乱后的字符串。参数 str 为输入的字符串 |
| array str_split ( string $str [, int $split_length ] ) | 将字符串转换为数组。参数 str 指定待处理的字符串；参数 split_length 指定每一段的长度。若指定了可选的 split_length 参数，则返回数组中的每个元素均为一个长度为 split_length 的字符块，否则每个字符块为单个字符 |
| int strcmp ( string $str1 , string $str2 ) | 二进制安全字符串比较。参数 str1 为第一个字符串；参数 str2 为第二个字符串。若 str1 小于 str2，则返回负数；若 str1 大于 str2，则返回正数；若二者相等，则返回 0 |
| string strip_tags ( string $str [, string $allowable_tags ] ) | 从字符串中删除 HTML 和 PHP 标签并返回处理后的字符串。参数 str 为输入字符串；参数 allowable_tags 指定不被删除的字符列表 |
| int strlen ( string $str ) | 返回给定的字符串 str 的长度。参数 str 指定要计算长度的字符串 |
| string strpbrk ( string $haystack , string $char_list ) | 在 haystack 字符串中查找 char_list 中的字符并返回一个以找到的字符开始的子字符串。参数 haystack 指定在其中查找的字符串；参数 char_list 指定要查找的字符列表 |
| int strpos ( string $haystack , mixed $needle [, int $offset] ) | 查找字符串首次出现的位置并以整型返回位置信息。参数 haystack 指定在哪个字符串中进行查找；参数 needle 指定要查找的目标；参数 offset 指定从哪个字符开始查找 |
| int stripos ( string $haystack , string $needle [, int $offset] ) | 查找字符串首次出现的位置（不区分大小写）并返回表示该位置的数字。参数 haystack 指定在其中查找的字符串；参数 needle 指定要查找的目标；参数 offset 指定从哪个字符开始查找 |
| string strrchr ( string $haystack , mixed $needle ) | 查找指定字符串在字符串中的最后一次出现并返回字符串的一部分。参数 haystack 指定在哪个字符串中进行查找；参数 needle 指定要查找的目标 |
| string strrev ( string $str ) | 反转字符串并返回反转后的字符串。参数 str 指定待反转的原始字符串 |
| int strrpos ( string $haystack , string $needle [, int $offset] ) | 计算指定字符串在目标字符串中最后一次出现的位置（区分大小写）并以整型数返回该位置。参数 haystack 指定在哪个字符串中进行查找；参数 needle 指定待查找的字符串；参数 offset 指定从何处开始查找 |
| string strstr ( string $haystack , mixed $needle [, bool $before_needle ] ) | 查找字符串的首次出现并返回字符串的一部分或 false。参数 haystack 为输入字符串；参数 needle 指定待查找的目标字符串；参数 before_needle 为可选参数，若为 true，则返回 needle 在 haystack 中的位置之前的部分 |
| string strtok ( string $str , string $token ) | 标记分割字符串并返回标记后的字符串。参数 str 指定被分成若干子字符串的原始字符串；参数 token 指定分割 str 时所使用的分界字符 |
| string strtolower ( string $str ) | 将字符串转换为小写并返回转换后的小写字符串。参数 str 为输入的字符串 |
| string strtoupper ( string $str) | 将字符串转换为大写并返回转换后的大写字符串。参数 str 为输入的字符串 |
| string strtr ( string $str , string $from , string $to ) | 转换指定字符并返回转换后的字符串。参数 str 为待转换的字符串；参数 from 指定源字符；参数 to 指定目标字符 |
| int substr_count ( string $haystack , string $needle [, int $offset [, int $length ]] ) | 计算子字符串出现的次数并返回该次数。参数 haystack 指定在哪个字符串中进行搜索；参数 needle 指定要搜索的字符串；参数 offset 指定开始计数的偏移位置；参数 length 指定偏移位置之后的最大搜索长度 |
| mixed substr_replace ( mixed $str , string $replacement , int $start [, int $length ] ) | 替换字符串的子字符串并返回结果字符串或数组。参数 str 为输入字符串；参数 replacement 指定替换字符串；参数 start 指定从何处开始替换，若 start 为正数，则从 str 的 start 位置开始替换，若 start 为负数，则从 str 的倒数第 start 个位置开始替换；参数 length 指定替换的子串长度 |
| string substr ( string $str , int $start [, int $length ] ) | 返回字符串的子串或 false。参数 str 为输入字符串；参数 start 指定从何处开始提取子串；length 指定子串的长度 |
| string trim ( string $str [, string $charlist ] ) | 删除字符串首尾处的空白字符（或其他字符）并返回过滤后的字符串。参数 str 为待处理的字符串；参数 charlist 列出所有希望过滤的字符，或用 ".." 列出一个字符范围 |

续表

| 函 数 | 说 明 |
| --- | --- |
| string ucfirst ( string $str ) | 将字符串的首字母转换为大写并返回结果字符串。参数 str 为输入的字符串 |
| string ucwords ( string $str ) | 将字符串中每个单词的首字母转换为大写并返回结果字符串。参数 str 为输入的字符串 |

【例 4.6】本例说明如何对字符串进行格式化输出，结果如图 4.6 所示。

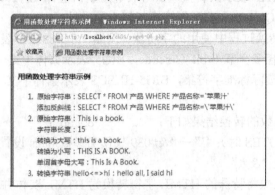

图 4.6 用函数处理字符串示例

【设计步骤】

（1）在文件夹 ch04 中创建一个 PHP 动态网页并命名为 page4-06.php。

（2）将该页的文档标题设置为"用函数处理字符串示例"。

（3）切换到代码视图，在<body>标签下方输入以下内容：

```
<h4>用函数处理字符串示例</h4>
<?php
$sql="SELECT * FROM 产品 WHERE 产品名称='苹果汁'";
printf("<ol><li>原始字符串：%s<br>",$sql);
printf("添加反斜线：%s",addslashes($sql));
$str="This is a book.";
printf("<li>原始字符串：%s<br>",$str);
printf("字符串长度：%d<br>",strlen($str));
printf("转换为大写：%s<br>",strtolower($str));
printf("转换为小写：%s<br>",strtoupper($str));
printf("单词首字母大写：%s",ucwords($str));
$trans=array("hello"=>"hi","hi"=>"hello");
echo "<li>转换字符串 hello<=>hi：",strtr("hi all, I said hello",$trans);
?>
```

## 4.2.3 HTML 文本格式化

通过调用 PHP 内置函数可以对 HTML 文本进行格式化处理。例如，将字符串中的换行符转换为 HTML 换行标记，在特殊字符与 HTML 实体之间相互转换，以及删除所有 HTML 和 PHP 标记等。下面介绍相关函数的用法。

（1）使用 nl2br()函数将字符串中的所有换行符（\r\n）转换为 HTML 换行标记并返回经过处理的字符串，语法如下：

```
string nl2br(string $str[,bool $is_xhtml])
```

其中，参数 str 指定要处理的字符串。is_xhtml 指定是否使用 XHTML 兼容换行符，默认值为 true，即使用"<br />"形式的换行标记。若设置为 false，则使用"<br>"形式的换行标记。

（2）使用 htmlspecialchars()函数将字符串中的一些特殊字符替换为 HTML 文本实体并返回经过处理的字符串，语法如下：

```
string htmlspecialchars(string $str[,int $flags[,string $charset]])
```

其中，参数 str 指定要处理的字符串。参数 flags 指定字符转换方式，可以取以下预定义常量之一：ENT_COMPAT 表示只转换双引号（这是默认值）；ENT_QUOTES 表示转换单引号和双引号；ENT_NOQUOTES 表示不转换任何一种引号。

参数 charset 指定转换过程中使用的字符集。例如，ISO-8859-1 表示西欧 Latin-1 字符集，UTF-8 表示 ASCII 兼容多字节 8-bit Unicode，BIG5 表示繁体中文（主要用于中国台湾），GB2312 表示简体中文国际标准字符集，BIG5-HKSCS 表示繁体中文（BIG5 的延伸，主要用于中国香港）。

htmlspecialchars 函数的转换结果如下："&" → "&amp"；"""" → "&quot"（当参数 flags 未设置成 ENT_NOQUOTES 时）；"'" → "&#039"（仅当参数 flags 设置成 ENT_QUOTES 时）；"<" → "&lt"；">" → "&gt"。

htmlspecialchars 函数将特殊的 HTML 字符转换为 HTML 实体并以普通文本显示出来，可以用来防止恶意脚本对网站的攻击。

（3）使用 htmlentities()函数将字符串中的一些 HTML 标签转换为 HTML 实体并返回经过处理的字符串，语法如下：

```
string htmlentities(string $str[,int $flags[,string $charset]])
```

其中，参数 str 是待处理的字符串；参数 flags 指定字符转换方式；参数 charset 指定转换过程中使用的字符集。关于参数 flags 和 charset 的取值，请参阅 htmlspecialchars 函数的说明。

（4）使用 strip_tags()函数从字符串中删除所有 PHP 和 HTML 标记并返回经过处理的字符串，语法如下：

```
string strip_tags(string $str[,string $allowable_tags])
```

其中，参数 str 指定待处理的字符串；参数 allowable_tags 指定要保留的某些 PHP 或 HTML 标签。

【例4.7】在本例中对 HTML 文本进行格式化处理，网页显示结果和源代码，如图 4.7 所示。

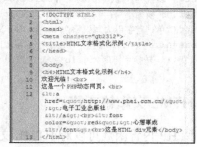

图 4.7　HTML 文本格式化示例

【设计步骤】

（1）在文件夹 ch04 中创建一个 PHP 动态网页并命名为 page4-07.php。

（2）将该页的文档标题设置为"HTML 文本格式化示例"。

（3）切换到代码视图，在<body>标签下方输入以下内容：

```
<?php
$str="欢迎光临！\r\n 这是一个 PHP 动态网页。\r\n";
```

```
echo nl2br($str,false);
$str='<a href="http://www.phei.com.cn/">电子工业出版社</a>';
echo htmlspecialchars($str,ENT_QUOTES);
$str='<font color="red">心想事成</font>';
echo '<br>',htmlentities($str,ENT_COMPAT,'GB2312');
$str='<div>这是 HTML div 元素</div><!--这里是 HTML 注释-->';
echo '<br>',strip_tags($str);
?>
```

### 4.2.4  连接和分割字符串

字符串的连接与分割可以通过字符串与数组的相互转换来实现，即把一个数组包含的元素合并成一个字符串，或者反过来把一个字符串转换为一个数组，该数组中的每个元素都是字符串的一个子串。在 PHP 中，可以通过下列几个内部函数来完成字符串的连接与分割。

（1）使用 implode()函数将数组元素连接成一个字符串并返回该字符串，语法如下：

```
string implode(string $glue,array $pieces)
```

其中，参数 glue 指定用于连接数组元素的符号；pieces 表示要连接成一个字符串的数组。

（2）使用 explode()函数以指定字符串分割一个字符串并返回一个数组，语法如下：

```
array explode(string $separator,string $str[,int $limit])
```

其中，参数 separator 指定分隔符；若 separator 为空字符串（""），则 explode()返回 false；若在字符串 str 中找不到 separator 所包含的值，则 explode()将返回包含字符串的单个元素的数组；若在字符串 str 中找到字符串 separator 所包含的值，则 explode()以 separator 作为分隔符对 str 进行分割并返回由字符串组成的数组，该数组中的每个元素均为字符串 str 的子串。

若设置了参数 limit，则返回的数组最多包含 limit 个元素，而最后那个元素将包含字符串 str 的剩余部分；若参数 limit 是负数，则返回除了最后 limit 个元素之外的所有元素。

（3）使用 strtok()函数将一个字符串按照另一个字符串值分割成若干个字符串，语法如下：

```
string strtok(string $str,string $token)
```

其中，参数 str 是待分割的字符串；参数 token 指定所使用的分隔符。

使用 strtok()函数时，被分割的字符串会按照分隔字符串中的每个字符进行分隔，而不是按照整个分隔字符串进行分割。

只有当第一次分割时，才需要通过第一个参数来指定被分割字符串。当完成第一次分割时，将会自动记录第一次分割后的指针位置。如果继续调用该函数，则会从新的指针位置进行分割。因此，从第二次调用开始，可以省略第一个参数。如果想使指针返回初始状态，则应将被分割字符串作为第一个参数传递给 strtok()函数。

【例 4.8】本例说明如何对字符串进行连接和分割，结果如图 4.8 所示。

**图 4.8　字符串的连接与分割示例**

**【设计步骤】**

（1）在文件夹 ch04 中创建一个 PHP 动态网页并命名为 page4-08.php。

（2）将该页的文档标题设置为"字符串的连接与分割示例"。

（3）切换到代码视图，在<body>标签下方输入以下内容：

```
<h4>字符串的连接与分割示例</h4>
<?php
$arr=array("Apache","PHP","MySQL","DW");
echo '<ol type="I"><li>原始数组：';
print_r($arr);
$str=implode("→",$arr);
echo "<br>将数组元素连接成一个字符串：",$str;
$str="AAA-BBB-CCC";
$arr=explode("-",$str);
echo "<li>原始字符串：",$str;
echo "<br>将字符串拆分成数组元素：";
print_r($arr);
$n=1;
$str="Code First Development Model Research";
echo "<li>原始字符串：",$str;
echo "<br>拆分成单词：";
$tok=strtok($str," ");
while($tok){
   echo "$n. $tok   ";
   $tok=strtok(" ");
   $n++;
}
?>
```

## 4.2.5 查找和替换字符串

在字符串处理过程中，经常要从一个字符串中查找另一个字符串的出现位置，或者在一个字符串中查找指定的内容并进行替换。在 PHP 中，可以通过调用以下几个内部函数来实现字符串的查找和替换。

（1）使用 strpos()函数从一个字符串中查找另一个字符串首次出现的位置，语法如下：

```
int strpos(string $haystack,mixed $needle[,int $offset])
```

其中，参数 haystack 表示原字符串；needle 表示要查找的字符串；offset 表示要从字符串 haystack 的第 offset 个字符处开始查找。第一个字符的位置为 0。

若在字符串 haystack 中找到了字符串 needle，则 strpos()函数将返回一个数字，表示 needle 在 haystack 首次出现的位置。若未找到，则返回布尔值 false。

**注意** 使用 strpos()函数执行查找时，是区分大小写的。如果希望执行查找时不区分大小写，可使用 stripos()函数。

（2）使用 strrpos()函数在一个字符串中查找另一个字符串的最后一次出现，语法如下：

```
int strrpos(string $haystack,mixed $needle[,int $offset])
```

如果在字符串 haystack 中找到了子串 needle，则 strpos()函数将返回一个数字，表示 needle 在 haystack 中最后一次出现的位置。如果未找到，则返回布尔值 false。

（3）使用 str_replace()函数在一个字符串中查找一个子串的所有出现并使用新字符串替换该子串，语法如下：

```
mixed str_replace(mixed $search,mixed $replace, mixed $subject[,int &$count])
```

其中，参数 search 指定要被替换的目标字符串；replace 指定用于替换的新字符串；subject 表示原字符串；count 包含被替换的次数。

使用 str_replace()函数时，前三个参数可以是字符串或数组。分为以下几种情况。

- 如果 search 是一个数组，而 replace 是一个字符串，则用字符串 replace 替换数组 search 的所有元素。
- 如果 search 和 replace 都是数组，则使用 replace 的元素替换 search 的对应元素；如果 replace 的元素少于 search 的元素，则 search 中的剩余元素用空字符串进行替换。
- 如果 subject 是一个数组，则使用 replace 依次替换数组 subject 每个元素中的 search 子串，此时 str_replace()函数返回一个数组。

**注意**　使用 str_replace()函数执行查找时，是区分大小写的。如果希望执行查找时不区分大小写，则使用 str_irepalce()函数。

（4）使用 substr_replace()函数替换子串的文本内容并返回替换后的字符串，语法如下：

```
mixed substr_replace(mixed $str,string $replacement,int $start[,int $length])
```

其中，str 表示原字符串；replacement 指定用来替换原有内容的新字符串；start 指定执行替换操作的起始位置；length 指定替换范围的大小，若省略该参数，则从起始位置开始执行替换。

若 start 为正数，则替换将从 str 的第 start 个位置开始；若 start 为负数，则将从 str 的倒数第 start 个位置开始替换。

若设定 length 为正数，则表示 str 中被替换的子字符串的长度；若设定它为负数，则表示待替换的子字符串结尾处距离 str 末端的字符个数；若未提供此参数，则默认为字符串的长度 strlen( string )。若 length 为 0，则将 replacement 插入到 string 的 start 位置处。

**【例 4.9】**本例说明如何对字符串进行连接和分割，结果如图 4.9 所示。

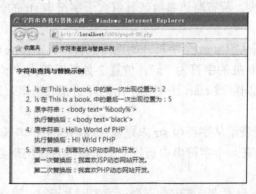

**图 4.9　字符串查找与替换示例**

**【设计步骤】**

（1）在文件夹 ch04 中创建一个 PHP 动态网页并命名为 page4-09.php。

（2）将该页的文档标题设置为"字符串查找与替换示例"。

（3）切换到代码视图，在<body>标签下方输入以下内容：

```
<h4>字符串查找与替换示例</h4>
<?php
$str="This is a book.";
```

```
$needle="is";
$pos=strpos($str,$needle);
printf("<ol><li>%s 在 %s 中的第一次出现位置为：%d",$needle,$str,$pos);
$pos=strrpos($str,$needle);
printf("<li>%s 在 %s 中的最后一次出现位置为：%d",$needle,$str,$pos);
$str="<body text='%body%'>";
$bodytag=str_replace("%body%","black",$str);
printf("<li>原字符串：%s<br>",htmlentities($str));
printf("执行替换后：%s",htmlentities($bodytag));
$str="Hello World of PHP";
$vowels=array("a","e","i","o","u","A","E","I","O","U");
$onlyconsonants=str_replace($vowels,"",$str);
printf("<li>原字符串：%s<br>",$str);
printf("执行替换后：%s",$onlyconsonants);
$str="我喜欢 ASP 动态网站开发。";
printf("<li>原字符串：%s<br>",$str);
$str=substr_replace($str,"JSP",6,3);
printf("第一次替换后：%s<br>",$str);
$str=substr_replace($str,"PHP",6,-14);
printf("第二次替换后：%s",$str);
?>
```

### 4.2.6 从字符串中取子串

在处理字符串时，经常需要从一个字符串中取出一部分内容，这部分内容称为原字符串的一个子串。通过调用 PHP 提供的下列函数可以从字符串中提取子串。

（1）使用 substr()函数从指定字符串中返回一个子串，语法如下：

```
string substr(string $str,int $start[,int $length])
```

其中，str 指定原字符串；start 指定子串的起始位置，若省略该参数，则从第一个字符开始；length 指定子串的长度，若省略该参数或其值大于字符串 str 的长度，则返回从起始位置之后的所有字符。

若 start 为非负数，则从第 start 个字符开始返回字符串。start 从 0 开始计算。例如，在字符串 "abcdef" 中，位置 0 处的字符为 "a"，位置 2 处的字符为 "c"，依次类推。若 start 为负数，则从原字符串末尾向前数 start 个字符，由此开始获取子串。若 start 超出了字符串 str 的范围，则返回 false。

若 length 为负数，则表示从字符串 str 末尾算起忽略的字符串长度。

（2）使用 strstr()函数在一个字符串中查找一个子串的首次出现并返回字符串的一部分或false，语法如下：

```
string strstr(string $haystack,mixed $needle[,bool $before_needle])
```

其中，haystack 表示原字符串，needle 表示要查找的子串。如果 needle 不是一个字符串，则它将被转换为一个整数并作为一个普通字符来使用。

如果在字符串 haystack 中找到了子串 needle，则 strstr()函数返回从 needle 首次出现的位置到 haystack 结束的所有字符串；若在字符串 haystack 中找不到 needle，则返回 false；若参数 before_needle 为 true，则返回 needle 在 haystack 中的位置之前的部分。

**注意** 使用 strstr()函数执行查找时，是区分大小写的。若要在执行查找时不区分大小写，则可使用 stristr()函数。

（3）使用 strrchr()函数在一个字符串中查找另一个字符串的最后一次出现并返回字符串的一部分，语法如下：

```
string strrchr(string $haystack,string $needle)
```

如果在字符串 haystack 中找到了子串 needle，则 strrchr()函数返回从 needle 最后一次出现的位置到 haystack 结束的子串；若在字符串 haystack 中找不到 needle，则返回 false。

【例 4.10】本例说明如何从字符串提取子串，结果如图 4.10 所示。

【设计步骤】

（1）在文件夹 ch04 中创建一个 PHP 动态网页并命名为 page4-10.php。

（2）将该页的文档标题设置为"从字符中串取子串示例"。

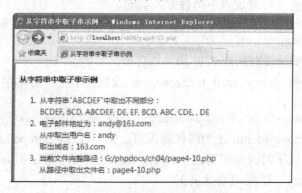

图 4.10　从字符串中取子串示例

（3）切换到代码视图，在<body>标签下方输入以下内容：

```
<h4>从字符串中取子串示例</h4>
<?php
print("<ol><li>从字符串\"ABCDEF\"中取出不同部分：<br>");
printf("%s, ",substr("ABCDEF",1));          //BCDEF
printf("%s, ",substr("ABCDEF",1,3));         //BCD
printf("%s, ",substr("ABCDEF",0,8));         //ABCDEF
printf("%s, ",substr("ABCDEF",-3,2));        //DE
printf("%s, ",substr("ABCDEF",-2));          //EF
printf("%s, ",substr("ABCDEF",-5,-2)); //BCD
printf("%s, ",substr("ABCDEF",0,-3));        //ABC
printf("%s, ",substr("ABCDEF",2,-1));        //CDE
printf("%s, ",substr("ABCDEF",8,-1));        //FALSE（显示为空）
printf("%s",substr("ABCDEF",-3,-1));         //DE
$email="andy@163.com";
$username=strstr($email,"@",true);
$domain=substr(strstr($email,"@"),1);
printf("<li>电子邮件地址为：%s<br>",$email);
printf("从中取出用户名：%s<br>",$username);
printf("取出域名：%s",$domain);
$path=$_SERVER["SCRIPT_FILENAME"];
$filename=substr(strrchr($path,"/"),1);
printf("<li>当前文件完整路径：%s<br>",$path);
printf("从路径中取出文件名：%s",$filename);
?>
```

## 4.3 日期/时间处理

PHP 语言虽然没有提供专用的日期/时间数据类型，但可以通过内部函数得到 PHP 所运行的服务器的日期和时间，并将日期和时间以不同格式输出。相应的函数库作为 PHP 内核的一部分，不用安装即可使用。

### 4.3.1 设置默认时区

日期和时间函数依赖于服务器的地区设置。为了获得正确的日期和时间信息，首先需要设置服务器所在的时区，可通过以下两种方式实现。

（1）在 php.ini 中设置 date.timezone 选项。设置中国标准时间的代码为：

```
date.timezone=PRC
```

date.timezone 选项设置对所有 PHP 脚本均有效。

（2）使用内置函数 date_default_timezone_set()设置用于一个脚本中所有日期和时间函数的默认时区，语法如下：

```
bool date_default_timezone_set(string timezone_identifier)
```

其中，参数 timezone_identifier 为时区标识符，如 UTC 或 Europe/Lisbon。若要使用中国标准时间，则可使用以下时区标识符之一：Asia/Shanghai（亚洲/上海）；Asia/Chongqing（亚洲/重庆）；Asia/Urumqi（亚洲/乌鲁木齐）。

下面给出设置中国标准时间的代码：

```
date_default_timezone_set("Asia/Shanghai");
```

### 4.3.2 获取日期和时间

使用 getdate()函数可以取得日期和时间信息，语法如下：

```
array getdate([int timestamp])
```

该函数返回一个根据时间戳 timestamp 得出的包含有日期信息的关联数组。若没有给出时间戳，则认为是当前本地时间。使用 time()函数可返回当前的 UNIX 时间戳。

由 getdate()函数返回的关联数组中的元素在表 4.6 中列出。

表 4.6　返回的关联数组中的键名元素

| 键　名 | 说　明 | 返 回 值 |
| --- | --- | --- |
| seconds | 秒的数字表示 | 0～59 |
| minutes | 分钟的数字表示 | 0～59 |
| hours | 小时的数字表示 | 0～23 |
| mday | 月份中第几天的数字表示 | 1～31 |
| wday | 星期中第几天的数字表示 | 0（表示星期天）～6（表示星期六） |
| mon | 月份的数字表示 | 1～12 |
| year | 4 位数字表示的完整年份 | 例如，1999 或 2012 |
| yday | 一年中第几天的数字表示 | 0～365 |
| weekday | 星期几的完整文本表示 | Sunday～Saturday |
| month | 月份的完整文本表示 | January～December |
| 0 | 自从 UNIX 纪元开始至今的秒数，与 time()的返回值及用于 date()的值类似 | 系统相关，其典型值为：-2147483648～2147483647 |

【例 4.11】通过调用 getdate 函数获取服务器当前日期和时间，结果如图 4.11 所示。

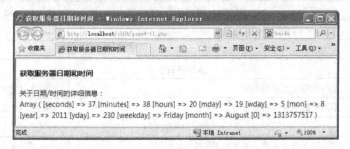

图 4.11　获取服务器日期和时间

【设计步骤】

（1）在文件夹 ch04 中创建一个 PHP 动态网页并保存为 page4-11.php。

（2）将文档标题设置为"获取服务器日期和时间"。

（3）切换到代码视图，在<body>标签下方输入以下内容：

```
<h4>获取服务器日期和时间</h4>
<?php
date_default_timezone_set("Asia/Shanghai");
$now=getdate();
echo "关于日期/时间的详细信息：<br>";
print_r($now);
?>
```

## 4.3.3　格式化日期和时间

使用 date() 函数可以获取一个本地时间和日期并进行格式设置，语法如下：

```
string date(string format[,int timestamp])
```

其中，参数 format 指定日期和时间的显示格式。timestamp 是一个整数，表示时间戳。

该函数返回将整数 timestamp 按照给定格式而产生的字符串。如果没有给出时间戳，则使用本地当前时间。可选参数 timestamp 的默认值为从 UNIX 纪元（格林威治时间 1970 年 1 月 1 日 00:00:00）到当前时间的秒数。一些可用于 format 参数的字符在表 4.7 中列出。

表 4.7　日期和时间格式字符

| 字　　符 | 说　　明 | 返　回　值 |
| --- | --- | --- |
| 表示日的字符 | | |
| d | 表示月份中的第几天，有前导零的两位数字 | 01～31 |
| D | 表示星期中的第几天，三个字母表示的文本 | Mon～Sun |
| j | 表示月份中的第几天，没有前导零 | 1～31 |
| l（L 的小写形式） | 用完整的文本格式表示星期几 | Sunday～Saturday |
| N | 用数字表示的星期中的第几天 | 1（星期一）～7（星期日） |
| w | 用数字表示星期中的第几天 | 0（星期日）～6（星期六） |
| z | 表示年份中的第几天 | 0～366 |
| 表示月的字符 | | |
| F | 用完整的文本格式表示月份 | January～December |
| m | 用数字表示的月份，有前导零 | 01～12 |

续表

| 字　符 | 说　明 | 返　回　值 |
|---|---|---|
| M | 用三个字母缩写表示的月份 | Jan～Dec |
| n | 用数字表示的月份，没有前导零 | 1～12 |
| 表示年的字符 | | |
| Y | 用四位数字表示的年份 | 例如，1999 或 2008 |
| y | 用两位数字表示的年份 | 例如，99 或 08 |
| 表示时间的字符 | | |
| a | 用小写字母表示的上午值和下午值 | am 或 pm |
| A | 用大写字母表示的上午值和下午值 | AM 或 PM |
| g | 表示小时，12 小时格式，没有前导零 | 1～12 |
| G | 表示小时，24 小时格式，没有前导零 | 0～23 |
| H | 表示小时，12 小时格式，有前导零 | 01～12 |
| h | 表示小时，24 小时格式，有前导零 | 00～23 |
| i | 表示分钟数，有前导零 | 00～59 |
| s | 表示秒数，有前导零 | 00～59 |

【例4.12】获取服务器上的日期和时间信息并进行格式设置，结果如图 4.12 所示。

**图 4.12　日期和时间格式化**

【设计步骤】

（1）在文件夹 ch04 中创建一个 PHP 动态网页并保存为 page4-12.php。

（2）将文档标题设置为"日期和时间格式化"。

（3）切换到代码视图，在\<body\>标签下方输入以下内容：

```
<h4>日期和时间格式化</h4>
<?php
$w=array("星期日","星期一","星期二","星期三","星期四","星期五","星期六");
$d=$w[date("N")];
echo "<p>现在时间是: ".date("Y 年 n 月 j 日 {$d} G 点 i 分 s 秒")."</p>";
echo "<p>今天是今年的第".(date("z")+1)."天</p>";
?>
```

# 习题4

## 一、填空题

1. 若数组的索引为整型数，则相应的数组称为_____数组；若数组的索引为字符串，则相应的数组称为_____数组。

2. 使用$_SERVER[_____]可获取当前正在执行脚本的文件名。

3. 函数 array_key_exists 的功能是检查给定的_____或_____是否存在数组中。

4. 若要计算数组 arr 中所有值的和，则可使用函数_____。

5. printf 函数用于输出一个_____的字符串并返回输出字符串的_____。

6. 若要在字符串所有新行之前插入 HTML 换行标记并返回处理后的字符串，则可使用函数_____。

7. explode()函数的功能是以指定字符串_____一个字符串并返回一个_____。

8. substr("ABCDEF", 2, -1)的值为_____。

## 二、选择题

1. 使用预定义数组（　　）可获取由 GET、POST 和 COOKIE 机制提交至脚本的变量。

A. $_REQUEST　　　　　　　　B. $_GET

C. $_POST　　　　　　　　　　D. $_COOKIE

2. 若要获取正在浏览当前页面用户的 IP 地址，则应将$_SERVER 数组的元素键名指定为（　　）。

A. HTTP_HOST　　　　　　　　B. REMOTE_ADDR

C. REMOTE_HOST　　　　　　　D. REMOTE_PORT

3. 使用 printf 函数时，使用类型码（　　　）可将参数处理为一个整数并表示为二进制数。

A. c　　　　　　　　　　　　　B. x

C. s　　　　　　　　　　　　　D. b

## 三、简答题

1. PHP 数组有什么特点？

2. 在 PHP 中，创建数组有哪些方法？

3. PHP 预定义数组有什么特点？

4. 在 PHP 中如何将服务器所在的时区设置为标准中国时间？

 上机实验 4

1. 创建一个 PHP 动态网页，分别定义键为整型数或字符串的数组及二维数组，并输出这些数组的所有元素。

2. 创建一个 PHP 动态网页，定义一个键为字符串的数组，并通过 foreach 循环语句输出该数组中所有的键和值。

3. 创建一个 PHP 动态网页，用于获取并显示所有服务器变量的列表。

4. 创建一个 PHP 动态网页，定义一个数组并通过调用数组函数对该数组执行以下操作：

（1）在数组末尾添加一些元素；

（2）对数组进行排序；

（3）对数组进行逆向排序；

（4）打乱数组元素顺序；

（5）从数组中删除第一个元素；

（6）从数组中弹出最后一个元素。

要求执行每个操作后显示该数组中的所有元素。

5. 创建一个 PHP 动态网页，分别以十进制、十六进制、八进制和二进制形式显示同一个整数。

6. 创建一个 PHP 动态网页，把英文句子 "A foreign language is a weapon in the struggle of life." 的每个单词的首字母转换为大写形式。

7. 创建一个 PHP 动态网页，把字符串中的换行符转换为 HTML 换行标记并显示该字符串。

8. 创建一个 PHP 动态网页，要求通过调用相关字符串函数在 SQL 查询语句 "SELECT * FROM Employee WHERE name='Andy'" 中的每个单引号前面分别添加一个反斜线。

9. 创建一个 PHP 动态网页，要求原样显示以下 HTML 代码：

PHP 动态网页开发

10. 创建一个 PHP 动态网页，用于把数组元素连接成字符串或把字符串分割成数组元素。

11. 创建一个 PHP 动态网页，要求从当前网页的路径中取出文件名。

12. 创建一个 PHP 动态网页，获取服务器上的日期和时间信息，并以 "yyyy 年 n 月 d 日 星期 x h:m:s" 格式加以显示。

# 第5章　PHP 与 Web 交互

当用户通过 Internet 或 Intranet 访问 PHP 动态网页时，必然会涉及 PHP 与客户端进行交互的问题。通过 PHP 可以获取 URL 变量、表单变量及其他动态内容，并根据检索的新内容来满足某个请求，或者修改页面以满足用户需要。本章讨论如何通过 PHP 动态网页实现与客户端的交互作用，主要内容包括获取表单参数、表单验证、获取 URL 参数、会话管理及 Cookie 应用等。

## 5.1　获取表单变量

表单用于从网站访问者那里收集信息。访问者可以使用如文本框、列表框、复选框及单选按钮之类的表单域输入信息，填好表单后通过单击提交按钮可以将这些信息提交给服务器。在 PHP 服务器端的脚本中，可以通过预定义数组获取表单变量并进行相应处理。

### 5.1.1　创建表单

在一个网页中可以创建一个或多个表单。每个表单都可以包含多种表单域。例如，文本框、单选按钮、复选框、列表框及按钮等。但表单不能嵌套使用。

在 HTML 语言中，使用<form>标签在网页中定义一个表单，语法如下：

```
<form name="…" id="…" method="get|post" enctype="MIMIType"
      action="URL" target="target_window">
      在这里放置各种表单控件
</form>
```

其中，name 和 id 属性分别指定表单的名称和标识符，以便在脚本中引用该表单；method 属性指定将表单脚本传输到服务器的方法，取值可为 post 或 get，post 表示在 HTTP 请求中嵌入表单数据，get 表示将表单数据附加到请求该页的 URL 后面；action 属性指定将要接收表单数据的页面或脚本，默认值为当前页面；enctype 属性指定对提交给服务器进行处理的数据所使用的 MIME 编码类型；target 指定用来显示表单处理结果的目标窗口或框架的名称。

在 Dreamweaver 中，可通过以下操作来创建表单。

（1）在文档中，将插入点放在希望表单出现的位置。

（2）选择【插入】→【表单】命令，或在插入栏中选择【表单】类别，然后单击【表单】图标。此时，将一个表单插入文档中，并使用红色虚线表示表单的轮廓。

（3）单击该表单的轮廓，或者在标签选择器中单击<form>标签，以选择该表单。

（4）在属性检查器的【表单 ID】文本框中，输入一个唯一的名称（name 和 id）以标识该表单，如图 5.1 所示。命名表单后，便可在脚本程序中引用该表单。如果不命名表单，Dreamweaver 将使用语法 form *n* 生成一个名称，并为添加到页面中的每个表单递增 *n* 的值。

图 5.1　利用属性检查器设置表单的属性

（5）在【动作】框中，键入路径或者单击文件夹图标 导航到相应的页面或脚本，以指定将处理表单数据的页面或脚本，如 processorder.php。若使该框留空，则会将表单提交到当前页面。

（6）在【方法】下拉列表中，指定将表单数据传输到服务器的方法（method）。

● 默认值：使用浏览器默认设置将表单数据发送到服务器。通常默认值为 GET 方法。

● GET：将值附加到请求该页面的 URL 中。

● POST：在 HTTP 请求中嵌入表单数据。

**注意**　不要使用 GET 方法发送长表单，因为 URL 的长度限制在 8192 个字符以内。如果发送的数据量太大，数据将被截断，从而会导致意外的或失败的处理结果。若要收集机密用户名和密码、信用卡号或其他机密信息，POST 方法可能比 GET 方法更安全。但是，由 POST 方法发送的信息是未经加密的，容易被黑客获取。若要确保安全性，请通过安全的连接与安全的服务器相连。对于由 GET 方法传递的参数所生成的动态页，可以添加书签，这是因为重新生成页面所需的全部值都包含在浏览器地址框中显示的 URL 中。对于由 POST 方法传递的参数所生成的动态页，则不能添加书签。

（7）（可选）在【编码类型】下拉列表中，指定对提交给服务器处理的数据所使用的 MIME 编码类型（enctype）。

● application/x-www-form-urlencode：通常与 POST 方法一起使用，这是默认设置。

● multipart/form-data：若要创建文件上传域，则可指定此类型。

（8）（可选）在【目标】下拉列表中，指定一个窗口来显示被调用程序所返回的数据（target）。如果命名的窗口还没有打开，则打开一个具有该名称的新窗口。可以设置下列任意一个目标值：

● _blank：在未命名的新窗口中打开目标文档。

● _parent：在显示当前文档窗口的父窗口中打开目标文档。

● _self：在提交表单所在的同一窗口中打开目标文档。

● _top：在当前窗口的窗体内打开目标文档。此值可用于确保目标文档占用整个窗口，即使原始文档显示在框架中时也是如此。

### 5.1.2　添加表单域

使用表单标签<form>可以设置表单数据的传输方法及用于处理表单数据的服务器脚本路径等，但表单本身并不提供输入数据的用户界面。若要通过表单输入数据，还必须在表单的开始标签<form>与结束标签</form>之间添加各种各样的表单域（又称表单对象），如文本框、单选按钮、复选框、列表框及按钮等。

在 HTML 语言中，表单域可使用不同的标签来创建（见表 5.1）。

表 5.1　用于创建表单域的 HTML 标签

| 表单域 | 标签语法 | 说明 |
| --- | --- | --- |
| 文本框 | `<input type="text" name="..." value="..." size="num" maxlength="num" />` | name 属性指定文本框的名称，在脚本中可通过该名称引用该文本框。value 属性指定文本框包含的初始值。当提交表单时，文本框的名称和值都会包含在表单变量中。size 属性指定文本框的长度，以字符为单位。maxlength 属性指定文本框允许输入的最大字符数 |
| 密码框 | `<input type="password" name="..." value="..." size="num" maxlength="num" />` | 功能与文本框类似，主要用于输入密码。输入的密码将被屏蔽，通常显示星号（*）或项目符号（●） |
| 文本区域 | `<textarea name="..." rows="num" cols="num">` 初始内容`</textarea>` | name 属性指定文本区域的名称，可通过该名称引用文本区域。"初始内容"给出文本区域包含的初始值。当提交表单时，文本区域的名称和值都会包含在表单变量中。rows 属性指定文本区域的高度，以行为单位。cols 属性指定文本区域的宽度，以字符为单位 |
| 复选框 | `<input type="checkbox" name="..." value="..." [checked="checked"] />` | name 属性指定复选框的名称，可通过该名称引用复选框，可将一组复选框设置为相同的名称并在后面添加方括号"[]"。value 属性指定向服务器提交的该复选框的值。若设置 checked 属性，则当首次打开表单时该复选框处于选中状态。当提交表单时，若已选中了复选框，则会把其名称和值包含在表单变量中。若未选中复选框，则只有名称会被纳入表单变量中，但其值为空 |
| 单选按钮 | `<input type="radio" name="..." value="..." [checked="checked"] />` | name 属性指定单选按钮的名称。名称相同的单选按钮构成一个单选按钮组，在该组中只能选中一个选项。value 属性指定提交时的值。当提交表单时，单选按钮组的名称和选中的单选按钮的值会包含在表单变量中。若设置 checked 属性，则当第一次打开表单时该单选按钮处于选中状态 |
| 选择框 | `<select name="..." size="num" [multiple="multiple"]>` `<option value="..." [selected="selected"]>`选项1`</option>` `<option value="..." [selected="selected"]>`选项2`</option>` … `</select>` | name 属性指定列表框的名称，可通过该名称来引用选择框。size 属性指定在列表框的高度。若设置 multiple 属性，则表示允许多项选择。当设置多选列表框时，应将列表框的名称后面添加方括号"[]"。`<option>`标签用于定义列表框中的一个选项。value 属性指定提交时的值。当提交表单时，列表框的名称和所有选中项的值会包含在表单变量中。若设置 seletted 属性，则当第一次打开表单时该选项处于选中状态 |
| 图像域 | `<input type="image" name="..." src="URL" alt="text Message"/>` | name 属性指定图像按钮的名称。提交表单时，会将图像域的名称和用户单击图像的位置（x, y 坐标）包括在表单参数中。src 属性指定图像或视频文件的路径等。alt 属性指定图像按钮的提示文字 |
| 隐藏域 | `<input type="hidden" name="..." value ="...">` | name 和 value 属性分别指定隐藏域的名称和值 |
| 文件域 | `<input type="file" name="..." />` | 呈现一个文本框和一个浏览按钮，用于选择要上传的文件 |
| 按钮 | `<input type="submit|reset|button" name="..." value="..." />` | name 属性指定按钮的名称,可通过该名称引用按钮。value 属性指定按钮的文本标题。type 属性指定按钮的类型。设置 type 为 submit，可创建一个提交按钮，可通过单击它向服务器提交表单。设置 type 为 reset，可创建一个重置按钮，通过单击它可将表单重新设回其默认值。设置 type 为 button，则创建一个自定义按钮，通常要对其 onclick 事件编写脚本 |
| 标签 | `<label for="elementId"></label>` | 为页面上的其他表单对象指定标签，可为鼠标用户改进可用性。for 属性应当与相关元素的 id 属性相同 |
| 字段集 | `<fieldset>...</fieldset>` | 可将表单内的相关元素分组。可用`<legend>`标签为 fieldset 元素定义标题 |

在 Dreamweaver 中，可通过以下操作来添加表单域。

（1）确保插入点位于设计视图中，将插入点置于表单中将要显示该表单域的位置。

（2）在【插入】→【表单】菜单中或者在插入面板的【表单】类别中选择该对象，如文本域、文本区域、按钮、复选框和单选按钮等，如图 5.2 所示。

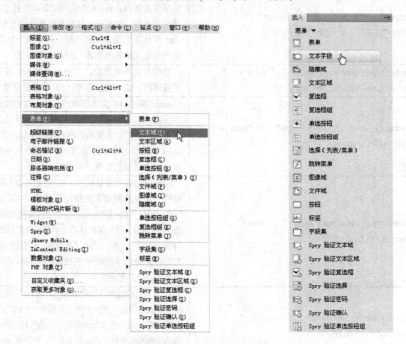

图 5.2　利用菜单命令或插入面板添加表单对象

（3）填写【输入标签辅助功能属性】对话框，如图 5.3 所示。

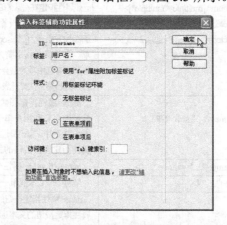

图 5.3　"输入标签辅助功能属性"对话框

（4）添加表单域后，可根据需要对每个表单域的属性进行设置。在属性检查器中为表单域指定名称，并对其他相关属性进行设置，如图 5.4 所示。

图 5.4　设置提交按钮的属性

**注意**　每个文本域、隐藏域、复选框和列表/菜单对象必须具有可在表单中的唯一名称。表单域名称可使用字母、数字、字符和下画线（_）的任意组合，但不能包含空格或特殊字符。同一组中的所有单选按钮都必须具有相同的名称。

（5）若要为页面中的文本域、复选框或单选按钮对象添加标签，则必须在相应表单域旁边单击，然后键入标签文字。

**提示**　创建表单时，要用描述性文本来标志每个表单域，以使用户知道他们要回答哪些内容。例如，"输入您的名字："表示请求输入名字信息。

（6）调整表单的布局。可以使用换行符、段落标签或表格来设置表单的格式。不能将一个表单插入到另一个表单中，但可以在一个页面中包含多个表单。

### 5.1.3　读取表单变量

表单变量包含在 Web 页的 HTTP 请求的检索信息中。如果创建了使用 POST 方法的表单，则单击提交按钮时提交的表单变量将传递到服务器，可以通过 PHP 动态脚本获取这些表单变量并根据需要加以处理。

在 PHP 5 中，可以通过以下几种预定义数组获取表单变量。

- 使用 GET 方法提交表单时，可通过预定义数组$_GET 获取表单变量，语法如下：

```
$_GET["表单域名称"]
```

- 使用 POST 方法提交表单时，可通过预定义数组$_POST 获取表单变量，语法如下：

```
$_POST["表单域名称"]
```

- 无论使用何种方法提交表单，均可通过超全局变量$_REQUEST 获取表单变量，语法如下：

```
$_REQUEST["表单域名称"]
```

在 Dreamweaver 中，可以使用绑定面板来创建表单变量。具体操作方法如下。

（1）在文档窗口中打开要使用表单变量的页面。

（2）若要打开绑定面板，可从【窗口】菜单中选择【绑定】。

（3）显示绑定面板后，在该面板中单击加号按钮 ，然后从弹出菜单中选择【表单变量】命令，如图 5.5 所示。

（4）弹出【表单变量】对话框后，在该对话框中输入表单变量的名称，然后单击【确定】按钮，如图 5.6 所示。表单变量的名称通常是用于获得其值的表单控件的名称。

（5）表单变量即会出现在绑定面板中，如图 5.7 所示。

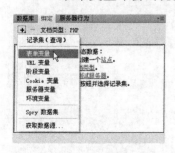

图 5.5　选择【表单变量】命令　　　　图 5.6　命名表单变量　　　　图 5.7　绑定面板中的表单变量

将表单变量定义为内容源后，若要在页面中使用其值，则可执行以下操作之一。

- 从绑定面板中直接将表单变量拖到页面中。

● 在页面中单击要插入表单变量的位置，然后在绑定面板中单击所需要的表单变量并单击【插入】按钮。

在页面上插入表单变量后，Dreamweaver 将自动生成一个 PHP 代码块，通过预定义数组 $_POST 来引用表单变量并向页面中输出该参数。例如，下面的代码块用于显示在文本框中输入的用户名。

```php
<?php echo $_POST['username']; ?>
```

【例 5.1】创建一个用于填写用户资料的表单，提交表单后通过表格显示所提交的信息，如图 5.8 和 5.9 所示。

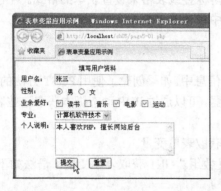

图 5.8　填写表单　　　　　　　　图 5.9　显示提交结果

【设计步骤】

（1）在 Dreamweaver 中打开 PHP 站点，在站点根目录下创建一个文件夹并命名为 ch05。

（2）在文件夹 ch05 中创建一个 PHP 动态网页并命名为 page5-01.php。

（3）将该页的文档标题设置为"表单变量应用示例"。

（4）在页面中插入一个表单，在该表单中插入一个表格，在表格中添加文本框、单选按钮、复选框、下拉列表、文本区域、提交按钮和重置按钮，将这些表单域分别命名为 username、gender、resume、major、hobby[]、submit 和 reset。

（5）利用绑定面板创建五个表单变量，分别命名为 username、gender、resume、major 和 hobby。

（6）在表单下方插入一个表格，在第一列的五个单元格中分别输入提示文字，将五个表单变量分别插入到第二列的五个单元格中。在该表格下方插入一个按钮，将其标题文字设置为"返回"，将其 onclick 事件处理程序设置为"history.back()"。

（7）在表单的开始标签 <form> 上方添加以下 PHP 代码块：

```php
<?php if(!count($_POST)){ ?>
```

（8）在表单的结束标签 </form> 下方添加以下 PHP 代码块：

```php
<?php }else{ ?>
```

（9）在 </body> 标签上方添加以下 PHP 代码块：

```php
<?php }?>
```

（10）将表示业余爱好的表单变量修改为以下形式：

```php
<?php echo implode(', ',$_POST['hobby']); ?>
```

至此，网页设计完成。完整的源代码如下：

```html
<!DOCTYPE HTML>
<html>
```

```html
<head>
<meta charset="gb2312">
<title>表单变量应用示例</title>
</head>

<body>
<?php if(!count($_POST)){ ?>
<form action="" method="post" name="form1" id="form1">
  <table border="0">
    <caption>填写用户资料</caption>
    <tr>
      <td><label for="username">用户名：</label></td>
      <td><input type="text" name="username" id="username"></td>
    </tr>
    <tr>
      <td>性别：</td>
      <td><input name="gender" type="radio" id="male" value="男" checked>
        <label for="male">男</label>
        <input type="radio" name="gender" id="female" value="女">
        <label for="female">女</label></td>
    </tr>
    <tr>
      <td>业余爱好：</td>
      <td><label>
        <input type="checkbox" name="hobby[]" value="读书" id="hobby_1">
        读书</label>
        <label>
        <input type="checkbox" name="hobby[]" value="音乐" id="hobby_2">
        音乐</label>
        <label>
        <input type="checkbox" name="hobby[]" value="电影" id="hobby_3">
        电影</label>
        <label>
        <input type="checkbox" name="hobby[]" value="运动" id="hobby_0">
        运动</label></td>
    </tr>
    <tr>
      <td><label for="major">专业：</label></td>
      <td><select name="major" id="major">
        <option value="计算机网络技术">计算机网络技术</option>
        <option value="计算机软件技术">计算机软件技术</option>
        <option value="电子技术">电子技术</option>
        <option value="电子商务">电子商务</option>
        <option value="国际贸易">国际贸易</option>
      </select></td>
    </tr>
    <tr>
      <td valign="top"><label for="description">个人说明：</label></td>
      <td><textarea name="description" cols="32"
          rows="4" id="description"></textarea></td>
    </tr>
    <tr>
      <td> </td>
```

```
        <td><input type="submit" name="submit" id="submit" value="提交">
           
          <input type="reset" name="reset" id="reset" value="重置"></td>
      </tr>
    </table>
  </form>
<?php }else{ ?>
<table width="300" border="1" cellpadding="4" cellspacing="0">
  <caption>用户个人资料</caption>
  <tr>
    <td>用户名</td>
    <td><?php echo $_POST['username']; ?></td>
  </tr>
  <tr>
    <td>性别</td>
    <td><?php echo $_POST['gender']; ?></td>
  </tr>
  <tr>
    <td nowrap>业余爱好</td>
    <td><?php echo implode(', ',$_POST['hobby']); ?></td>
  </tr>
  <tr>
    <td>专业</td>
    <td><?php echo $_POST['major']; ?></td>
  </tr>
  <tr>
    <td>个人说明</td>
    <td><?php echo $_POST['description']; ?></td>
  </tr>
</table>
<p style="margin-left:10em;"><input type="button" value="返回"
 onclick="history.back();"/></p>
<?php } ?>
</body>
</html>
```

（11）在浏览器中运行该页，在表单中填写资料并单击"提交"按钮，此时应能在表格中看到所提交的数据。若要重新填写，则可单击"返回"按钮。

## 5.2 验证表单

当用户通过表单输入数据时，如何对这些数据的有效性进行检查是 PHP 编程的重要内容。例如，必填字段是否输入了内容，日期、电子邮件地址及 Internet 网址格式是否正确等。为了保证表单数据的有效性，可在客户端或服务器端对表单变量进行验证。

在客户端，可通过 JavaScript 脚本编程对表单变量进行验证。如果正在使用 Dreamweaver CS 5.5，则可以借助 Spry 框架提供一组 Spry 构件快速实现表单验证。当检测到无效数据时会向用户显示警告信息并取消表单提交操作，以避免不必要的网络传输。至于用户提交的数据（如账号和密码）是否与服务器端数据库中的数据匹配，则需要在表单提交后通过服务器端程序进行验证，这可以通过 PHP 编程来实现。

下面介绍如何在 Dreamweaver CS 5.5 中通过 Spry 构件来实现表单验证功能。

## 5.2.1　Spry 构件概述

Spry 框架支持一组用标准 HTML、CSS 和 JavaScript 编写的可重用构件，称为 Spry 构件。在 Dreamweaver 中，可以方便地插入这些构件（采用最简单的 HTML 和 CSS 代码），然后设置构件的样式。框架行为允许用户执行下列操作的功能包括显示或隐藏页面上的内容、更改页面的外观（如颜色）、与菜单项交互及验证表单数据等。

Spry 构件是一个页面元素，通过启用用户交互提供更为丰富的用户体验。Spry 构件由结构、行为和样式几个部分组成。其中，结构是用来定义构件结构组成的 HTML 代码块；行为是用来控制构件如何响应用户启动事件的 JavaScript；样式是用来指定构件外观的 CSS。

Spry 框架中的每个构件都与唯一的 CSS 和 JavaScript 文件相关联。CSS 文件中包含设置构件样式所需的全部信息，而 JavaScript 文件则赋予构件功能。当使用 Dreamweaver 界面插入构件时，Dreamweaver 会自动将这些文件链接到页面。当在已保存的页面中插入构件时，Dreamweaver 会在当前站点中创建一个 SpryAssets 文件夹，并将相应的 JavaScript 和 CSS 文件保存到其中。由于与给定构件相关联的 CSS 和 JavaScript 文件根据该构件命名，所示很容易判断哪些文件对应于哪些构件。

这里仅讨论用于表单验证的 Spry 构件，包括 Spry 验证文本域、Spry 验证密码、Spry 验证确认、Spry 验证文本区域、Spry 验证复选框、Spry 验证单选按钮组及 Spry 验证选择。

若要在页面上插入 Spry 表单验证构件，可执行以下操作。

（1）将插入点放在表单轮廓内。

（2）在【插入】→【Spry】菜单中或者在插入面板的【表单】类别中选择该构件，如图 5.10 所示。

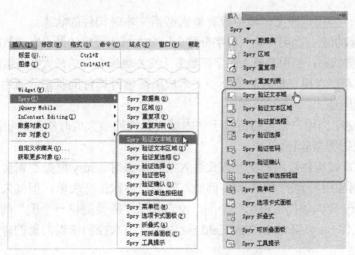

**图 5.10　插入 Spry 表单验证构件**

（3）将鼠标指针停留在构件上，直到出现蓝色的构件选项卡式轮廓，然后单击构件左上角中的构件选项卡，如图 5.11 所示。

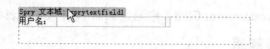

**图 5.11　选择 Spry 表单验证构件**

（4）利用属性检查器对构件的相关属性进行设置。

## 5.2.2　Spry 验证文本域

Spry 验证文本域构件是一个文本域，该域用于站点访问者输入文本时显示文本的状态（有效或无效）。例如，可以向访问者键入电子邮件地址的表单中添加验证文本域构件。如果访问者没有在电子邮件地址中键入@符号和句点，验证文本域构件会返回一条消息，提示用户输入的信息无效。

验证文本域构件具有多种状态，如有效、无效和必需值等。设计时可以根据所需的验证结果，使用属性检查器来修改这些状态的属性，如图 5.12 所示。验证文本域构件可在不同时间点进行验证，如当访问者在构件外部单击、键入内容或尝试提交表单时。

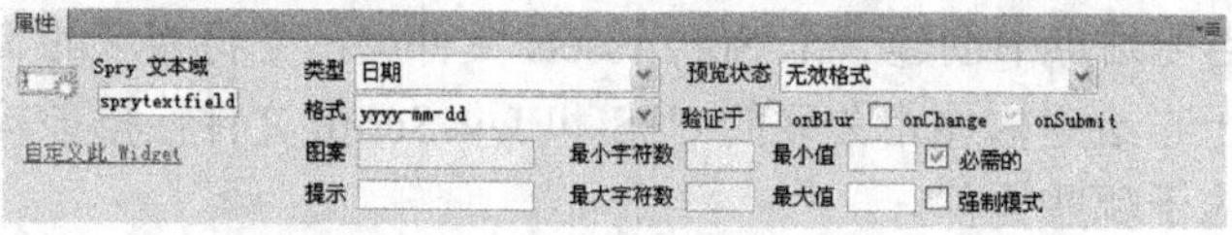

**图 5.12　用属性检查器设置验证文本域的属性**

- 初始状态：在浏览器中加载页面或用户重置表单时构件的状态。
- 焦点状态：当用户在构件中放置插入点时构件的状态。
- 有效状态：当用户正确地输入信息且表单可以提交时构件的状态。
- 无效状态：当用户所输入文本的格式无效时构件的状态。例如，用 12 而不是用 2012 表示年份。
- 必需状态：当用户在文本域中没有输入必需文本时构件的状态。
- 最小字符数状态：当用户输入的字符数少于文本域所要求的最小字符数时构件的状态。
- 最大字符数状态：当用户输入的字符数多于文本域所允许的最大字符数时构件的状态。
- 最小值状态：当用户输入的值小于文本域所需值时构件的状态。适用于整数、实数和数据类型验证。
- 最大值状态：当用户输入的值大于文本域所允许的最大值时构件的状态。适用于整数、实数和数据类型验证。

每当验证文本域构件以用户交互方式进入某种状态时，Spry 框架逻辑会在运行时向该构件的 HTML 容器应用特定的 CSS 类。例如，若用户尝试提交表单，但尚未在必填文本域中输入文本时，Spry 会向该构件应用一个类，使它显示"需要提供一个值"的错误消息。在构件随附的 CSS 文件 SpryValidationTextField.css 中包含用来控制错误消息的样式和显示状态的规则。

验证文本域构件的默认 HTML 通常位于表单内部，其中包含一个容器<span>标签，该标签将文本域的<input>标签括起来。在验证文本域构件的 HTML 中，在文档头中和验证文本域构件的 HTML 标签之后还包括脚本标签。

【例 5.2】本例说明如何使用 Spry 验证文本域对用户输入的日期、电子邮件地址以及 Internet 网址信息进行验证，结果如图 5.13 和图 5.14 所示。

图 5.13　必需状态下显示的提示信息　　　　图 5.14　有效状态和无效状态

【设计步骤】

（1）在文件夹 ch05 中创建一个 PHP 动态网页并命名为 page5-02.php。

（2）将该页的文档标题设置为"验证文本域应用示例"。

（3）在该页中插入一个表单，在该表单中插入一个表格，在该表格中插入四个 Spry 验证文本域构件（sprytextfield1 ~ sprytextfield4），并将相应的<input type="text">元素分别命名为 username、birthdate、email 和 homepage，接着在表格中插入一个提交按钮和一个重置按钮。

（4）利用属性检查器对这些 Spry 验证文本域构件的属性进行设置（见表 5.2）。

表 5.2　设置 Spry 验证文本域构件的属性

| 验证文本域 | 属 性 设 置 |
| --- | --- |
| sprytextfield1 | 必填状态文本："需要提供用户名。" |
| sprytextfield2 | 必填状态文本："需要提供出生日期。"；类型："日期"；格式："yyyy-mm-dd"；无效状态文本："日期格式无效。" |
| sprytextfield3 | 必填状态文本："需要提供电子信箱。"；类型："电子邮件地址"；无效状态文本："电子邮件地址格式无效。" |
| sprytextfield4 | 必填状态文本："需要提供个人主页。"；类型："URL"；无效状态文本："网址格式无效。" |

（5）在<body>标签下方添加以下 PHP 代码块：

```php
<?php if(!count($_POST)){ ?>
```

（6）在</body>标签上方添加以下 PHP 代码块：

```php
<?php
}else{
  echo "提交的用户信息如下：";
  echo "<ul>";
  foreach($_POST as $key=>$value){
    printf("<li>%s：%s",$key,$value);
  }
}
?>
```

（7）在浏览器中运行该页，并对表单验证功能进行测试。

● 不输入任何数据直接单击"提交"按钮，查看所有文本域构件进入必需状态时显示的提示信息（不能提交）。

● 在表单域中输入数据，但日期、电子信箱和个人主页格式无效，单击"提交"按钮，查看部分构件进入无效状态时显示的提示信息（不能提交）。

● 在所有表单域中都输入有效数据，单击"提交"按钮，此时可看到所提交的信息。

### 5.2.3 Spry 验证文本区域

Spry 验证文本区域构件是一个文本区域，该区域在用户输入一些句子时显示文本的状态（有效或无效）。例如，如果文本区域是必填域，而用户没有输入任何文本，该构件将返回一条消息，提示必须输入值。验证文本区域构件可以在不同的时间点进行验证。

验证文本区域构件具有多种状态，如有效、无效和必需值等。设计时可根据所需的验证结果，使用属性检查器来修改这些状态的属性，如图 5.15 所示。

图 5.15　用属性检查器设置验证文本区域的属性

- 初始状态：在浏览器中加载页面或用户重置表单时构件的状态。
- 焦点状态：当用户在构件中放置插入点时构件的状态。
- 有效状态：当用户正确地输入信息且表单可以提交时构件的状态。
- 必需状态：当用户未输入任何文本时构件的状态。
- 最小字符数状态：当用户输入的字符数小于文本区域所要求的最小字符数时构件的状态。
- 最大字符数状态：当用户输入的字符数大于文本区域允许的最大字符数时构件的状态。如果设置了最大字符数，还可用属性检查器为文本区域添加一个计数器，用于显示当前已输入的字符数或剩余的字符数。

每当验证文本区域构件以用户交互方式进入其中一种状态时，Spry 框架逻辑会在运行时向该构件的 HTML 容器应用特定的 CSS 类。例如，如果用户尝试提交表单，但尚未在文本区域中输入文本，则 Spry 会向该构件应用一个类，使它显示"需要提供一个值"的错误消息。用来控制错误消息的样式和显示状态的规则包含在构件随附的 CSS 文件 SpryValidationTextArea.css 中。

验证文本区域构件的默认 HTML 通常位于表单内部，其中包含一个容器<span>标签，该标签将文本区域的<textarea>标签括起来。在验证文本区域构件的 HTML 中，在文档头中和验证文本区域构件的 HTML 标签之后还包括<script>标签。

【例 5.3】本例说明如何使用 Spry 验证文本域和 Spry 验证文本区域制作一个带有计数功能的简易留言板，结果如图 5.16 所示。

图 5.16　Spry 验证文本区域应用示例

**【设计步骤】**

（1）在文件夹 ch05 中创建一个 PHP 动态网页并命名为 page5-03.php。

（2）将该页的文档标题设置为"验证文本区域应用示例"。

（3）在该页中插入一个表单，在该表单中插入一个表格，在该表格中插入一个 Spry 验证文本域（sprytextfield1，用于输入标题）、一个 Spry 验证文本区域（sprytextarea1，用于输入内容）、一个提交按钮和一个重置按钮，将验证文本域包含的<input type="text">元素命名为 topic，将验证文本区域包含的<textarea>元素命名为 content。

（4）用属性检查器对验证文本域和验证文本区域的属性进行设置。

● sprytextfield1：必填状态文本为"需要提供标题。"。

● sprytextarea1：必填状态文本为"需要提供内容。"，最大字符数为 300，最大字符数状态文本为"已超过最大字符数。"，计数器为"字符计数。"。

（5）在<body>标签下方添加以下 PHP 代码块：

```php
<?php if(!count($_POST)){ ?>
```

（6）在</body>标签上方添加以下 PHP 代码块：

```php
<?php
}else{
  echo "留言发表成功。";
  echo "<ul>";
  foreach($_POST as $key=>$value){
    printf("<li>%s：%s",$key,$value);
  }
}
?>
```

（7）在浏览器中运行该页，并对表单验证和计数功能进行测试。

## 5.2.4　Spry 密码验证

对用户输入的密码进行验证时，需要同时用到 Spry 验证密码构件和 Spry 验证确认构件。

Spry 验证密码构件是一个密码文本域，可用于强制执行密码规则，如字符的数目和类型。该构件根据用户的输入提供警告或错误消息。该构件可以在不同的时间点进行验证。

验证密码构件具有多种状态，如有效、必需和最小字符数等。设计时既可以根据所需的验证结果，用属性检查器对该构件的属性进行设置，如图 5.17 所示，也可以通过编辑相应的 CSS 文件 SpryValidationPassword.css，来修改这些状态的属性。

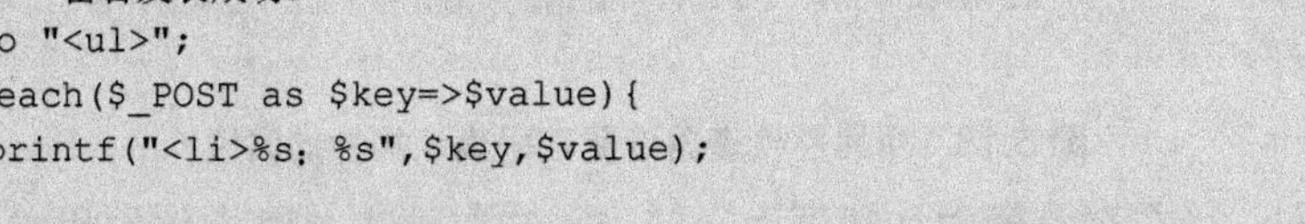

**图 5.17　用属性检查器设置密码验证构件的属性**

● 初始状态：当在浏览器中加载页面或当用户重置表单时构件的状态。

● 焦点状态：当用户将插入点放置到构件中时构件的状态。

● 有效状态：当用户正确输入信息，并且可以提交表单时构件的状态。

● 强度无效状态：当用户输入的文本不符合密码文本域的强度条件时构件的状态。例如，若已指定密码至少包含两个大写字母，而输入的密码不包含大写字母或只包含一个大写字母。

- 必需状态：当用户未能在文本域中输入所需文本时构件的状态。
- 最小字符数状态：当用户输入的字符数少于密码文本域中所需最小字符数时构件的状态。
- 最大字符数状态：当用户输入的字符数大于密码文本域中允许的最大字符数时构件的状态。

Spry 验证确认构件是一个文本域或密码表单域，当用户输入的值与同一表单中类似域的值不匹配时，该构件将显示有效或无效状态。例如，可以向表单中添加一个验证确认构件，要求用户重新键入他们在上一个域中指定的密码。如果用户未能完全一样地键入他们之前指定的密码，则构件将返回错误消息，提示两个值不匹配。验证确认构件可以在不同的时间点进行验证。

验证确认构件也可以与验证文本域构件一起使用，用于验证电子邮件地址。

验证确认构件具有多种状态，如有效、无效和必需等。设计时可以根据所需的验证结果，用属性检查器对该构件的相关属性进行设置，如图 5.18 所示。也可以通过编辑相应的 CSS 文件 SpryValidationConfirm.css，来修改这些状态的属性。

**图 5.18　用属性检查器设置密码确认构件的属性**

- 初始状态：当在浏览器中加载页面，或当用户重置表单时构件的状态。
- 焦点状态：当用户将插入点放置到构件中时构件的状态。
- 有效状态：当用户正确输入信息，并且可以提交表单时构件的状态。
- 无效状态：当用户输入的文本与在上一个文本域、验证文本域构件或验证密码构件中输入的文本不匹配时构件的状态。
- 必需状态：当用户未能在文本域中输入所需文本时构件的状态。

**【例 5.4】**本例说明如何使用 Spry 验证密码构件和 Spry 验证确认构件制作一个新用户注册表单，结果如图 5.19 和图 5.20 所示。

　　图 5.19　密码太短且两次输入不匹配　　　　图 5.20　密码未达到指定强度

**【设计步骤】**

（1）在文件夹 ch05 中创建一个 PHP 动态网页并命名为 page5-04.php。

（2）将该页的文档标题设置为"密码的验证和确认"。

（3）在该页中插入一个表单，在该表单中插入一个表格，在该表格中插入一个 Spry 验证文本域（sprytextfield1）、一个 Spry 密码验证构件（sprypassword1）、一个 Spry 密码确认构件（spryconfirm1）、一个提交按钮和一个重置按钮。将三个文本域对应的<input type="text">元素分别命名为 username、password 和 confirm。

（4）用属性检查器对 Spry 表单验证构件的属性进行设置（见表 5.3）。

表 5.3   设置 Spry 表单验证构件的属性

| 验证构件 | 属性设置 |
| --- | --- |
| sprytextfield1 | 必填状态文本："需要提供用户名。" |
| sprypassword1 | 必填状态文本："需要提供密码。"；最小字符数：6；最小数字数：2；最大大写字母数：1；最小字符数状态文本："密码太短了。"；强度无效状态文本："密码未达到指定强度。" |
| spryconfirm1 | 必填状态文本："请再次输入密码。"；验证参考对象：password |

（5）在<body>标签下方添加以下 PHP 代码块：

```php
<?php if(!count($_POST)){ ?>
```

（6）在</body>标签上方添加以下 PHP 代码块：

```php
<?php
}else{
  echo "<p>新用户注册成功。</p>";
  echo "<ul>";
  foreach($_POST as $key=>$value){
    printf("<li>%s：%s",$key,$value);
  }
}
?>
```

（7）在浏览器中运行该页，并对表单验证和计数功能进行测试。

## 5.2.5   Spry 验证复选框

Spry 验证复选框构件是 HTML 表单中的一个或一组复选框，该复选框在用户选择或未选择复选框时会显示构件的状态（有效或无效）。例如，可以向表单中添加验证复选框构件，该表单可能会要求用户进行三项选择，如果用户没有进行所有这三项选择，则该构件会返回一条消息，提示不符合最小选择数要求。

验证复选框构件具有多种状态，如有效、无效和必需值等。设计时可根据所需的验证结果，使用属性检查器来修改这些状态的属性，如图 5.21 所示。验证复选框构件可以在不同的时间点进行验证。

图 5.21   用属性检查器设置验证复选框构件的属性

- 初始状态：在浏览器中加载页面或用户重置表单时构件的状态。
- 有效状态：当用户已经进行了一项或所需数量的选择且表单可以提交时构件的状态。
- 必需状态：当用户没有进行所需的选择时构件的状态。
- 最小选择数状态：当用户选择的复选框数小于所需的最小复选框数时构件的状态。
- 最大选择数状态：当用户选择的复选框数大于允许的最大复选框数时构件的状态。

每当验证复选框构件通过用户交互方式进入其中一种状态时，Spry 框架逻辑会在运行时向该构件的 HTML 容器应用特定的 CSS 类。例如，如果用户尝试提交表单，但尚未进行任何选择，则 Spry 会向该构件应用一个类，使它显示"请进行选择"的错误消息。用来控制错误消息的样式和显示状态的规则包含在构件随附的 CSS 文件 SpryValidationCheckbox.css 中。

验证复选框构件的默认 HTML 通常位于表单内部，其中包含一个容器<span>标签，该标签将复选框的<input type="checkbox">标签括起来。在验证复选框构件的 HTML 中，在文档头中和验证复选框构件的 HTML 标签之后还包括<script>标签。

【例 5.5】本例说明如何使用 Spry 验证复选框构件制作一个简易的选课系统，结果如图 5.22 和图 5.23 所示。

图 5.22　构件进入最小选择数状态　　　　图 5.23　构件进入最大选择数状态

【设计步骤】

（1）在文件夹 ch05 中创建一个 PHP 动态网页并命名为 page5-05.php。

（2）将该页的文档标题设置为"验证复选框应用示例"。

（3）在该页中插入一个表单，在该表单中输入说明文字，并添加一个 Spry 验证复选框构件（sprycheckbox1），默认情况下该构件仅包含一个<input type="checkbox">复选框，在此基础上添加另外七个复选框；将所有复选框均命名为 course[]；将每个复选框的选定值分别设置为位于其后的标签文本；添加一个提交按钮和一个重置按钮。

（4）用属性检查器设置验证复选框的属性：选定【实施范围（多个）】选项；最小选择数和最大选择数分别设置为 3 和 5；最小选择数状态文本为"未达到最小选择数，至少要选择 3 项。"；最大选择数状态文本为"已超过最大选择数，最多可选择 5 项。"。

（5）在<body>标签下方添加以下 PHP 代码块：

```
<?php if(!count($_POST)){ ?>
```

（6）在</body>标签上方添加以下 PHP 代码块：

```
<?php
}else{
    printf("<p>你选择的课程有：<br>%s</p>",implode("，",$_POST["course"]));
}
?>
```

（7）在浏览器中运行该页，并对验证复选框构件的功能进行测试。

● 选择 1~2 项并单击"提交"按钮，该构件将进入最小选择数状态（不能提交）。

● 选择 6~8 项单击"提交"按钮，该构件将进入最大选择数状态（不能提交）。

● 选择 3~5 项并单击"提交"按钮，此时可查看到所提交的选课结果。

### 5.2.6　Spry 验证单选按钮组

　　验证单选按钮组构件是一组单选按钮，可支持对所选内容进行验证。该构件可以在不同的时间点进行验证，从而强制地从组中选择一个单选按钮。

　　除初始状态外，验证单选按钮组构件还包括三种状态：有效、无效和必需值。设计时既可根据所需的验证结果，用属性检查器设置该构件的属性，如图 5.24 所示，也可以通过编辑相应的 CSS 文件 SpryValidationRadio.css，来修改这些状态的属性。

**图 5.24　用属性检查器设置验证单选按钮组的属性**

- 初始状态：当在浏览器中加载页面，或当用户重置表单时构件的状态。
- 有效状态：当用户进行选择，并且可以提交表单时构件的状态。
- 必需状态：当用户未能进行必需选择时构件的状态。
- 无效状态：当用户选择的值不可接收时构件的状态。

　　**注意**　若要创建具有空值或无效值单选按钮的单选按钮组构件，可在该构件中选择一个单选按钮用作空单选按钮或无效单选按钮，并在属性检查器的【选定值】文本框中键入 none（空值）或 invalid（无效值），然后选择整个构件，并在属性检查器中指定空值或无效值。若要创建显示空值错误消息"请进行选择"的构件，可在【空值】文本框中键入 none。若要创建显示无效值错误消息"请选择一个有效值"的构件，可在【无效值】文本框中键入 invalid。单选按钮本身和单选按钮组构件都必须分配 none 或 invalid 值，才能正确显示错误消息。

　　每当验证单选按钮组构件通过用户操作进入其中一种状态时，Spry 框架逻辑都会在运行时向该构件的 HTML 容器应用特定的 CSS 类。例如，如果用户尝试提交表单，但未进行任何选择，则 Spry 会向该构件应用一个类，使它显示"请进行选择"的错误消息。用于控制错误消息的样式和显示状态的规则包含在构件随附的 SpryValidationRadio.css 文件中。

　　验证单选按钮组构件的默认 HTML 代码包含一个环绕单选按钮组\<input type="radio"\>标签的容器\<span\>标签，同时还包括位于文档头中和此构件 HTML 代码后的\<script\>标签。

　　**【例 5.6】** 本例说明如何使用 Spry 验证单选按钮组构件，结果如图 5.25 和图 5.26 所示。

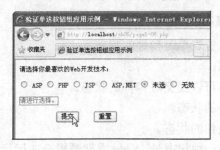

**图 5.25　构件进入必需状态**

**图 5.26　构件进入无效状态**

**【设计步骤】**

（1）在文件夹 ch05 中创建一个 PHP 动态网页并命名为 page5-06.php。

（2）将该页的文档标题设置为"验证单选按钮组应用示例"。

（3）在该页中插入一个表单，在该表单中输入说明文字，并添加一个 Spry 验证单选按钮组构件（spryradio1）。构件内包含六个单选按钮，名称均为 web_tech，它们的标签分别设置为 ASP、PHP、JSP、ASP.NET、"未选"和"无效"，它们的值分别为 ASP、PHP、JSP、ASP.NET、none 和 invalid。添加一个提交按钮和一个重置按钮。

（4）设置验证单选按钮组构件的属性：空值为 none；无效值为 invalid；必需状态文本为"请进行选择。"；无效状态文本为"请选择一个有效值。"。

（5）在<body>标签下方添加以下 PHP 代码块：

```
<?php if(count($_POST)){ ?>
```

（6）在</body>标签上方添加以下 PHP 代码块：

```
<?php
}else{
   printf("请选择你最喜欢的 Wed 开发技术：%s",$_POST["web_tech"]);
}
?>
```

（7）在浏览器中运行该页，并对验证单选按钮组构件的功能进行测试。

- 若选择"未选"项，则可看到空值文本（不能提交）。
- 若选择"无效"项，则可看到无效值文本（不能提交）。
- 若选择其他有效项，则可看到提交的选择结果。

### 5.2.7　Spry 验证选择

Spry 验证选择构件是一个下拉列表，该列表在用户进行选择时会显示构件的状态（有效或无效）。例如，可以插入一个包含状态列表的验证选择构件，这些状态按不同的部分组合并用水平线分隔。如果用户意外地选择了某条分界线（而不是某个状态），则验证选择构件会向用户返回一条消息，提示他们的选择无效。

验证选择构件具有多种状态，如有效、无效和必需值等。设计时可根据所需的验证结果，使用属性检查器来修改这些状态的属性，如图 5.27 所示。验证选择构件可以在不同的时间点进行验证操作，如当用户在构件外部单击时、进行选择时或尝试提交表单时。

图 5.27　用属性检查器设置验证选择构件的属性

- 初始状态：在浏览器中加载页面或用户重置表单时构件的状态。
- 焦点状态：当用户单击构件时构件的状态。
- 有效状态：当用户选择了有效项目且表单可以提交时构件的状态。
- 无效状态：当用户选择了无效项目时构件的状态。
- 必需状态：当用户没有选择有效项目时构件的状态。

每当验证选择构件以用户交互方式进入其中一种状态时，Spry 框架逻辑会在运行时向该构件的 HTML 容器应用特定的 CSS 类。例如，若用户尝试提交表单，但是未从下拉列表中选择项目，Spry 会向该构件应用一个类，使它显示"请选择一个项目"的错误消息。用来控制错误消息的样式和显示状态的规则包含在构件随附的 CSS 文件 SpryValidationSelect.css 中。

验证选择构件的默认 HTML 通常位于表单内部，包含一个容器<span>标签，该标签将下拉列表<select>标签括起来。在验证选择构件的 HTML 中，在文档头中和验证选择构件的 HTML 标签之后还包括<script>标签。

【例 5.7】本例说明如何使用 Spry 验证选择构件制作一个导航菜单，结果如图 5.28 和图 5.29 所示。

图 5.28　构件进入必需状态

图 5.29　构件进入无效状态

【设计步骤】

（1）在文件夹 ch05 中创建一个 PHP 动态网页并命名为 page5-07.php。

（2）将该页的文档标题设置为"验证选择构件应用示例"。

（3）在该页中插入一个表单，在该表单中输入"常用网址："，换行后插入一个 Spry 验证选择构件（spryselect1），将相应的 select 元素命名为 nav，并添加一些列表项。其中，提示文字没有相应的值，分隔线对应的值为□1。插入一个提交按钮。该 select 元素的 HTML 代码如下：

```
<select name="nav" id="nav">
<option>请选择一个网站</option>
<option value="-1">-----新闻-----</option>
<option value="http://www.xinhuanet.com/">新华网</option>
<option value="http://news.sina.com.cn/">新浪新闻</option>
<option value="http://news.sohu.com/">搜狐新闻</option>
<option value="-1">-----军事-----</option>
<option value="http://mil.news.sina.com.cn/">新浪军事</option>
<option value="http://military.china.com/zh_cn/">中华网军事</option>
<option value="http://mil.huanqiu.com/">环球网军事</option>
<option value="-1">-----邮箱-----</option>
<option value="http://www.126.com/">126 邮箱</option>
<option value="http://email.163.com/">163 邮箱</option>
<option value="http://mail.sina.com.cn/">新浪邮箱</option>
</select>
```

（4）用属性检查器设置验证选择构件 spryselect1 的属性：不允许空值和无效值；必需状态文本为"请选择一个网址。"；无效状态文本为"请选择一个有效的网址。"。

（5）在</body>标签上方添加以下内容：

```
<?php if(count($_POST)){ ?>
<script type="text/javascript">
location.href="<?php echo $_POST['nav'] ?>";
</script>
<?php } ?>
```

（6）在浏览器中运行该页，并对验证选择构件的功能进行测试。

● 若从导航菜单中选择"请选择一个网站"并单击"转到"按钮，则可看到必需值文本（不能提交）。

- 若从导航菜单中选择一个分隔线（如 "-----军事-----"）并单击 "转到" 按钮，则可看到无效值文本（不能提交）。
- 若从导航菜单中选择一个有效网址并单击 "转到" 按钮，则可执行页面跳转。

## 5.3 获取 URL 参数

URL 参数是附加到 URL 上的一个名称/值对，用于存储用户输入的检索信息。URL 变量以问号（?）开始并采用 "name=value" 形式。如果存在多个 URL 参数，则参数之间用一个 "&" 符号隔开。URL 参数可将用户提供的信息附加到所请求页面的 URL 后面并从浏览器传递到服务器。

### 5.3.1 生成 URL 参数

若要定义 URL 参数，可根据情况选择下列方法之一。

（1）创建使用 GET 方法提交数据的表单。例如，在网页中插入一个表单，将其 method 属性设置为 GET，然后在表单中添加两个文本框并命名为 name 和 email，再添加一个提交按钮并命名为 submit，则提交表单后在浏览器地址栏将会出现以下内容：

```
http://server/path/document?name=value1&email= value2&submit=value3
```

其中，value1 和 value2 表示用户在文本框中输入的内容，value3 则是提交按钮的标题文字，这些值可能已经进行了编码处理。

（2）创建超文本链接。例如，下面的网址中附加了两个名称/值对的 URL 参数：

```
http://server/path/document?name1=value1&name2=value2
```

（3）客户端脚本编程。例如，执行下面的 JavaScript 脚本时将跳转到 test.php 页面并向其传递 name 和 age 这两个参数：

```
<script type="text/javascript">
  document.location="test.php?name=Jack&age=20";
</script>
```

（4）服务器端脚本编程。例如，在下面的 PHP 代码中调用了 PHP HTTP 函数 header()，执行这行代码时将跳转到 test.php 页面并向其传递 username 和 email 这两个参数：

```
<?php
header("Location:test.php?username=Andy&email=andy@msn.com");
exit();
?>
```

其中，header()函数用于向客户端发送原始的 HTTP 报头，在这里起到了重定向的作用；exit()函数用于输出一条消息并退出当前脚本，该函数是 die()函数的别名。

### 5.3.2 读取 URL 参数

通过 URL 参数可以将用户提供的信息从浏览器传递到服务器。当服务器收到请求时，这些参数被追加到请求的 URL 上，可以通过 PHP 代码读取和处理这些 URL 参数，然后由服务器将请求的页提供给浏览器。

在 PHP 中，可使用预定义数组变量$_GET 来检索 URL 参数，由此将得到一个关联数组。要读取某个 URL 参数的值，应以该参数的名称作为键名。例如，通过$_GET["username"]可读取一个名为 username 的 URL 参数的值。

在 Dreamweaver 中，可以通过以下操作来定义 URL 参数。

（1）在文档窗口中打开要使用该变量的页面。

（2）在【绑定】面板中单击加号按钮，然后从弹出的菜单中选择【URL 变量】命令，如图 5.30 所示。

（3）在【URL 变量】对话框中，输入 URL 参数的名称，然后单击【确定】按钮，如图 5.31 所示。

**注意**　URL 参数的名称通常是用于获得参数值的 HTML 表单控件的名称或附加在 URL 后面的参数名称。

（4）URL 参数出现在绑定面板中，如图 5.32 所示。

 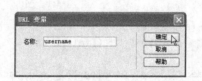 

图 5.30　添加 URL 参数　　　　图 5.31　指定 URL 参数名称　　　　图 5.32　面板中的 URL 参数

定义 URL 参数后，若要在当前页面中使用其值，可单击要插入该值的位置，然后单击"插入"按钮，或将其直接拖到页面中即可，此时将会生成输出该参数的 PHP 代码块。例如，若在页面中添加一个名为 username 的 URL 参数，则会生成如下所示的 PHP 代码块：

```
<?php echo $_GET['username']; ?>
```

**【例 5.8】**本例说明如何和创建和读取 URL 参数。在学生简明信息表中单击"查看详细信息"链接时会生成一个 URL 参数，通过检索该参数可以获取所选学生的详细信息，如图 5.33 和图 5.34 所示。

 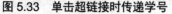 

图 5.33　单击超链接时传递学号　　　　图 5.34　查看学生详细信息

**【设计步骤】**

（1）在文件夹 ch05 中创建一个 PHP 动态网页并保存为 page5-08.php。

（2）将文档标题设置为"URL 参数应用示例"。

（3）切换到代码视图，在<body>标签下方输入以下内容：

```php
<?php
$student=array(
    array("学号"=>"110001","姓名"=>"李明","性别"=>"男","出生日期"=>"1990-10-06"),
    array("学号"=>"110002","姓名"=>"黄薇","性别"=>"女","出生日期"=>"1991-08-16"),
    array("学号"=>"110003","姓名"=>"王贵","性别"=>"男","出生日期"=>"1990-09-22"),
    array("学号"=>"110004","姓名"=>"刘倩","性别"=>"女","出生日期"=>"1991-06-25")
);
if(!count($_GET)){
    echo '<table border="1" cellpadding="4" cellspacing="0" width="300">';
    echo '<caption>学生简明信息表</caption>';
    echo '<tr bgcolor="#CCCCCC"><th>学号</th><th>姓名</th><th>操作</th></tr>';
    for($i=0;$i<count($student);$i++){
        printf('<tr align="center"><td>%s</td><td>%s</td><td>
            <a href="%s?id=%s">查看详细信息</a></td></tr>',
            $student[$i]['学号'],$student[$i]['姓名'],
            $_SERVER["PHP_SELF"], $student[$i]['学号']);
    }
    echo '</table>';
}else{
    for($n=0;$n<count($student);$n++){
        if($student[$n]['学号']==$_GET['id'])break;
    }
    echo '<table border="1" cellpadding="3" cellspacing="0" width="300">';
    printf('<caption>学生 %s 的详细信息</caption>',$student[$n]['姓名']);
    foreach($student[$n] as $key=>$value){
        printf('<tr><td>%s</td><td>%s</td></tr>',$key,$value);
    }
    echo '</table>';
    echo '<p style="margin-left:10em;">
        <input type="button" onclick="history.back();" value="返回"></p>';
}
?>
```

（4）在浏览器中运行该页，在"学生简明信息表"中单击"查看详细信息"链接，以查看所选学生的详细信息；单击"返回"按钮，可选择查看其他学生信息。

### 5.3.3 页面重定向

每当用户在页面中单击超链接或提交表单时，通常都会从当前页面跳转到另一个页面。除了由用户操作引起的页面跳转外，也可以将 PHP 代码与 HTML 标签或 JavaScript 客户端脚本结合起来，根据所需功能在适当的时机执行页面跳转，并将 URL 参数传递到目标页面。

#### 1. 使用 header()函数实现重定向

header()是 PHP 提供的一个 HTTP 函数，其语法如下：

```
void header(string $str[,bool $replace[,int $http_response_code]])
```

其中，参数 str 指定要发送的报头字符串；replace 指示该报头是否替换之前的报头，或添加第二个报头，默认值为 true，表示执行替换，如果设置为 false，则允许相同类型的多个报头；http_response_code 将 HTTP 响应代码强制为指定的值。

header()函数具有多种功能，重定向是其中最常用的一种功能。例如，下面的代码块将使浏览器重定向到 PHP 官方网站：

```php
<?php
Header("Location:http://www.php.net");
?>
```

若要延迟一段时间后执行重定向,可使用以下代码块来实现:

```php
<?php
header("Refresh:6;url=http://www.php.net");  //延迟 6s
?>
```

使用 header()执行重定向时,应注意以下几点。

- 在单词"Location"与冒号":"之间不能有空格,否则会出错。
- 在调用 header()函数之前不能有任何输出。
- 执行 header()之后,后续的 PHP 代码还会继续执行。若要在调用 header()函数之后退出当前脚本,则可使用 exit()函数。
- 若在一个页面上多次调用 header(),通常仅执行最后一个。

使用 header()函数还可以强制用户每次访问页面时获取最新资料,而不使用存在于客户端的缓存。代码如下:

```php
<?php
header("Expires:Mon,26 Jul 1970 05:00:00 GMT");
header("Last-Modified:".gmdate("D, d M Y H:i:s ")."GMT");
header("Cache-Control:no-cache,must-revalidate");
header("Pragma:no-cache");
?>
```

### 2. 使用客户端脚本实现重定向

在 JavaScript 客户端脚本代码中,将 document.location 或 location.href 属性设置为要转到的目标页面的 URL,均可实现不同页面之间的跳转。

若将 PHP 服务器端脚本与 JavaScript 客户端脚本结合起来,则可使用 PHP 变量动态地设置目标页面的 URL,以便根据设定的条件跳转到指定页面。

若要向目标页面传递参数,则可将名称/值对附加在 URL 后面。例如,在下面的客户端脚本中,将目标页面设置为 test.php,并向该页传递一个名为 name 的 URL 参数,其值来自 PHP 变量 username:

```html
<script type="text/javascript">
location.href="test.php?name=<?php echo $username; ?>";
</script>
```

若需要定时跳转功能,则可以通过调用 window.setTimeout()方法来实现。例如:

```html
<script type="text/javascript">
window.setTimeout('location.href="test.php"',6000);  //6000ms(6s)后跳转
</script>
```

### 3. 使用 HTML 标签实现重定向

在 HTML 语言中,通过在文档首部添加一个 meta 标签可以实现当前页面的刷新或跳转到另一页面,语法如下:

```html
<meta http-equiv="refresh" content="n;[url]">
```

其中,参数 n 指定当前页面停留的秒数;参数 url 指定要跳转的页面,若省略 url 参数,则设置为按指定的时间间隔自动刷新当前页面。

也可以利用 PHP 变量来设置参数 url 的值,以根据不同的条件跳转到不同的页面。

【例 5.9】在本例中创建一个 HTML 页面和一个 PHP 动态网页，分别模拟网站的登录页和首页，运行结果如图 5.35～图 5.37 所示。

图 5.35　在登录表单中填写信息　　图 5.36　登录失败　　图 5.37　登录成功

【设计步骤】

（1）在文件夹 ch05 中创建一个 HTML 页面并命名为 page5-09.html。

（2）将该页的文档标题设置为"网站登录"。

（3）在该页中插入一个表单，用属性检查器将其动作设置为 page5-09b.php。在表单中插入一个表格，在该表格中插入一个验证文本域、一个验证密码域、一个提交按钮和一个重置按钮，然后对验证表单构件的必需值文本进行设置。

（4）在文件夹 ch05 中创建一个 PHP 动态网页并命名为 page5-09.php。

（5）将该页的文档标题设置为"网站首页"。

（6）切换到代码视图，在文档声明<!DOCTYPE HTML>上方添加以下内容：

```php
<?php
$user=array("username"=>"admin","password"=>"123456");  //用数组保存用户名和密码
if(!count($_POST)){
    header("Location:page5-09.html");
    exit();
}elseif($_POST['username']!=$user['username']||$_POST['password']!=$user['password']){
?>
<script type="text/javascript">
    alert("用户名或密码错误，请重新登录。");
    location.href="page5-09.html";
</script>
<?php }else{ ?>
```

（7）在</body>标签上方添加以下内容：

```
<h3>网站首页</h3>
<p><?php echo $_POST['username']; ?>，欢迎你访问本网站！</p>
```

（8）在</html>标签下方添加以下 PHP 代码块：

```php
<?php } ?>
```

（9）在浏览器中对登录页和首页进行测试。

● 若未经登录而直接访问首页，则会被重定向至登录页。

● 若输入的用户名和密码与预设信息不匹配，则登录失败，此时会弹出一个警告框，单击"确定"按钮后被重定向至登录页。

● 若输入了正确的用户名和密码，则登录成功，可进入首页并看到欢迎信息。

## 5.4　会话管理

在 PHP 中，可以使用会话变量来保存客户端状态信息（通常是由用户提交的表单参数或

URL 参数），并使这些信息在用户访问的持续时间中对应用程序的所有页都可用。会话变量提供了一种机制，通过这种机制可以存储和访问用户信息，供 Web 应用程序使用。

### 5.4.1 会话概述

当在计算机上运行一个应用程序时，用户可以打开它，然后做一些更改，最后关闭它。这很像一次会话过程。在这种情况下，计算机知道用户是谁，知道用户何时启动应用程序，并在何时结束应用程序运行。但是，在 Internet 上却存在这样一个问题：服务器不知道用户是谁，也不知道用户做什么。这个问题是由于 HTTP 地址不能维持状态造成的。

实际上，HTTP 协议是无状态的协议，即 Web 服务器不跟踪链接到它们的浏览器，也不跟踪用户的各个页面请求。Web 服务器每次接收到 Web 页的请求，并向用户的浏览器发送相关页面后，Web 服务器都会"忘记"进行请求的浏览器和它发送出去的 Web 页面。当同一用户稍后请求另一个相关页面时，Web 服务器会发送该相关页面，而并不知道它发给该用户的上一页面是什么。

HTTP 的无状态本性使它成为一种简单而易于实现的协议，因此也使得越高级的 Web 应用程序（如个性化所生成的内容）越难实现。例如，为了给单个用户自定义站点内容，必须首先标志出该用户。许多 Web 站点使用某种用户名/密码登录形式来实现这个目的。如果需要显示多个自定义的页面，则需要一种跟踪登录用户的机制，因为多数用户将不能接受为站点的每一页都提供其用户名和密码。

为了能够创建复杂的 Web 应用程序和在所有站点页间存储用户提供的数据，多数应用程序服务器技术都包括对会话管理的支持。会话管理使 Web 应用程序能够在多个 HTTP 请求之间维护状态，使得用户对网页的请求在给定时间段内可视为同一交互会话的一部分。

会话变量存储着用户的会话生命周期信息。当用户第一次打开应用程序中的某一页面时，用户会话就此开始。当用户一段时间内不再打开该应用程序中的其他页面时，或者用户明确终止该会话时（通常是通过单击"注销"链接），会话即告结束。在会话存在期间，会话特定于单个用户，每个用户都有单独的会话。

会话变量用于存储 Web 应用程序中每个页面都能访问的信息。信息可以是多种多样的，如用户名、首选字体大小，或者是指示用户是否成功登录的标志以及访问权限等。会话变量的另一个常见用途是保存连续分数。例如，在网上测验中到目前为止用户答对的题数，或者到目前为止用户从电子商务网站目录中选择的商品。

会话变量还可以提供一种超时形式的安全机制，这种机制在用户账户长时间不活动的情况下，将终止该用户的会话。如果用户忘记从 Web 站点注销，这种机制还会释放服务器内存和处理资源。

会话变量只有在用户的浏览器配置为接收 Cookie 后才起作用。当首次初始化会话时，服务器创建一个唯一标志该用户的会话 ID 号，然后将包含该 ID 号的 Cookie 发送到用户的浏览器。会话 ID 既可以存储在客户端的一个 Cookie 中，也可以通过 URL 进行传递。在默认情况下，会话变量存储在服务器的文件系统中。当用户请求服务器上的另一页面时，服务器会读取浏览器中的 Cookie 以识别该用户，并检索存储在服务器内存中该用户的会话变量。

PHP 提供了一组会话管理方面的函数，通过这些函数可以在连续的多次请求中保存某些数据，从而可以构建更加个性化的应用程序并增加网站的吸引力。

### 5.4.2 创建会话变量

使用会话变量存储信息时，首先启动一个会话，然后将各种信息存储在会话变量中，这些信息可在随后的多次请求中使用。

若要在 PHP 中启动一个会话，则可以使用 session_start()函数，语法如下：

```
bool session_start(void)
```

session_start()创建一个会话或者基于一个会话 ID 恢复当前会话，该 ID 由一个请求（如 GET、POST 或一个 Cookie）传递。若会话已成功启动，则该函数返回 true，否则返回 false。

**注意**　如果正在使用基于 Cookie 的会话，则在调用 session_start()函数之前不能向浏览器输出任何内容。

除了 session_start()函数外，也可以通过修改 PHP 配置文件 php.ini 来启动对话，即把配置项 session.auto_start 设置为 1。这样，每当用户访问网站时就会自动启动一个会话。使用这种方法虽然比较简便，但也有一个缺点，即无法将对象保存到会话中。

所有会话变量均存储在预定义数组变量$_SESSION 中。若要将信息存储到会话变量中，则向该数组添加一个元素即可。

例如，在下面的语句中将用户通过表单提交的用户名保存到会话变量中。

```
<?php
$_SESSION["username"]=$_POST["username"];
?>
```

一旦将数据存储在会话变量中，即可通过预定义变量$_SESSION 检索该值并在 PHP 页面中使用。

使用一个会话变量的值前，可通过调用 session_is_registered()函数来检查它是否已经在会话中注册过，语法如下：

```
bool session_is_registered(string name)
```

其中，参数 name 表示要检查的全局变量的名称。如果具有该名称的全局变量已经在当前会话中注册，则 session_is_registered()函数返回 true。

例如，在下面的语句中首先检查会话变量是否存在，如果已存在，则使用其值，否则显示出错信息。

```
<?php
if(session_is_registered("username")){
  $username=$_SESSION["username"];
}else{
  echo "会话变量尚未注册！";
}
?>
```

在 Dreamweaver 中，会话变量也称为阶段变量。创建会话变量的操作如下所示。

（1）在 PHP 源代码中，创建一个会话变量并为其指定值。

（2）在【绑定】面板上单击加号按钮 ➕ 并选择【阶段变量】命令，如图 5.38 所示。

（3）在【阶段变量】对话框中，输入会话变量的名称，如图 5.39 所示。此名称应是在源代码中定义的会话变量名称。

（4）单击【确定】按钮，会话变量即会出现在绑定面板中，如图 5.40 所示。

  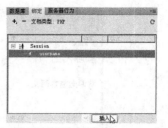

图 5.38　定义会话变量　　　　图 5.39　命名会话变量　　　　图 5.40　绑定面板中的会话变量

（5）定义一个会话变量后，就可以在页面中使用它的值。为此可在页面中单击希望放置会话变量的位置，在【绑定】面板中单击要使用的会话变量，然后单击【插入】按钮，或者直接把【绑定】面板中的会话变量拖到 PHP 页面中。

例如，若将一个名为 username 的会话变量添加到页面中，则会生成以下 PHP 代码块：

```php
<?php echo $_SESSION['username']; ?>
```

下面的 PHP 代码块可用于显示当前已注册的所有会话变量的名称和值：

```php
<?php
foreach($_SESSION as $name=>$value){
  echo "$name=$value<br>";
}
?>
```

## 5.4.3　注销会话变量

PHP 提供了以下函数，可用来注销会话变量或清除会话 ID。

（1）使用 session_unregister()函数从当前会话中注销一个会话变量，语法如下：

```php
bool session_unregister(string name)
```

其中，name 表示要注销的会话变量名称。若从会话中成功地注销该变量，则返回 true。

（2）使用 session_unset()函数从当前会话中注销所有会话变量，语法如下：

```php
void session_unset(void)
```

（3）使用 session_destroy()函数清除当前会话的会话 ID 并结束会话，语法如下：

```php
bool session_destroy(void)
```

如果清除成功则此函数返回 true，否则返回 false。

如果要结束当前会话，首先要使用 session_unset()函数从当前会话中注销所有会话变量，然后使用 session_destroy()函数清除当前会话的会话 ID。

【例 5.10】本例演示会话变量在网站登录中的应用。创建两个 PHP 动态网页，分别用于模拟网站的登录页面和首页。在登录页面中填写用户名和密码，并将这些信息保存在会话变量中；首页对未登录用户和已登录用户显示的内容有所不同。运行结果如图 5.41～5.44 所示。

图 5.41　登录失败时显示出错信息　　　　图 5.42　填写用户名和密码

图 5.43　登录成功时进入首页　　　图 5.44　注销后当前用户变成"游客"

【设计步骤】

（1）在文件夹 ch05 中创建一个 PHP 动态网页并命名为 page5-10a.php。

（2）将该页的文档标题设置为"网站登录"。

（3）在该页中插入一个表单，在该表单中插入一个表格，在该表格中插入一个 Spry 验证文本域、一个 Spry 验证密码构件、一个提交按钮和一个重置按钮。将验证构件包含的文本域分别命名为 username 和 password。对验证构件的必需值文本进行设置。

（4）切换到代码视图，在文档类型声明<!DOCTYPE HTML>上方添加以下 PHP 代码块：

```php
<?php
session_start();
//用数组存储用户信息，在实际开发中这些信息通常存储在数据库中
$user=array("username"=>"admin","password"=>"123456");
if(count($_POST)){
  if($_POST["username"]==$user["username"] && $_POST["password"]==$user["password"]){
    $_SESSION["username"]=$_POST["username"];
    header("Location:page5-10b.php");
  }else{
    $msg="<p><font color=red>用户名或密码错误，请重试。</font></p>";
  }
}
?>
```

（5）在提交按钮<input type="submit">标签上方添加以下 PHP 代码块：

```php
<?php if(isset($msg))echo $msg; ?>
```

（6）在文件夹 ch05 中创建一个 PHP 动态网页并命名为 page5-10b.php。

（7）将该页的文档标题设置为"网站首页"。

（8）切换到代码视图，在<body>标签下方添加以下内容：

```html
<div>
当前用户：<?php echo $username; ?>  
<a href="page5-10a.php">登录</a>
<?php if(isset($_SESSION["username"])){ ?>
  <a href="page5-10b.php?action=logout">注销</a>
<?php } ?>
</div>
<br>
<h2>欢迎光临本网站！</h2>
```

（9）在文档类型声明<!DOCTYPE HTML>上方添加以下 PHP 代码块：

```php
<?php
session_start();
if(isset($_GET["action"]) && $_GET["action"]=="logout"){
  session_unset();
```

```
    session_destroy();
    header("Location:".$_SERVER["PHP_SELF"]);
    exit();
}
if(!isset($_SESSION["username"])){
    $username="游客";
}else{
    $username=$_SESSION["username"];
}
?>
```

（10）在浏览器中对登录页面和首页进行测试。

● 若未经登录直接访问首页，则可看到当前用户身份为"游客"，且只能看到"登录"链接，看不到"注销"链接。

● 在登录页面中填写用户名和密码，若这些信息与预设信息匹配，则登录成功并进入首页，否则显示出错信息并继续停留在登录页面。

● 登录成功并进入首页后，可看到该页面上显示的当前用户名、"登录"链接及"注销"链接。若单击"注销"链接，则当前用户身份变为"游客"。

## 5.5　Cookie 应用

Cookie 是一种在客户端浏览器储存数据并以此来跟踪和识别用户的机制，它提供了一种在 Web 应用程序中存储用户特定信息的方法。当用户访问网站时，可以使用 Cookie 存储用户首选项或其他信息。当该用户再次访问网站时，应用程序便可以检索以前存储的信息。

### 5.5.1　Cookie 概述

Cookie 是一小段文本信息，随着用户请求和页面一起在 Web 服务器与浏览器之间传递。Cookie 包含每次用户访问网站时 Web 应用程序读取的信息。如果在用户请求页面时应用程序不仅发送给该用户一个页面，还包含一个日期和时间的 Cookie，那么用户的浏览器在获得页面的同时也获得了该 Cookie，并将它存储在用户硬盘上的某个文件夹中。如果该用户以后再次请求该网站中的页面，当该用户输入 URL 时，浏览器便会在本地硬盘中查找与该 URL 关联的 Cookie。如果该 Cookie 存在，浏览器便将该 Cookie 与页面请求一起发送到网站。

使用 Cookie 有以下几个优点。

● 可以配置到期规则，Cookie 既可以在浏览器会话结束时到期，也可以在客户端计算机上无限期存在，这取决于客户端的到期规则。

● 不需要任何服务器资源，Cookie 存储在客户端并在发送后由服务器读取。

● Cookie 是一种基于文本的轻量结构，包含简单的键-值对。

● 虽然客户端计算机上 Cookie 的持续时间取决于客户端上的 Cookie 过期处理和用户干预，但 Cookie 通常是客户端上持续时间最长的数据保留形式。

使用 Cookie 有以下几个缺点。

● 大多数浏览器对 Cookie 的大小有 4 096 字节的限制。

● 有些用户禁用了浏览器接收 Cookie 的能力，因此限制了这个功能的应用。

- 用户有可能会操纵其计算机上的 Cookie，这意味着会对安全性造成潜在风险，或者导致依赖于 Cookie 的应用程序运行失败。

### 5.5.2　设置 Cookie

在 PHP 中，使用 setcookie()函数可以向客户端发送一个 Cookie 信息，语法如下：

```
bool setcookie(string name[,string value[,int expire[,
string path[,string domain[,bool secure]]]]])
```

其中，参数 name 表示 Cookie 的名称；value 表示 Cookie 的值，此值保存在客户端，不要用来保存敏感数据。

expire 表示 Cookie 过期的时间。通常用 time()函数加上秒数来设定 Cookie 的失效期。例如，time()+60*60*24*30 将设定 Cookie 在 30 天后失效。也可以用 mktime()函数来设置失效期，此函数根据所给参数返回一个 UNIX 时间戳。例如，mktime(10, 30, 22, 3, 25, 2012)将设置指定的失效日期和时间，若未设定，Cookie 将在会话结束后（一般是浏览器关闭）失效。

path 表示 Cookie 在服务器端的有效路径。若将该参数设置为"/"，则 Cookie 在整个 domain 内有效，若设置为"/foo/"，则 Cookie 只在 domain 下的/foo/目录及其子目录内有效，如/foo/bar/，默认值为设定 Cookie 的当前目录。

domain 表示该 Cookie 有效的域名。若要使 Cookie 能够在 example.com 域名下的所有子域都有效，则应将该参数设置为".example.com"。若将该参数设置为 www.example.com，则只在 www 子域内有效。

secure 指明 Cookie 是否仅通过安全的 HTTPS 连接传送，当设置为 true 时，Cookie 仅在安全的连接中被设置，默认值为 false。

在上述参数中，除了参数 name 外，其他所有参数都是可选的。编程时，可以用空字符串（""）替换某参数以跳过该参数。由于参数 expire 是整型的，所示不能用空字符串代替，但可以用零（0）来代替。

Cookie 是 HTTP 标头的一部分，setcookie()函数定义一个与其他 HTTP 标头一起发送的 Cookie。与其他标头一样，Cookie 必须在脚本的任何其他输出之前发送，这是协议限制。因此，需要将本函数的调用放到任何输出之前，包括<html>和<head>标签及空格。如果在调用 setcookie()之前有其他输出，则该函数将失败并返回 false。如果 setcookie()函数成功运行，将返回 true，但这并不能说明用户是否接受了 Cookie。

使用 Cookie 编程时，应注意以下几点。

- Cookies 不会在设置它的页面上生效，若要测试一个 Cookie 是否被成功设定，可以在其到期之前通过另外一个页面来访问其值。过期时间是通过参数 expire 来设置的。可以使用 print_r($_COOKIE)来调试现有的 Cookies。
- Cookie 必须使用与设定时相同的参数才能删除。如果 value 参数值是一个空字符串或 false，expire 参数值为 time()函数值加上或减去某个正整数，且其他参数值均与前一次调用 setcookie()函数时相同，则指定名称的 Cookie 将会在客户端计算机上被删除。
- 由于把 Cookie 的值设置为 false 时会使客户端尝试删除此 Cookie，所示要在 Cookie 上保存 true 或 false 时不应直接使用布尔值，而是用 0 表示 false，用 1 表示 true。
- 可将 Cookie 的名称设置成一个数组，但是数组 Cookie 中的每个元素的值都会被单独保存在客户端的计算机中。可使用 explode()函数通过多个名称和值设定一个 Cookie。

下面的 PHP 代码块用于演示 setcookie() 函数的用法。

```php
<?php
$value="something from somewhere";
setcookie("TestCookie",$value);
setcookie("TestCookie",$value,time()+3600);
setcookie("TestCookie",$value,time()+3600,"/~rasmus/",".example.com",1);
?>
```

下面的 PHP 代码块使用数组形式向客户端发送三个 Cookie。

```php
<?php
setcookie("cookie[three]","cookiethree");
setcookie("cookie[two]","cookietwo");
setcookie("cookie[one]","cookieone");
?>
```

### 5.5.3　读取 Cookie

在一个页面上设置 Cookie 后，便可以在其他页面通过预定义数组 $_COOKIE 读取其值。此外，Cookie 的值也会被保存到 $_REQUEST 数组中。

例如，下面的代码用于显示名为 TestCookie 的 Cookie 变量值：

```php
<?php echo $_COOKIE["TestCookie"]; ?>
```

假如 MyCookie 是一个 Cookie 数组，则可以使用 foreach 语句来显示每个 Cookie 变量的名称和值，代码如下：

```php
<?php
foreach($_COOKIE["MyCookie"] as $name=>$value){
  echo "$name:$value<br>";
}
?>
```

在 PHP 源代码中设置 Cookie 信息后，即可使用 Dreamweaver 检索变量值并将其应用于 PHP 页面。在 Dreamweaver 中，可通过以下操作来定义一个 Cookie 变量。

（1）在 PHP 源代码中，设置并发送 Cookie 信息。

（2）在【绑定】面板上单击加号按钮 + 并选择【Cookie 变量】，如图 5.45 所示。

（3）在【Cookie 变量】对话框中输入 Cookie 变量名称，如图 5.46 所示。此名称应与源代码中定义的 Cookie 变量名称一致。

（4）单击【确定】按钮，Cookie 变量就会出现在【绑定】面板中，如图 5.47 所示。

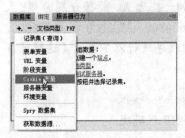

图 5.45　添加 Cookie 变量

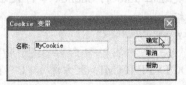

图 5.46　命名 Cookie 变量

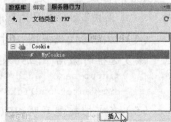

图 5.47　绑定面板中的 Cookie 变量

（5）定义 Cookie 变量后，即可在页面中使用其值，因此可在绑定面板中选择 Cookie 变量，然后单击"插入"按钮，或者将该 Cookie 变量直接拖到 PHP 页面中。

【例5.11】本例演示 Cookie 变量在网站登录中的应用。创建两个 PHP 动态网页，分别用于模拟网站的登录页面和首页。在登录表单中填写用户名和密码，并将这些信息存储在 Cookie 变量中；根据需要还可以选择自动登录并指定 Cookie 的有效时间。运行结果如图 5.48～图 5.51 所示。

图 5.48　未选择自动登录　　　　　　图 5.49　选择 1 周内自动登录

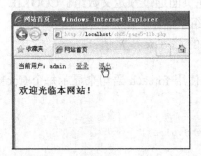

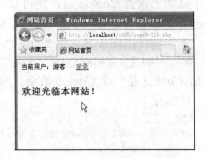

图 5.50　（自动）登录成功之后　　　　图 5.51　未经登录或退出登录之后

【设计步骤】

（1）在文件夹 ch05 中创建一个 PHP 动态网页并命名为 page5-11a.php。

（2）将该页的文档标题设置为"网站登录"。

（3）在该页中插入一个表单，在该表单中插入一个表格，在该表格中插入一个 Spry 验证文本域、一个 Spry 验证密码构件、一个复选框、一个下拉列表框、一个提交按钮和一个重置按钮。将验证构件包含的文本域分别命名为 username 和 password。对验证构件的必需值文本进行设置，将复选框和下拉列表框分别命名为 auto 和 expire。用标签检查器将下拉列表框的 disabled 属性设置为"是"（禁用状态）。在下拉列表框中添加一些选项，标签分别为"1 天内"、"1 周内"、"1 月内"和"1 年内"，值分别为 86400、604800、2592000 和 31536000。

（4）切换到代码视图，对复选框 auto 的 onclick 事件处理程序进行以下设置（这样可在选中该复选框时激活下拉列表框）：

```
<input name="auto" type="checkbox"
id="auto" onClick="this.form.expire.disabled=!this.checked">
```

（5）在文档类型声明<!DOCTYPE HTML>上方添加以下 PHP 代码块：

```
<?php
$user=array("username"=>"admin","password"=>"123456");
if(count($_POST)){
  if($_POST["username"]==$user["username"] && $_POST["password"]==$user["password"]){
    $username=$_POST["username"];
    if(isset($_POST["auto"])){
```

```
            $expire=time()+(int)$_POST["expire"];
            setcookie("username",$username,$expire);
        }else{
            setcookie("username",$username);
        }
        header("Location:page5-11b.php");
    }else{
        $msg="<p><font color=red>用户名或密码错误，请重试。</font></p>";
    }
}
?>
```

（6）在提交按钮<input type="submit">标签上方添加以下 PHP 代码块：

```
<?php if(isset($msg))echo $msg; ?>
```

（7）在文件夹 ch05 中创建一个 PHP 动态网页并命名为 page5-11b.php。

（8）将该页的文档标题设置为"网站首页"。

（9）在文档声明<!DOCTYPE HTML>上方添加以下 PHP 代码块：

```
<?php
if(isset($_GET["action"]) && $_GET["action"]=="exit"){
    setcookie("username",false,time()-3600);
    header("Location:".$_SERVER['PHP_SELF']);
    exit();
}
if(isset($_COOKIE["username"])){
    $username=$_COOKIE["username"];
}else{
    $username="游客";
}
?>
```

（10）在<body>标签下方添加以下内容：

```
<div>
当前用户: <?php echo $username; ?>  
<a href="page5-11a.php">登录</a>
<?php if(isset($_COOKIE["username"])){ ?>
  <a href="page5-11b.php?action=exit">退出</a>
<?php } ?>
</div>
<br>
<h2>欢迎光临本网站! </h2>
```

（11）在浏览器中对网站的登录页面 page5-11a.php 和首页 page5-11b.php 进行测试。

● 打开 page5-11a.php，填写正确的用户名和密码，但不选择"自动登录"复选框，单击"提交"按钮后登录成功并进入首页 page5-11b.php，然后关闭浏览器。

● 再次打开 page5-11b.php，此时看到登录身份为"游客"。单击"登录"链接进入登录页，填写正确的用户名和密码，选中"自动登录"复选框并选择一个有效期，单击"提交"按钮进入首页，此时显示的当前用户名为 admin，关闭浏览器。

● 再次打开 page5-11b.php，此时看到显示的当前用户名仍为 admin，这是从 Cookie 变量中读取到的信息。若单击"注销"链接，则登录身份变成"游客"。

● 再次打开 page5-11b.php，此时看到登录身份为"游客"，说明先前所设置的 Cookie 变量已被删除。

## 习题 5

**一、填空题**

1. 在<form>标签中，_____属性指定将表单脚本传输到服务器的方法，_____属性指定将要接收表单数据的页面或脚本。

2. 如果要用若干个单选按钮构成一个单选按钮组，则应将这些单选按钮的_____属性设置为相同的值。

3. 使用 GET 方法提交表单时，可通过预定义数组_____获取表单变量；使用 POST 方法提交表单时，可通过预定义数组_____获取表单变量。

4. Spry 构件是一组用标准_____、_____和_____编写的可重用构件。

5. 当在已保存的页面中插入 Spry 构件时，Dreamweaver 会在当前站点中创建一个_____文件夹，并将相关支持文件保存到其中。

6. 若要在 PHP 中快速获取一组复选框的值，可将这些复选框命名为相同的名称并以_____结尾。

7. 使用 Spry 验证文本区域可为文本区域添加一个计数器，用于显示_____或_____。

8. 对用户输入的密码进行验证时，需要同时用到 Spry 验证_____构件和 Spry 验证_____构件。

9. URL 变量以_____开始。若有多个 URL 参数，则参数之间用_____符号隔开。

**二、选择题**

1. 若要在未命名的新窗口中打开目标文档，则可将表单的 target 属性设置为（　　　）

A. _blank  　　　　　　　　　B. _parent

C. _self  　　　　　　　　　　D. _top

2. 若要创建一个提交按钮，则应将<input>标签的 type 属性设置为（　　　）。

A. button  　　　　　　　　　B. reset

C. submit  　　　　　　　　　D. image

3. 若要创建一个文本域钮，则应将<input>标签的 type 属性设置为（　　　）。

A. text  　　　　　　　　　　B. checkbox

C. radio  　　　　　　　　　　D. file

4. 若要对用户输入的电子邮件地址进行验证，则可在表单中添加（　　　）。

A. Spry 验证选择构件  　　　　B. Spry 验证文本区域

C. Spry 验证文本域  　　　　　D. Spry 验证确认构件

**三、简答题**

1. Dreamweaver CS 5.5 提供了哪些 Spry 表单验证构件？

2. Spry 验证文本域构件有哪些状态？若要验证用户输入的日期是否有效，则应如何设置该构件的属性？

3. 生成 URL 参数有哪些方法？在 PHP 中应如何读取 URL 参数？

4. 在不同页面之间跳转有哪些方法？

5. 在 PHP 中，如何启动一个会话？如何用会话变量存储信息？

6. 在 PHP 中，如何注销当前会话中的所有会话变量？如何结束一个会话？

7. 什么是 Cookie？它有什么优点和缺点？

9. 在 PHP 中，如何删除一个 Cookie？

## 上机实验 5

1. 创建一个用于填写用户资料的表单，要求表单内包含文本框、单选按钮、复选框、下拉列表框及文本区域，并在提交表单后通过表格显示所提交的信息。

2. 创建一个用于填写用户资料的表单，要求使用 Spry 验证文本域对用户输入的日期、电子邮件地址及 Internet 网址信息进行验证。

3. 使用 Spry 验证文本域和 Spry 验证文本区域制作的简易留言板，要求提供对文本区域计数器功能。

4. 使用 Spry 验证密码构件和 Spry 验证确认构件制作一个新用户注册表单，要求设置密码强度规则并对输入的密码进行确认。

5. 使用 Spry 验证复选框构件制作一个简易的选课系统，要求最少选三门课程，最多选择五门课程。

6. 使用 Spry 验证选择构件制作一个导航菜单，要求对构件的必需值和无效状态进行设置。

7. 创建一个学生简明信息表，要求将学生信息存储在数组中，在表格中单击"查看详细信息"链接时应能显示所选学生的详细信息。

8. 创建两个 PHP 动态网页，分别用于模拟网站的登录页面和首页。在登录页面中填写用户名和密码，并将这些信息保存在会话变量中；首页对已登录用户显示"登录"链接、"注销"链接和用户名，对未登录用户仅显示"登录"链接，用户名为"游客"。

9. 创建两个 PHP 动态网页，分别用于模拟网站的登录页面和首页。在登录表单中填写用户名和密码，并将这些信息存储在 Cookie 变量中；根据需要还可以选择自动登录并指定 Cookie 的有效时间。

# 第 6 章　PHP 文件处理

文件处理是 PHP 编程的重要内容之一。PHP 提供了丰富的文件系统处理函数，可用于对文件和目录进行各种操作，包括将数据保存到文件中，从文件中读取数据，向文件中添加新数据或者修改已有数据，以及获取从客户端上传的文件并进行相关处理等。本章将讲述如何通过 PHP 实现文件操作、目录操作及上传文件。

## 6.1　文件操作

在 PHP 中处理文件时经常用到一些基本操作，如检查文件是否存在、打开和关闭文件、读/写文件、对文件进行重命名、复制文件及删除文件等。

### 6.1.1　打开和关闭文件

在打开某个文件之前，可通过调用函数 file_exists()来检查该文件是否存在，语法如下：

```
bool file_exists(string $filename)
```

其中，filename 表示要检查的文件或目录的路径。若由 filename 指定的文件或目录存在，则返回 true，否则返回 false。

使用 is_file()函数可判断指定文件名是否为一个正常文件，语法如下：

```
bool is_file(string $filename)
```

如果 filename 指定的文件存在且为正常文件，则返回 true。

对文件执行操作之前，需要先打开该文件。在 PHP 中，可以使用函数 fopen()打开一个文件或 URL，语法如下：

```
resource fopen(string $filename,string $mode[,bool $use_include_path[,resource $context]])
```

其中，filename 表示要打开的文件名或 URL，在 Windows 平台上需要转义文件路径中的每个反斜线（\\）或斜线（/）；mode 表示打开文件的方式，该参数的值在表 6.1 中列出；最后两个参数均为可选参数。

表 6.1　mode 参数的值

| 参 数 值 | 说　　明 |
| --- | --- |
| r | 以只读方式打开文件，并将文件指针指向文件头 |
| r+ | 以读/写方式打开文件，并将文件指针指向文件头 |
| w | 以写入方式打开文件，并将文件指针指向文件头，将文件大小截为零。若文件不存在，则尝试创建 |
| w+ | 以读/写方式打开文件，并将文件指针指向文件头，将文件大小截为零。若文件不存在，则尝试创建 |
| a | 以写入方式打开文件，并将文件指针指向文件末尾。若文件不存在，则尝试创建 |
| a+ | 以读/写方式打开文件，并将文件指针指向文件末尾。若文件不存在，则尝试创建 |

| 参 数 值 | 说　　明 |
|---|---|
| x | 创建并以写入方式打开文件，并将文件指针指向文件头。若文件已存在，则 fopen()调用失败并返回 false，生成一条 E_WARNING 级别的错误信息；若文件不存在，则尝试创建 |
| x+ | 创建并以读/写方式打开文件，并将文件指针指向文件头。若文件已存在，则 fopen()调用失败并返回 false，生成一条 E_WARNING 级别的错误信息；若文件不存在，则尝试创建 |

　　fopen()函数将 filename 指定的名字资源绑定到一个流上。若 filename 为 "scheme://..." 格式，则被当成一个 URL，PHP 将搜索协议处理器（也称为封装协议）来处理此模式。若该协议尚未注册封装协议，则 PHP 将发出一条消息来帮助检查脚本中潜在的问题，并将 filename 当成一个普通的文件名继续执行下去。若要在 include_path 选项设置的路径中查找文件，则可将参数 use_include_path 设置为 1 或 true。

　　如果打开文件成功，则 fopen()函数返回已经打开文件的指针，否则返回 false。

　　对于已经打开的文件，可对它进行所需操作。在完成这些操作之后，还应该使用 fclose() 函数将其关闭，语法格式如下：

```
bool fclose(resource $handle)
```

　　其中，handle 是通过 fopen()成功打开的文件指针，该文件指针必须是有效的。此函数将 handle 指向的文件关闭。若关闭文件成功则返回 true，否则返回 false。

　　下面的 PHP 代码块演示了上述三个函数的用法。

```php
<?php
$filename="/home/rasmus/file.txt";
if(file_exists($filename)){                  //检查文件存在性
   if($handle=fopen($filename,"r")){;        //打开文件并检查文件指针
      //对文件进行操作
      fclose($handle);                       //关闭文件
   }
}
?>
```

## 6.1.2　写入文件

　　打开一个文件后，就可以将字符串数据写入该文件。下面介绍一些与文件写入操作相关的 PHP 函数。

　　（1）使用 is_writable()函数判断指定文件是否可写，语法如下：

```
bool is_writable(string $filename)
```

　　其中，filename 是一个允许进行可写检查的文件名。如果文件存在并且可写，则返回 true。

　　（2）使用 fwrite()函数将一个字符串写入文件，语法如下：

```
int fwrite(resource $handle,string $str[,int $length])
```

　　其中，handle 指定要写入的文件，是通过 fopen()函数成功打开的文件指针；str 给出要写入的字符串；length 指定要写入的字节数。

　　fwrite()函数将 str 的内容写入文件指针 handle 处。若指定了 length，则写入 length 个字节或写完 str 以后，写入就会停止。fwrite()函数返回写入的字符数，若出现错误则返回 false。

　　（3）使用 vfprintf()函数将格式化字符串写入文件，语法如下：

```
int vfprintf(resource $handle,string $format,array $args)
```

　　其中，handle 指定要写入的文件，是通过 fopen()成功打开的文件指针；format 给出格式

化字符串，参见 sprintf()函数；args 是一个数组，给出根据 format 格式化后的字符串。vfprintf()
函数返回输出字符串的长度。

（4）使用 file_put_contents()函数将一个字符串写入文件，语法如下：

```
int file_put_contents(string $filename,string $data[,int $flags[,resource $context]])
```

其中，filename 指定要写入数据的文件名；data 给出要写入的数据，其类型可以是 string、
array 或 stream 资源；flags 可以是 FILE_USE_INCLUDE_PATH、FILE_APPEND 或 LOCK_EX
（获得一个独占锁定）；context 表示一个 context 资源。

file_put_contents()函数将返回写入文件内的数据的字节数。调用 file_put_contents()函数，
与依次调用 fopen()、fwrite()及 fclose()功能相同。

【例 6.1】本例说明如何将数据写入文件。在页面中单击【生成文件并查看内容】按钮，
并在浏览器中显示新文件的内容，如图 6.1 和图 6.2 所示。

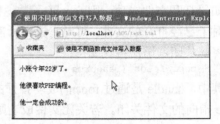

图 6.1　单击按钮　　　　　　　　　图 6.2　查看新文件的内容

【设计步骤】

（1）在 Dreamweaver 中打开 PHP 站点，在站点根目录下创建一个文件夹并命名为 ch06。

（2）在文件夹 ch06 中创建一个 PHP 动态网页并命名为 page6-01.php。

（3）将该页面的文档标题设置为"文件写入操作示例"。

（4）在该页面中插入一个表单，在该表单中插入一个按钮。

（5）切换到代码视图，然后在文档声明<!DOCTYPE HTML>上方添加以下 PHP 代码块：

```php
<?php
if(count($_POST)){
  $filename="test.html";
  if($handle=fopen($filename,"w")){
    fwrite($handle,"<title>使用不同函数向文件写入数据</title>");
    $data=array("name"=>"小张","age"=>22);
    vfprintf($handle,"<p>%s 今年%d 岁了。</p>",$data);
    fclose($handle);
  }
  $line1="<p>他很喜欢 PHP 编程。</p>";
  $line2="<p>他一定会成功的。</p>";
  file_put_contents($filename,array($line1,$line2),FILE_APPEND);
  header("Location:".$filename);
}
?>
```

## 6.1.3　读取文件

PHP 提供了许多用于读取文件内容的函数，可根据不同情况选择。下面介绍一些与文件
读取操作相关的函数。

（1）使用 is_readable()函数判断指定文件名是否可读，语法如下：

```
bool is_readable(string $filename)
```

如果由 filename 指定的文件或目录存在并且可读，则返回 true。

（2）使用 fgetc()函数从文件中读取字符，语法如下：

```
string fgetc(resource $handle)
```

其中，handle 指定要读取的文件，必须指向由 fopen()函数成功打开的文件。

fgetc()函数返回一个字符串，其中包含一个从 handle 指向的文件中得到的字符。若遇到文件结束时，则返回 false。

（3）使用 fgetcsv()函数从文件中读入一行并解析 CSV 字段，语法如下：

```
array fgetcsv(int $handle[,int $length[,string $delimiter[,string $enclosure]]])
```

其中，handle 为一个由 fopen()函数产生的有效文件指针，指定要读取的文件；length 指定要读取的长度，必须大于 CVS 文件内最长的一行，若忽略该参数，则长度没有限制；delimiter 设置字段分隔符（只允许一个字符），默认值为逗号；enclosure 设置字段环绕符（只允许一个字符），默认值为双引号。

fgetcsv()函数解析读入的行并找出 CSV 格式的字段，然后返回包含这些字段的一个数组。如果 fgetcsv()函数出错或遇到文件结束，则返回 false。

（4）使用 fgets()函数从文件中读取一行，语法如下：

```
string fgets(int $handle[,int $length])
```

其中，handle 指定要读取的文件；length 指定要读取的长度。

fgets()函数从 handle 指向的文件中读取一行并返回长度最多为 length-1 字节的字符串。遇到换行符（包括在返回值中）、EOF 或者已经读取了 length-1 字节后停止。如果没有指定 length，则默认为 1 024 字节，出错时返回 false。

（5）使用 fgetss()函数从文件中读取一行并过滤掉 HTML 标签，语法如下：

```
string fgetss(resource $handle[,int $length[,string $allowable_tags]])
```

fgetss()函数的功能与 fgets()函数类似，不同点是，fgetss()函数尝试从读取的文本中删除任何 HTML 和 PHP 标签，可以使用可选的第三个参数指定哪些标签不被去掉。

（6）使用 file()函数将整个文件读入一个数组中，语法如下：

```
array file(string $filename[,int $use_include_path[,resource $context]])
```

其中，filename 指定要读取的文件名；其他两个参数均为可选的。若要在 include_path 中查找文件，则可将参数 use_include_path 设为 1。

file()函数将指定文件的内容作为一个数组返回。数组中的每个元素都是文件中相应的一行，包括换行符在内。如果失败，则返回 false。

（7）使用 file_get_contents()函数将整个文件读入一个字符串，语法如下：

```
string file_get_contents(string $filename[,bool $use_include_path
    [,resource $context[,int $offset[,int $maxlen]]]])
```

其中，filename 指定要读取的文件名；offset 指定从何处开始读取；maxlen 指定读取的最大长度。

file_get_contents()函数将在 offset 所指定的位置开始读取长度为 maxlen 的内容。如果失败，则返回 false。file_get_contents()函数是用来将文件的内容读入一个字符串的首选方法。

（8）使用 fread()函数读取文件（可用于二进制文件），语法如下：

```
string fread(int $handle,int $length)
```

其中，handle 是指向待读取文件的指针；length 指定要读取的字节数。

fread()函数从文件指针 handle 中读取最多 length 个字节。该函数在读取完最多 length 字节数或者到达文件结束时，以及当一个包可用（对于网络流）或者在打开用户空间流之后已读取了 8 192 字节时就会停止读取文件。fread()函数返回所读取的字符串，如果出错则返回 false。

（9）使用 fscanf()函数从文件中格式化输入，语法如下：

```
mixed fscanf(resource $handle,string $format[,mixed &$...])
```

其中，handle 是指向待读取文件的指针；format 是格式化字符串，可选参数必须用引用传递。

fscanf()函数从 handle 指向的文件中接收输入，并根据指定的 format 解释输入。如果只给此函数传递了两个参数，解析后的值会作为数组返回；如果还提供了其他可选参数，则此函数将返回被赋值的数目。

【例 6.2】利用文本文件制作一个页面计数器；当在页面中单击【查看源代码】按钮时，将显示当前页内容并加上行号，如图 6.3 和图 6.4 所示。

图 6.3　新加载后的页面内容　　　　　　图 6.4　查看当前页面的内容

【设计步骤】

（1）在文件夹 ch06 中创建一个 PHP 动态网页并命名为 page6-02.php。

（2）将该页面的文档标题设置为"文件读取操作示例"。

（3）在该页面中插入一个表单，在该表单中插入一个按钮。

（4）切换到代码视图，在文档声明<!DOCTYPE HTML>上方添加以下 PHP 代码块：

```php
<?php
$filename="counter.txt";
if(!file_exists($filename)){
    $count=1;
    file_put_contents($filename,$count);
}else{
    $count=file_get_contents($filename);
    file_put_contents($filename,++$count);
}
?>
```

（5）在<form>标签下方添加以下内容：

```
<p>本页面已被浏览 <strong><?php echo $count; ?></strong> 次。</p>
```

（6）在</body>标签下方添加以下 PHP 代码块：

```php
<?php
if(count($_POST)){
```

```
$filename=$_SERVER["SCRIPT_FILENAME"];
$content=file($filename);
echo "<ol>";
foreach($content as $line){
    $search=array(" ","<",">","\t");
    $replace=array(" ","&lt;","&gt;","   ");
    $line=str_replace($search,$replace,$line);    //替换一些字符
    echo "<li>  ".nl2br($line);
}
echo "</ol>";
}
?>
```

### 6.1.4　文件定位

在读/写文件时，经常需要设置或检测文件指针的位置。在 PHP 中，可以使用以下几个函数来移动或检测文件指针的位置。

（1）使用 fseek()函数在文件中定位文件指针，语法如下：

```
int fseek(resource $handle,int $offset[,int $whence])
```

此函数在 handle 指定的文件中设定文件指针位置。新位置从文件头开始以字节数进行计算，在 whence 指定的位置加上 offset。参数 whence 有以下取值：

- **SEEK_SET**：设定位置等于 offset 字节。若未指定参数 whence，则默认为 SEEK_SET。
- **SEEK_CUR**：设定位置为当前位置加上 offset。
- **SEEK_END**：设定位置为文件尾（EOF）加上 offset。若要移动到 EOF 之前的位置，则可给 offset 传递一个负值。

若定位文件指针成功，则 fseek()函数返回 0，否则返回 -1。移动到 EOF 之后不算错误。

（2）使用 rewind()函数将文件指针设置到文件开头，语法如下：

```
bool rewind(resource $handle)
```

此函数将 handle 指定的文件位置指针设为文件流的开头。如果成功则返回 true，失败则返回 false。文件指针必须合法，并且指向由 fopen()函数成功打开的文件。

**注意**　如果以附加（"a"或者"a+"）模式打开文件，则写入文件的任何数据总会被附加在后面，而不管文件指针的位置。

（3）使用 ftell()函数返回文件指针读/写的位置，语法如下：

```
int ftell(resource $handle)
```

此函数返回由 handle 指定的文件指针的位置，也就是文件流中的偏移量。如果出错，则返回 false。文件指针必须是有效的，并且必须指向一个通过 fopen()函数成功打开的文件。若使用附加模式（附加参数"a"）打开文件，则 ftell()函数会返回未定义错误。

（4）使用 feof()函数测试文件指针是否到了文件结束的位置，语法如下：

```
bool feof(resource $handle)
```

如果文件指针到了 EOF 或者出错则返回 true，否则返回一个错误（包括 socket 超时），在其他情况下返回 false。文件指针必须是有效的，必须指向一个由 fopen()函数成功打开的文件。

【例 6.3】本例说明如何通过移动文件指针在文件中读取所需字符，结果如图 6.5 所示。

【设计步骤】

（1）在文件夹 ch06 中创建一个 PHP 动态网页并命名为 page6-03.php。

（2）将该页面的文档标题设置为"文件定位操作示例"。

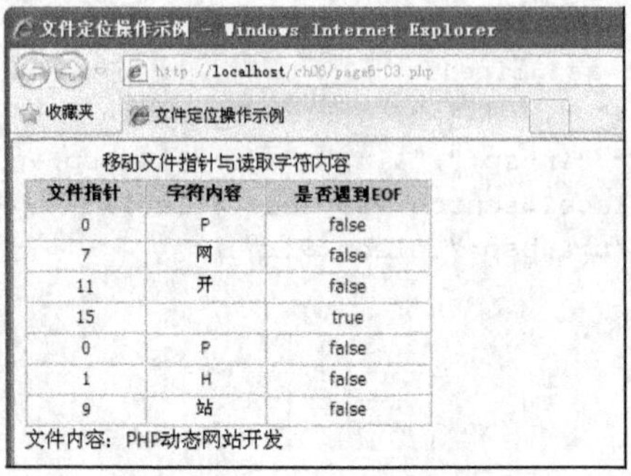

**图 6.5　文件定位操作示例**

（3）在<body>标签下方添加以下 PHP 代码块：

```php
<?php
function putch($pos,$str,$eof){
printf("<tralign=center><td>%d</td><td>%s</td><td>%s</td></tr>",$pos,$str,$eof);
}
$filename="test.txt";
file_put_contents($filename,"PHP 动态网站开发");
if($fp=fopen($filename,"r")){
   echo "<table border=1 cellspacing=0 width=300>";
   echo "<caption>移动文件指针与读取字符内容</caption>";
   echo "<tr bgcolor=#CCCCCC><th> 文件指针 </th><th> 字符内容 </th><th> 是否遇到
EOF</th></tr>";
   putch(ftell($fp),fgetc($fp),feof($fp)?"true":"false");
   fseek($fp,6,SEEK_CUR);
   putch(ftell($fp),fgetc($fp).fgetc($fp),feof($fp)?"true":"false");
   fseek($fp,2,SEEK_CUR);
   putch(ftell($fp),fgetc($fp).fgetc($fp),feof($fp)?"true":"false");
   fseek($fp,2,SEEK_CUR);
   putch(ftell($fp),fgetc($fp).fgetc($fp),feof($fp)?"true":"false");
   rewind($fp);
   putch(ftell($fp),fgetc($fp),feof($fp)?"true":"false");
   putch(ftell($fp),fgetc($fp),feof($fp)?"true":"false");
   fseek($fp,-6,SEEK_END);
   putch(ftell($fp),fgetc($fp).fgetc($fp),feof($fp)?"true":"false");
   echo "</table>";
   fclose($fp);
}
printf("文件内容：%s",file_get_contents($filename));
?>
```

由于英文字母和汉字在文件中分别占用 1 字节和 2 字节，所示在上述代码中通过调用一次 fgetc() 函数来读取一个英文字母，通过连续调用两次 fgets() 函数来读取一个汉字。

## 6.1.5　检查文件属性

在 PHP 中，可以通过以下函数来获取文件的各种属性。

（1）使用 fileatime() 函数取得文件的上次访问时间，语法如下：

```
int fileatime(string $filename)
```

其中，filename 指定文件名。此函数返回文件上次被访问的时间，如果出错则返回 false。时间以 UNIX 时间戳的方式返回，可用于 date()函数。

（2）使用 filectime()函数取得文件的创建时间，语法如下：

```
int filectime(string $filename)
```

其中，filename 指定文件名。此函数返回文件的创建时间，如果出错，则返回 false。时间以 UNIX 时间戳的方式返回，可用于 date()函数。

（3）使用 filemtime()函数取得文件的修改时间，语法如下：

```
int filemtime(string $filename)
```

其中，filename 指定文件名。此函数返回文件上次被修改的时间，出错时返回 false。时间以 UNIX 时间戳的方式返回，可用于 date()函数。

（4）使用 filesize()函数取得文件的大小，语法如下：

```
int filesize(string $filename)
```

其中，filename 指定文件名。此函数返回文件大小的字节数，出错时返回 false。

**注意**　在 PHP 中，整数类型是有符号的，并且大多数平台使用 32 位整数，当 filesize()函数碰到大于 2GB 的文件时可能会返回非预期的结果。对于大小为 2~4GB 的文件通常使用 sprintf( "%u", filesize ( $filename ) )来解决此问题。

（5）使用 filetype()函数取得文件的类型，语法如下：

```
string filetype(string $filename)
```

其中，filename 指定文件名。此函数返回文件的类型，可能的值包括 fifo、char、dir、block、link、file 和 unknown。如果出错，则返回 false。

【例 6.4】本例说明如何利用相关函数检查当前页面文件的各种属性，结果如图 6.6 所示。

**图 6.6　检查文件属性示例**

【设计步骤】

（1）在文件夹 ch06 中创建一个 PHP 动态网页并命名为 page6-04.php。

（2）将该页的文档标题设置为"检查文件属性示例"。

（3）在<body>标签下方添加以下 PHP 代码块：

```php
<?php
$filename=$_SERVER["SCRIPT_FILENAME"];
printf("<table border=1 cellpadding=4 cellspacing=0 width=328>\n");
printf("<caption>当前文件的属性</caption>\n");
printf("<tr bgcolor=#CCCCCC><th>属性名</th><th>属性值</th></tr>\n");
printf("<tr><td>文件创建时间</td><td>%s</td></tr>\n",
```

```
    date("Y-m-d H:i:s",filectime($filename)));
printf("<tr><td>文件修改时间</td><td>%s</td></tr>\n",
    date("Y-m-d H:i:s",filemtime($filename)));
printf("<tr><td>上次访问时间</td><td>%s</td></tr>\n",
    date("Y-m-d H:i:s",fileatime($filename)));
printf("<tr><td>文件类型</td><td>%s</td></tr>\n",filetype($filename));
printf("<tr><td>文件字节数</td><td>%d</td></tr>\n",filesize($filename));
printf("</table>\n");
?>
```

### 6.1.6 其他文件操作

使用 PHP 提供的下列函数可实现文件的重命名、复制和删除操作。

（1）使用 rename()函数对一个文件或目录进行重命名，语法如下：

```
bool rename(string $oldname,string $newname[,resource $context])
```

其中，oldname 指定文件或目录原来的路径；newname 指定新的路径。

此函数尝试把 oldname 重命名为 newname。如果成功返回 true，失败则返回 false。

rename()函数不仅可以用来对文件或目录进行重命名，也可以用来改变文件甚至整个目录的路径，即该函数具有移动文件和目录的功能。

（2）使用 copy()函数实现文件复制功能，语法如下：

```
bool copy(string $source,string $dest)
```

其中，source 指定源文件；dest 指定目标文件。

此函数将文件从 source 复制到 dest。如果参数 dest 指定的目标文件已存在，则会被覆盖。如果成功则返回 true，失败则返回 false。

**注意** 在 Windows 平台上，如果复制一个 0 字节的文件，虽然 copy()函数将返回 false，但文件也会被正确复制。

（3）使用 unlink()函数删除指定的文件，语法如下：

```
bool unlink(string $filename)
```

其中，filename 指定待删除的文件。如果成功返回 true，失败则返回 false。

若要删除目录，则应调用 rmdir()函数。

**【例 6.5】**本例说明了如何使用相关函数执行文件重命名、复制和删除操作，执行结果如图 6.7～图 6.9 所示。

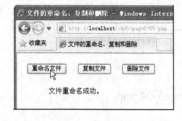

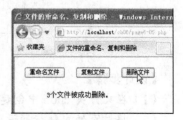

图 6.7 重命名文件　　　　图 6.8 复制文件　　　　图 6.9 删除文件

**【设计步骤】**

（1）在文件夹 ch06 中创建一个 PHP 动态网页并命名为 page6-05.php。

（2）将该页面的文档标题设置为"文件的重命名、复制和删除"。

（3）在该页中插入一个表单，在该表单中插入三个提交按钮，分别命名为 rename、copy

和 delete。

（4）在<body>标签下方添加以下 PHP 代码块：

```php
<?php
$filename="demo.txt";
if(!file_exists($filename)){
    file_put_contents($filename,"这是一个示例文件。");
}
if(isset($_POST["rename"])){
    if(file_exists($filename) && rename($filename,"new.txt")){
        echo "<p>文件重命名成功。</p>";
    }else{
        echo "<p>文件重命名未能执行。</p>";
    }
}
if(isset($_POST["copy"])){
    if(file_exists($filename)){
        $source=$filename;
    }elseif(file_exists("new.txt")){
        $source="new.txt";
    }else{
        echo "<p>源文件不存在，文件复制未能执行。</p>";
        exit();
    }
    if(file_exists($source) && copy($source,"dest.txt")){
        echo "<p>文件复制成功。</p>";
    }else{
        echo "<p>文件复制未能执行。</p>";
    }
}
if(isset($_POST["delete"])){
    $files=array();
    if(file_exists($filename))$files[]=$filename;
    if(file_exists("new.txt"))$files[]="new.txt";
    if(file_exists("dest.txt"))$files[]="dest.txt";
    if(!count($files)){
        echo "<p>不存在要删除的文件。</p>";
        exit();
    }else{
        for($i=0;$i<count($files);$i++){
            unlink($files[$i]);
        }
        echo "<p>{$i}个文件被成功删除。</p>";
    }
}
?>
```

（5）在浏览器中运行该页面，分别单击不同的按钮，以执行相应的文件操作。

## 6.2 目录操作

目录又称为文件夹。通常按照用途将不同的文件分别存放在不同的目录中，以便对文件进行管理。目录操作也是 PHP 文件编程的内容之一。

### 6.2.1 创建目录

在 PHP 中，通过调用 mkdir()函数可以创建一个新目录，语法如下：

```
bool mkdir(string $pathname[,int $mode])
```

此函数新建一个由参数 pathname 指定的目录。参数 mode 在 Windows 下会被忽略。

如果成功则返回 true，失败则返回 false。

创建目录之后，可以使用 opendir()函数打开该目录，语法如下：

```
resource opendir(string $path[,resource $context])
```

其中，path 指定要打开的目录路径。此函数打开的由 path 指定的目录句柄，可以用于之后的 closedir()、readdir()和 rewinddir()函数调用。

如果成功则返回目录句柄的 resource，失败则返回 false。

如果参数 path 是一个非法的目录，或者因为权限限制或文件系统错误而不能打开目录，则 opendir()函数返回 false 并产生一个 E_WARNING 级别的错误信息。可通过在 opendir()函数前面加上 "@" 符号来抑制错误信息的输出。

对于已打开的目录，可以使用 closedir()函数关闭该目录，语法如下：

```
void closedir(resource $dir_handle)
```

其中，dir_handle 指定目录句柄的 resource，该目录句柄之前由 opendir()函数打开。

此函数关闭由 dir_handle 指定的目录。

在 PHP 中，可以使用 getcwd()函数来取得当前工作目录，语法如下：

```
string getcwd(void)
```

此函数取得当前工作目录。如果成功则返回当前工作目录，失败则返回 false。

若要改变当前工作目录，则可以调用 chdir()函数，语法如下：

```
bool chdir(string directory)
```

其中，directory 指定新的当前目录。此函数将 PHP 的当前目录改为由参数 directory 指定的目录。如果成功则返回 true，失败则返回 false。

若要判断指定文件名是否为一个目录，则可以调用 is_dir()函数，语法如下：

```
bool is_dir(string $filename)
```

如果文件名存在并且为目录则返回 true。如果 filename 是一个相对路径，则按照当前工作目录检查其相对路径。

【例 6.6】本例说明如何创建一个新目录和更改 PHP 的当前工作目录，如图 6.10 所示。

图 6.10 创建和更改目录示例

【设计步骤】

（1）在文件夹 ch06 中创建一个 PHP 动态网页并命名为 page6-04.php。

（2）将该页的文档标题设置为"创建和更改目录示例"。

（3）在<body>标签下方添加以下 PHP 代码块：

```php
<h4>创建和更改目录示例</h4>
<?php
$dirname="images";

printf("<p>当前工作目录是：%s</p>",getcwd());
if(is_dir($dirname)){              //检查指定目录是否存在
   echo "<p>{$dirname}目录已存在。</p>";
}elseif(mkdir($dirname)){          //在当前目录中创建指定的目录
   echo "<p>{$dirname}目录创建成功。</p>";
}
if(chdir($dirname)){              //更改当前工作目录
   printf("<p>当前工作目录更改为：%s</p>",getcwd());
}
?>
```

## 6.2.2　读取目录

若要通过脚本从一个目录中读取条目，则可以通过调用 readdir()函数来实现，语法如下：

```
string readdir(resource $dir_handle)
```

其中，dir_handle 指定目录句柄的 resource，该目录句柄之前由 opendir()函数打开。

readdir()函数返回目录中下一个文件的文件名。文件名按照在文件系统中的排列顺序返回。若调用成功则返回文件名，失败则返回 false。

除了使用 readdir()函数遍历目录外，还可以使用 scandir()函数列出指定路径中的文件和目录，语法如下：

```
array scandir(string $directory[,int $sorting_order[,resource context]])
```

其中，directory 指定要浏览的目录；sorting_order 指定排序方式，默认按字母升序排列，若将该参数设置为 1，则按字母降序排列。

若调用成功则函数返回一个数组，该数组包含 directory 中的文件和目录；若失败则返回 false。如果 directory 不是一个目录，则返回 false 并生成一条 E_WARNING 级的错误。

【例 6.7】本例说明如何读取当前目录下的所有内容，结果如图 6.11 所示。

**图 6.11　读取目录示例**

【设计步骤】

（1）在文件夹 ch06 中创建一个 PHP 动态网页并命名为 page6-07.php。

（2）将该页的文档标题设置为"读取目录示例"。

（3）在<body>标签下方添加以下 PHP 代码块：

```php
<?php
$items=scandir(getcwd());
printf("<table border=1 cellspacing=0 width=388>");
printf("<caption><p>当前目录%s 包含的内容</p></caption>",getcwd());
printf("<tr bgcolor=#CCCCCC><th>名称</th><th>类型</th><th>大小</th><th>创建时间</th></tr>");
foreach($items as $item){
   if($item=="."||$item=="..")continue;
   if(is_file($item)){
      $type="文件";
      $size=filesize($item)."字节";
   }elseif(is_dir($item)){
      $type="目录";
      $size="-";
   }
   printf("<tr align=center><td>%s</td><td>%s</td><td>%s</td><td>%s</td></tr>",
      $item,$type,$size, date("Y-m-d h:i:s",filectime($item)));
}
printf("</table>");
?>
```

### 6.2.3 解析路径信息

在 PHP 中，可以使用以下函数对路径信息进行解析。

（1）使用 basename()函数返回路径中的基本文件名部分，语法如下：

```
string basename(string $path[,string $suffix])
```

其中，path 给出文件的全路径。此函数返回路径中的基本文件名部分。若文件名以 suffix 结束，则这一部分会被删除。

（2）使用 dirname()函数返回从全路径中删除文件名后的目录名，语法如下：

```
string dirname(string $path)
```

其中，path 给出文件的全路径。此函数返回从全路径 path 中删除文件名后的目录名。

（3）使用 pathinfo()函数返回文件路径的信息，语法如下：

```
array pathinfo(string $path[,int $options])
```

其中，path 指定一个路径。此函数返回一个包含该路径信息的联合数组。该数组包括以下元素：dirname（目录名）、basename（基本文件名）和 extension（文件扩展名）。

options 指定要返回哪些元素，包括：PATHINFO_DIRNAME、PATHINFO_BASENAME 和 PATHINFO_EXTENSION。默认返回全部的元素。

【例 6.8】本例说明如何对当前页面的路径信息进行解析，结果如图 6.12 所示。

图 6.12  文件路径信息解析示例

**【设计步骤】**

（1）在文件夹 ch06 中创建一个 PHP 动态网页并命名为 page6-08.php。

（2）将该页的文档标题设置为"文件路径信息解析示例"。

（3）在<body>标签下方添加以下 PHP 代码块：

```php
<?php
$path=pathinfo($_SERVER["SCRIPT_FILENAME"]);
printf("<table border=1 cellspacing=0 cellpadding=3 width=368>");
printf("<caption><p>当前页面路径信息解析结果</p></caption>");
printf("<tr bgcolor=#CCCCCC><th>项目</th><th>值</th></tr>");
printf("<tr><td>完整路径</td><td>%s</td></tr>",$_SERVER["SCRIPT_FILENAME"]);
printf("<tr><td>目录名称</td><td>%s</td></tr>",$path["dirname"]);
printf("<tr><td>基本文件名</td><td>%s</td></tr>",$path["basename"]);
printf("<tr><td>文件扩展名</td><td>%s</td></tr>",$path["extension"]);
printf("</table>");
?>
```

### 6.2.4 检查磁盘空间

PHP 提供了以下两个函数，分别用于检查磁盘的总空间和可用空间。

（1）使用 disk_total_space()函数计算一个目录占用的磁盘空间大小，语法如下：

```
float disk_total_space(string $directory)
```

其中，directory 指定一个包含目录的字符串。此函数将根据相应的文件系统或磁盘分区返回所有的字节数。

disk_total_space()函数返回的是该目录所在的磁盘分区的总空间大小，因此用同一个磁盘分区的不同目录作为参数时，所得到的结果是完全相同的。

（2）使用 disk_free_space()函数计算目录中的可用空间，语法如下：

```
float disk_free_space(string $directory)
```

其中，directory 指定一个包含目录的字符串，此函数将根据相应的文件系统或磁盘分区返回可用的字节数。

**【例 6.9】** 本例说明如何利用相关函数对硬盘分区的总空间和可用空间进行检查，运行结果如图 6.13 所示。

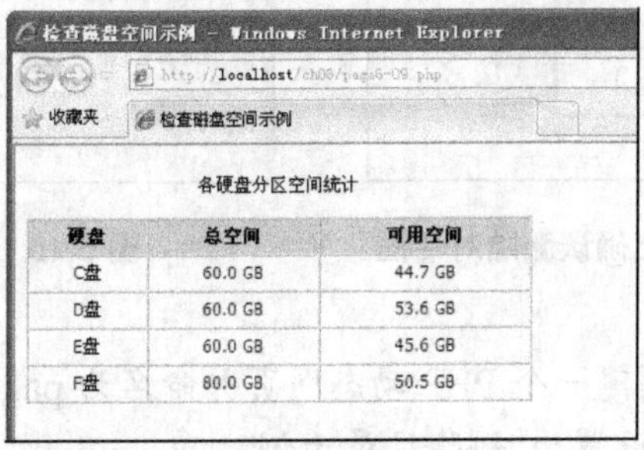

**图 6.13 检查磁盘空间示例**

**【设计步骤】**

（1）在文件夹 ch06 中创建一个 PHP 动态网页并命名为 page6-09.php。

（2）将该页的文档标题设置为"检查磁盘空间示例"。

（3）在<body>标签下方添加以下 PHP 代码块：

```php
<?php
define("GB",1024*1024*1024);

printf("<table border=1 cellpadding=3 cellspacing=0 width=368>");
printf("<caption><p>各硬盘分区空间统计</p></caption>");
printf("<tr bgcolor=#CCCCCC><th>硬盘</th><th>总空间</th><th>可用空间</th></tr>");
printf("<tr align=center><td>C 盘</td><td>%.1f GB</td><td>%.1f GB</td></td></tr>",
    disk_total_space("C:")/GB,disk_free_space("C:")/GB);
printf("<tr align=center><td>D 盘</td><td>%.1f GB</td><td>%.1f GB</td></td></tr>",
    disk_total_space("D:")/GB,disk_free_space("D:")/GB);
printf("<tr align=center><td>E 盘</td><td>%.1f GB</td><td>%.1f GB</td></td></tr>",
    disk_total_space("E:")/GB,disk_free_space("E:")/GB);
printf("<tr align=center><td>F 盘</td><td>%.1f GB</td><td>%.1f GB</td></td></tr>",
    disk_total_space("F:")/GB,disk_free_space("F:")/GB);
printf("</table>");
?>
```

### 6.2.5 删除目录

若要删除指定的目录，可通过调用 rmdir()函数来实现，语法如下：

```
bool rmdir(string $dirname)
```

此函数用于删除参数 dirname 所指定的目录。该目录必须是空的，而且要有相应的权限。如果成功返回 true，失败则返回 false。

【例 6.10】本例说明如何使用 rmdir()函数删除目录。在页面上以表格形式列出当前目录下的所有目录，当单击"删除目录"链接时弹出一个确认删除对话框，单击【确定】按钮，即可删除选定的目录。运行结果如图 6.14 和图 6.15 所示。

图 6.14　单击链接时弹出确认删除对话框

图 6.15　指定目录已被删除

【设计步骤】

（1）在文件夹 ch06 中创建一个 PHP 动态网页并命名为 page6-10.php。

（2）将该页的文档标题设置为"删除目录示例"。

（3）切换到代码视图，在文档声明<!DOCTYPE HTML>上方添加以下 PHP 代码块：

```php
<?php
if(isset($_GET["dir"])){
  $dir=$_GET["dir"];
  if(is_dir($dir) && rmdir($dir)){
    $msg="指定的目录已被成功删除。";
```

表 6.2　与上传该文件相关的错误代码（PHP 常量）

| PHP 常量 | 值 | 说　明 |
|---|---|---|
| UPLOAD_ERR_OK | 0 | 没有错误发生，文件上传成功 |
| UPLOAD_ERR_INI_SIZE | 1 | 上传文件的大小超过了 php.ini 中 upload_max_filesize 选项限制的值 |
| UPLOAD_ERR_FORM_SIZE | 2 | 上传文件的大小超过了 HTML 表单中 MAX_FILE_SIZE 选项指定的值 |
| UPLOAD_ERR_PARTIAL | 3 | 文件只有部分被上传 |
| UPLOAD_ERR_NO_FILE | 4 | 没有文件被上传 |
| UPLOAD_ERR_NO_TMP_DIR | 6 | 找不到临时文件夹 |
| UPLOAD_ERR_CANT_WRITE | 7 | 文件写入失败 |

文件被上传后，在默认情况下会被储存到服务端的默认临时目录中，除非在 php.ini 中把 upload_tmp_dir 设置为其他路径。

通过 $_FILES 数组获取上传的文件后，可以用以下两个函数对该文件进行处理。

（1）使用 move_uploaded_file()函数将上传的文件移动到新位置，语法如下：

```
bool move_uploaded_file(string $filename,string $dest)
```

此函数检查并确保由 filename 参数指定的文件是合法的上传文件（即通过 PHP 的 HTTP POST 上传机制上传）。如果文件合法，则将其移动为由 dest 指定的文件。

如果移动文件成功，则返回 true。如果 filename 不是合法的上传文件，则不进行任何操作，并返回 false。如果 filename 是合法的上传文件，但出于某些原因无法移动，则也不进行任何操作，并在返回 false 时，还会发出一条警告。如果上传的文件有可能会造成对用户或本系统的其他用户显示其内容，这种检查就显得格外重要。

如果参数 dest 指定的目标文件已经存在，则该文件会被覆盖。

（2）使用 is_uploaded_file()函数判断文件是否为通过 HTTP POST 上传的，语法如下：

```
bool is_uploaded_file(string $filename)
```

如果 filename 所给出的文件是通过 HTTP POST 上传的，则返回 true。这可以用来防止恶意的用户通过欺骗脚本访问原本不能访问的文件。

为使 is_uploaded_file()函数正常工作，应指定类似于 $_FILES["userfile"]["tmp_name"]的变量，而从客户端上传的文件名 $_FILES["userfile"]["name"]不能正常运作。

【例 6.11】本例说明如何在 PHP 中实现单个文件上传，结果如图 6.18 和图 6.19 所示。

图 6.18　选择要上传的文件

图 6.19　文件上传成功

【设计步骤】

（1）在文件夹 ch06 中创建一个 PHP 动态网页并命名为 page6-11.php。

（2）将该页的文档标题设置为"上传单个文件示例"。

（3）在该页面中插入一个表单（form1），在该表单中插入一个表格，在该表格中插入一个文件域（myfile）、一个隐藏域（MAX_FILE_SIZE）、一个提交按钮（upload）和一个重置按钮。表单的 enctype 属性被自动设置为 multipart/form-data。将隐藏域的值设置为 10485760。

（4）对表单 form1 设置 onsubmit 事件处理程序，表单的开始标签\<form\>如下所示：

```
<form action="" method="post" enctype="multipart/form-data"
 name="form1" onSubmit="return checkForm(this.myfile);">
```

（5）在\</head\>标签上方添加以下 JavaScript 脚本块：

```
<script type="text/javascript">
function checkForm(e){
   if(e.value==""){
      alert("请选择要上传的文件。");
      e.focus();
      return false;
   }
}
</script>
```

（6）在\<body\>标签下方添加以下 PHP 代码块：

```
<?php if(!count($_POST)){ ?>
```

（7）在\</body\>标签上方添加以下 PHP 代码块：

```
<?php }else{
   $uploaddir="../uploads/";
   if(!is_dir($uploaddir))mkdir($uploaddir);
   $uploadfile=$uploaddir.basename($_FILES["myfile"]["name"]);
   if(move_uploaded_file($_FILES["myfile"]["tmp_name"],$uploadfile)){
      printf("<h4>文件上传成功。</h4>") ;
      printf("上传文件信息如下：<ul>");
      printf("<li>文件名：%s</li>",$_FILES["myfile"]["name"]);
      printf("<li>文件类型：%s</li>",$_FILES["myfile"]["type"]);
      printf("<li>文件大小：%d bytes</li>",$_FILES["myfile"]["size"]);
      printf("<p><a href='javascript:history.back();'>返回</a></p>");
   }else{
      printf("<p>文件未能上传。</p>");
   }
} ?>
```

（8）在浏览器中运行该页，对文件上传功能进行测试。

### 6.3.3　上传多个文件

通过一次提交表单也可以上传多个文件，其方法与上传单个文件方法类似。虽然也可以对文件域使用不同的 name 上传多个文件，但不提倡这样做。PHP 支持同时上传多个文件并将它们的信息自动以数组的形式组织。若要完成这项功能，需要在 HTML 表单中对文件上传域使用与多选框和复选框相同的数组方式提交语法，即命名文件域时应采用如"userfile[]"之类的形式。

例如，在下面的文件上传表单中添加了三个文件域：

```
form action="file-upload.php" method="post" enctype="multipart/form-data">
   发送以下文件：<br>
   <input name="userfile[]" type="file"><br>
   <input name="userfile[]" type="file"><br>
```

```
        <input type="submit" value="上传文件">
    </form>
```

应当说明的是，当用户提交表单后，数组$_FILES["userfile"]、$_FILES["userfile"]["name"]
及$_FILES["userfile"]["size"]都将被初始化。如果 register_globals 项设置为 on，则与文件上传
相关的全局变量也将被初始化。所有这些提交的信息都将被储存到以数字为索引的数组中。

例如，假设有两个文件 review.swf 和 xwp.gif 被提交，则$_FILES["userfile"]["name"][0]
的值将是文件名 review.swf，而$_FILES["userfile"]["name"][1]的值将是文件名 xwp.gif。类似
地，$_FILES["userfile"]["size"][0]将包含文件 review.swf 的大小，依此类推。

【例 6.12】本例说明如何在 PHP 中实现多个文件上传，结果如图 6.20 和图 6.21 所示。

图 6.20  选择要上传的多个文件

图 6.21  显示已上传文件信息

【设计步骤】

（1）在文件夹 ch06 中创建一个 PHP 动态网页并命名为 page6-12.php。

（2）将该页的文档标题设置为"上传多个文件示例"。

（3）在该页中插入一个表单（form1），在该表单中插入一个表格，在该表格中插入一
个下拉列表框（file_count）、一个文件域（myfile[]）、一个隐藏域（MAX_FILE_SIZE）、
一个提交按钮（upload）和一个重置按钮。在选择框中添加一些选项，包括提示文字"设置
上传文数目"和五个数字（1~5）。在文件域<input type="file">标签旁边添加一个<div>元素：

```
        <div id="more"></div>
```

（4）对下拉列表框 file_count 设置 onchange 事件处理程序，代码如下：

```
        <select name="file_count" id="file_count" onChange="setCount(this);">
```

（5）对表单 form1 设置 onsubmit 事件处理程序，代码如下：

```
        <form action="" method="post" enctype="multipart/form-data"
         name="form1" onSubmit="return checkForm(this);">
```

（6）在</head>标签上方添加以下 JavaScript 脚本块：

```
        <script type="text/javascript">
        function setCount(e){
          count=e.value;
          for(str="",i=1;i<count;i++){
            str+='<p><input type="file" name="myfile[]" id="myfile'+i+'"></p>';
          }
          document.getElementById("more").innerHTML=str;
        }
        function checkForm(f){
          els=f.elements;
          for(i=0;i<els.length;i++){
```

```
        if(els[i].type=="file" && els[i].value==""){
            els[i].focus();
            alert("请选择要上传的文件。");
            return false ;
        }
    }
}
</script>
```

（7）在<body>标签下方添加以下 PHP 代码块：

```
<?php if(!isset($_POST["upload"])){ ?>
```

（8）在</body>标签上方添加以下 PHP 代码块：

```
<?php }else{
    $uploaddir="../uploads/";
    if(!is_dir($uploaddir))mkdir($uploaddir);
    $count=0;
    foreach($_FILES["myfile"]["error"] as $key=>$error){
        if($error==UPLOAD_ERR_OK){
            $tmp_name=$_FILES["myfile"]["tmp_name"][$key];
            $name=$_FILES["myfile"]["name"][$key];
            $uploadfile=$uploaddir.basename($name);
            if(move_uploaded_file($tmp_name,$uploadfile))$count++;
        }
    }
    printf("<table border=1 cellpadding=3 cellspacing=0>");
    printf("<caption>--- %d 个文件上传成功 ---<br>已上传文件信息如下：
</caption>",$count);
    printf("<tr bgcolor=#CCCCCC><th>文件名</th><th>类型</th><th>大小</th></tr>");
    for($i=0;$i<$count;$i++){
        printf("<tr><td>%s</td><td>%s</td><td>%d 字节</td></tr>",
            $_FILES["myfile"]["name"][$i],$_FILES["myfile"]["type"][$i],
            $_FILES["myfile"]["size"][$i]);
    }
    printf("</table>");
    printf('<pstyle="margin-left:12em;"><ahref="%s">返回</a></p>',$_SERVER["PHP_SELF"]);
}?>
```

（9）在浏览器中运行该页，对多个文件上传功能进行测试。

# 习题 6

## 一、填空题

1. 函数_____用于打开一个文件或 URL。

2. 调用_____函数，与依次调用 fopen()、fwrite()及 fclose()功能相同。

3. _____函数用于在文件中定位文件指针，_____函数测试文件指针是否到了文件结束的位置。

4. filectime()函数用于取得文件的_____时间；filemtime()函数用于取得文件的_____时间。

5. 若要对一个文件或目录进行重命名，则可使用＿＿＿＿＿函数；若要删除一个文件，则可使用＿＿＿＿函数。

6. 若要在 PHP 代码中处理上传的文件，则可使用预定义数组＿＿＿＿＿＿＿。

## 二、选择题

1. 调用 fopen()函数时，若将 mode 参数设置为 "w"，则表示（　　　）。

A. 以只读方式打开文件并将文件指针指向文件头

B. 以读/写方式打开文件并将文件指针指向文件头

C. 以写入方式打开文件并将文件指针指向文件头，将文件大小截为零

D. 以写入方式打开文件，并将文件指针指向文件末尾

2. 若要以读/写方式打开文件并将文件指针指向文件末尾，则在调用 fopen()函数时应将第二个参数设置为（　　　）。

A. r+           B. w+

C. a            D. a+

3. 若要将整个文件读入一个数组，则可调用（　　　）函数。

A. fgetc()          B. fgets()

C. fgetss()          D. file()

4. 若要获取 PHP 的当前工作目录，则可调用（　　　）函数。

A. mkdir()          B. getcwd()

C. chdir()          D. opendir()

5. 假设 HTML 表单中的文件域名称为 userfile，那么可通过（　　　）访问文件被上传后在服务端储存的临时文件名。

A. $_FILES["userfile"]["tmp_name"]    B. $_FILES["userfile"]["name"]

C. $_FILES["userfile"]["file_name"]    D. $_FILES["userfile"]["server_name"]

## 三、简答题

1. 使用 fopen()函数时，打开文件有哪几种模式？

2. 将数据写入文件有哪两种模式？

3. rename()函数除了重命名文件或目录外，还有什么功能？

4. 如何删除一个文件？如何创建一个目录？

5. 如何获取或更改当前目录？

6. 若要列出一个目录中的所有文件和目录，有哪两种方式？

7. 在 PHP 中如何获取上传的文件？如何将上传的文件移动到指定位置？

 **上机实验 6**

1. 创建一个 PHP 动态网页，要求通过该网页可以创建新的 HTML 静态网页或 PHP 动态网页。

2. 创建一个 PHP 动态网页，要求使用文本文件制作页面计数器。

3. 创建一个 PHP 动态网页，用于读取当前页面的内容并加以显示。

4. 创建一个 PHP 动态网页，用于对当前页面文件的各种属性进行检查。

5. 创建一个 PHP 动态网页，其功能是对指定文件进行重命名或移动。

6. 创建一个 PHP 动态网页，检查指定目录是否存在，若不存在，则创建该目录。

7. 创建一个 PHP 动态网页，用于列出指定目录下的所有文件和目录，并允许通过单击链接删除指定的文件或目录。

8. 创建一个 PHP 动态网页，其功能是对当前页面的路径进行解析。

9. 创建一个 PHP 动态网页，其功能是对磁盘分区的总空间和可用空间进行检查。

10. 创建一个 PHP 动态网页，用于实现多文件上传，要求通过下拉列表框设置可上传的文件数目。

# 第 7 章　PHP 图像处理

PHP 不仅可以用于创建 HTML 输出，也可以用来创建和操作各种不同图像格式的图像文件。使用 PHP 可以方便地创建图像并将图像流直接输出到浏览器。因此需要使用图像扩展库 GD 对 PHP 进行编译。本章介绍如何使用 PHP 进行图像处理，主要内容包括配置 GD 库、图像基本操作、绘制轮廓图形、绘制填充图形和在图形中添加文字等，并提供图像处理实例。

## 7.1　配置 GD 库

GD 扩展库是用 C 语言编写的一个图像处理扩展库，可用于动态地创建图像。在 PHP 中处理图像主要是通过调用 GD 库中的函数来完成的。加载 GD 库后才能创建和操作图像。

### 7.1.1　加载 GD 库

在 Windows 平台上，安装 PHP 5.3.10 时自动带有一个 GD 2 动态链接库，相应的文件名为 php_gd2.dll。在默认情况下不加载 GD 2 库。若要通过 PHP 调用 GD 2 库中的图像处理函数，必须确保 PHP 以模块方式运行，还要对配置文件 php.ini 进行修改，操作方法如下。

（1）在记事本程序中打开 php.ini。

（2）在文件中查找 "extension=php_gd2.dll"，找到后删除前面的分号。

（3）保存 php.ini。

（4）重启 Apache 服务器。

### 7.1.2　检测 GD 库信息

加载 GD 库后，即可调用该库中的 gd_info()函数来取得当前安装的 GD 库的相关信息，语法如下：

```
array gd_info(void)
```

此函数返回一个关联数组，用于描述已安装的 GD 库的版本和性能。gd_info()函数返回的数组的元素描述如下。

- GD Version：string 值，描述了安装的 GD 库的版本号。
- Freetype Support：boolean 值，若安装了 Freetype 支持，则为 true。
- Freetype Linkage：string 值，描述了 Freetype 连接的方法。取值可能为 with freetype、with TTF library 或 with unknown library。该元素仅在 Freetype Support 的值为 true 时有定义。
- T1Lib Support：boolean 值，若包含 T1Lib 支持，则为 true。
- GIF Read Support：boolean 值，若包含读取 GIF 图像的支持，则为 true。

- GIF Create Support：boolean 值，若包含创建 GIF 图像的支持，则为 true。
- JPG Support：boolean 值，若包含 JPG 支持，则为 true。
- PNG Support：boolean 值，若包含 PNG 支持，则为 true。
- WBMP Support：boolean 值，若包含 WBMP 支持，则为 true。
- XBM Support：boolean 值，若包含 XBM 支持，则为 true。

提示　WBMP（Wireless Bitmap）是一种移动设备使用的标准图像格式。这种格式应用于 WAP 网页。WBMP 支持 1 位颜色，即 WBMP 图像只包含黑色和白色像素，而且尺寸不能过大，这样才能被正确显示。XBM（X-Bitmap）是一种古老而通用的图像文件格式，它与现在的许多 Web 浏览器都兼容。XBM 图形实质上是用十六进制数组表示二进制图像的 C 源代码文件。

也可以通过调用 phpinfo() 函数来获取 GD 库的相关信息，如图 7.1 所示。

| GD Support | enabled |
|---|---|
| GD Version | bundled (2.0.34 compatible) |
| FreeType Support | enabled |
| FreeType Linkage | with freetype |
| FreeType Version | 2.4.3 |
| GIF Read Support | enabled |
| GIF Create Support | enabled |
| JPEG Support | enabled |
| libJPEG Version | 6b |
| PNG Support | enabled |
| libPNG Version | 1.2.46 |
| WBMP Support | enabled |
| XBM Support | enabled |

图 7.1　通过调用 phpinfo() 函数获取 GD 库的相关信息

【例 7.1】在本例中检测 GD 库是否加载成功并获取该库的相关信息，如图 7.2 所示。

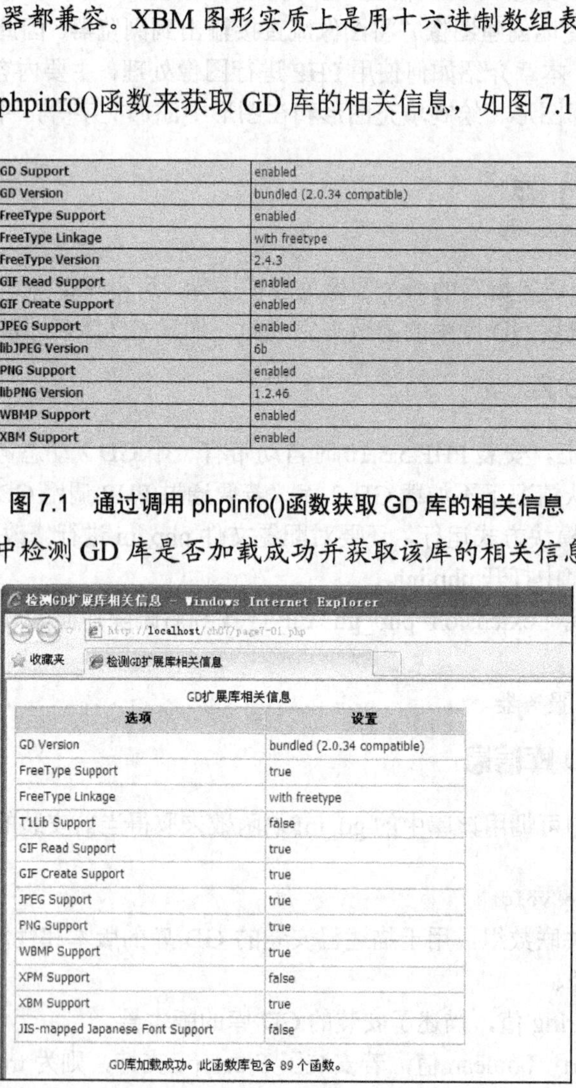

GD 扩展库相关信息

| 选项 | 设置 |
|---|---|
| GD Version | bundled (2.0.34 compatible) |
| FreeType Support | true |
| FreeType Linkage | with freetype |
| T1Lib Support | false |
| GIF Read Support | true |
| GIF Create Support | true |
| JPEG Support | true |
| PNG Support | true |
| WBMP Support | true |
| XPM Support | false |
| XBM Support | true |
| JIS-mapped Japanese Font Support | false |

GD库加载成功。此函数库包含 89 个函数。

图 7.2　检测 GD 扩展库相关信息

【设计步骤】

（1）在 Dreamweaver 中打开 PHP 站点，在站点根目录下创建一个文件夹并命名为 ch07。

（2）在文件夹 ch07 中创建一个 PHP 动态网页并命名为 page7-01.php。

（3）将该页面的文档标题设置为"检测 GD 扩展库相关信息"。

（4）在<body>标签下方添加以下 PHP 代码块：

```php
<?php
if(!function_exists("gd_info")){
    die("GD 库加载失败。");            //输入一条信息并结束当前脚本，与 exit()功能相同
}
$arr=gd_info();
printf("<table border=1 cellpadding=3 cellspacing=0 width=468>");
printf("<caption>GD 扩展库相关信息</caption>");
printf("<tr bgcolor=#CCCCCC><th>选项</th><th>设置</th></tr>\n");
foreach($arr as $key=>$value){
    if(gettype($value)=="boolean")$value=$value?"true":"false";
    printf("<tr><td>%s</td><td>%s</td></tr>",$key,$value);
}
printf("</table>");
printf("<p style='margin-left: 8em;'>GD 库加载成功。");
printf("此函数库包含 %d 个函数。</p>", count(get_extension_funcs("gd")));
?>
```

## 7.2　图像基本操作

在 PHP 页中可以利用 GD 库进行图像处理，主要包括以下步骤：创建一个图像作为画布；设置画图的前景颜色和背景颜色；在画布上绘制图形和文本；向浏览器输出图像或将图像保存到文件；释放与图像相关联的系统资源等。

### 7.2.1　创建图像

在 PHP 页中创建图像主要有以下两种方式：一种是创建新的 GD 空白图像流；另一种是基于现有文件创建图像。

**1. 创建空白图像**

通过调用以下两个函数都可以创建空白图像。

（1）使用 imagecreate()函数新建一个基于调色板的图像，语法如下：

```
resource imagecreate(int $x_size,int $y_size)
```

此函数返回一个图像标识符，代表了一幅长和宽分别为 x_size 和 y_size 的空白图像。

（2）使用 imagecreatetruecolor()函数新建一个真彩色图像，语法如下：

```
resource imagecreatetruecolor(int $x_size,int $y_size)
```

此函数返回一个图像标识符，代表了一幅长和宽分别为 x_size 和 y_size 的黑色图像。

创建一个图像后，即可将此图像作为画布并在其上绘制各种各样的图形，最后还应当通过调用 imagedestroy()函数来清除该图像，语法如下：

```
bool imagedestroy(resource $image)
```

其中，image 是由图像创建函数 imagecreate()或 imagecreatetruecolor()返回的图像标识符。imagedestroy()函数用于释放与 image 关联的内存。

**2. 基于文件创建图像**

若要基于现有文件来创建 GD 图像，则可以通过调用以下函数来实现。

（1）使用 imagecreatefromgif()函数基于 GIF 文件或 URL 新建一个图像，语法如下：

```
resource imagecreatefromgif(string $filename)
```

其中，filename 表示 GIF 图像的文件名。

（2）使用 imagecreatefromjpeg()函数基于 JPEG 文件或 URL 新建一个图像，语法如下：

```
resource imagecreatefromjpeg(string $filename)
```

其中，filename 表示 JPEG 图像的文件名。

（3）使用 imagecreatefrompng 函数基于 PNG 文件或 URL 新建一个图像，语法如下：

```
resource imagecreatefrompng(string $filename)
```

其中，filename 表示 PNG 图像的文件名。

上述三个函数的返回值都是一个图像标识符，表示基于指定的文件名取得的图像。如果失败，则返回一个空字符串，并且输出一条错误信息，同时在浏览器中显示为断链接。

【例 7.2】本例说明如何在 PHP 中创建基于调色板的图像、真彩色图像和基于文件的图像，结果如图 7.3 所示。

图 7.3　创建图像示例

【设计步骤】

（1）在文件夹 ch07 中创建一个 PHP 动态网页并命名为 page7-02.php。

（2）将该页面的文档标题设置为"创建图像示例"。

（3）在该页中插入一个 2 行 3 列的表格。在表格第一行的 3 个单元格中分别插入一个图像占位符，将这些图像占位符的宽设置为 150，高设置为 100，将它们的源文件分别设置为 image7-02.jpg、image7-02.gif 和 image7-02.png。在表格第二行的 3 个单元格中分别输入图像的说明文字。

（4）切换到代码视图，在文档声明<!DOCTYPE HTML>上方添加以下 PHP 代码块：

```php
<?php
$w=150;
$h=100;
$im=@imagecreate($w,$h) or die("不能初始化新的 GD 图形流。");
$bgc=imagecolorallocate($im,0,128,255);
$fc=imagecolorallocate($im,255,255,0);
imageellipse($im,75,50,100,75,$fc);
imagejpeg($im,"image7-02.jpg");
imagedestroy($im);

$im=@imagecreatetruecolor($w,$h) or die("不能初始化新的 GD 图像流");
$fc=imagecolorallocate($im,255,0,0);
imagerectangle($im,30,20,120,80,$fc);
imagegif($im,"image7-02.gif");
```

```
imagedestroy($im);

$filename="../images/lushan.jpg";
$im=@imagecreatefromjpeg($filename) or die("不能初始化新的 GD 图像流");
$tc=imagecolorallocate($im,255,0,128);
imagestring($im,5,10,10,"Lushan",$tc);
imagepng($im,"image7-02.png");
imagedestroy($im);
?>
```

在上述代码中用到了以下四个绘图函数：函数 imagecolorallocate()的作用是为图像分配颜色，对于用 imagecreate()创建的图像首次调用时将填充图像的背景；函数 imageellipse()用于画椭圆；函数 imagerectangle()用于画矩形；函数 imagestring()用于水平显示一行字符串。

### 7.2.2　输出图像

在 PHP 代码中创建一个图像后，就需要输出该图像。输出图像通常有以下两种方式：一种是将图像保存到文件中；另一种方式是直接将图像输出到客户端浏览器。

若要以某种格式将一个图像输出到客户端浏览器，则首先需要通过调用 header()函数来设置输出文件的 MIME 类型：

```
header("Content-type:image/gif");
header("Content-type:image/jpeg");
header("Content-type:image/png");
```

若要输出图像，可以通过调用以下函数来实现。

（1）使用 imagegif()函数可以通过 GIF 格式将图像输出到浏览器或文件，语法如下：

```
bool imagegif(resource $image[,string $filename])
```

其中，image 表示图像标识符，是图像创建函数的返回值；filename 为可选项，用于指定要保存的图像文件名。

此函数基于 image 图像以 filename 作为文件名创建一个 GIF 图像。如果省略 filename 参数，则将直接输出原始图像流，图像格式为 GIF87a。如果通过 imagecolortransparent()函数使图像为透明，则其格式为 GIF89a。通过 header()函数发送"Content-type:image/gif"可以使 PHP 代码直接输出 GIF 图像。

（2）使用 imagejpeg()函数可以通过 JPEG 格式将图像输出到浏览器或文件，语法如下：

```
bool imagejpeg(resource $image[,string $filename[,int $quality]])
```

其中，image 表示图像标识符，是图像创建函数的返回值；filename 为可选项，用于指定要保存的图像文件名；quality 为可选项，用于指定图像质量，取值范围从 0（最差质量、文件最小）到 100（最佳质量、文件最大），默认为 IJG 默认的质量值（约为 75）。

此函数基于 image 图像以 filename 为文件名创建一个 JPEG 图像。如果省略 filename 参数，则直接输出原始图像流。若要省略 filename 参数而提供 quality 参数，则使用空字符串("")。通过 header()函数发送"Content-type: image/jpeg"可以使 PHP 代码直接输出 JPEG 图像。

如果想输出渐进式 JPEG，则需要用 imageinterlace()函数隔行扫描比特置位。

（3）使用 imagepng()函数可以通过 PNG 格式将图像输出到浏览器或文件，语法如下：

```
bool imagepng(resource $image[,string $filename])
```

其中，image 表示图像标识符，是图像创建函数的返回值；filename 为可选项，用于指定要保存的图像文件名。

imagepng()函数将 GD 图像流（image）以 PNG 格式输出到标准输出设备（通常为浏览器），如果用 filename 给出了文件名，则把图像保存到该文件中。

【例 7.3】本例说明如何在 PHP 中创建图像并将其输出到浏览器，结果如图 7.4 所示。

图 7.4　将图像直接输出到浏览器

【设计步骤】

（1）在文件夹 ch07 中创建一个 PHP 动态网页并命名为 page7-03.php。

（2）删除所有源代码，然后添加以下 PHP 代码块：

```php
<?php
$w=250;
$h=150;
$im=@imagecreate($w,$h) or die("不能初始化新的 GD 图像流。");
$bgc=imagecolorallocate($im,111,186,255);
$yellow=imagecolorallocate($im,255,255,0);
$red=imagecolorallocate($im,255,0,0);
imagerectangle($im,30,20,220,130,$yellow);
imageellipse($im,125,75,220,140,$yellow);
imagestring($im,5,40,50,"PHP Web Development",$red);
imagestring($im,5,58,90,"GD Image Stream",$red);
header("Content-type:image/jpeg");
imagejpeg($im,"",100);
imagedestroy($im);
?>
```

### 7.2.3　分配颜色

创建一个图像后，需要为其分配一些颜色，以供画图或写入文字使用。在 PHP 中可以通过调用函数 imagecolorallocate()为一幅图像分配颜色，语法如下：

```
int imagecolorallocate(resource $image,int $red,int $green,int $blue)
```

其中，image 表示图像标识符，是图像创建函数的返回值；red、green 和 blue 三个参数分别表示所需要的颜色的红、绿、蓝成分，这些参数的取值范围是 0～255，在十六进制中为 0x00～0xFF。

imagecolorallocate()函数返回一个标识符，表示由指定的 RGB 成分组成的颜色。如果分配失败，则返回-1。必须通过调用该函数来创建 image 所代表的图像中的每一种颜色。

对于由 imagecreate()函数创建的图像，第一次调用 imagecolorallocate()函数时会用当前设置的颜色填充背景，对于由 imagecreatetruecolor()函数创建的图像则不会填充。

也可以使用 imagecolorallocatealpha()函数为一幅图像分配颜色和透明度，语法如下：

```
int imagecolorallocatealpha(resource $image,int $red,int $green,int $blue,int $alpha)
```

　　imagecolorallocatealpha()函数的功能与 imagecolorallocate()函数类似，但多了一个额外的透明度参数 alpha，其取值范围为 0～127，0 表示完全不透明；127 表示完全透明。

　　imagecolorallocatealpha()函数返回一个标识符，表示由指定的 RGB 成分和透明度组成的颜色。如果分配失败则返回 false。

　　【例 7.4】本例说明如何使用带透明度的颜色绘制图形，结果如图 7.5 所示。

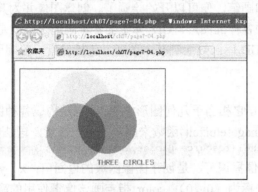

**图 7.5　用带透明度的颜色绘制图形**

【设计步骤】

（1）在文件夹 ch07 中创建一个 PHP 动态网页并命名为 page7-04.php。

（2）删除所有源代码，然后添加以下 PHP 代码块：

```php
<?php
$w=300;
$h=200;
$im=imagecreatetruecolor($w,$h);
//用白色背景加黑色边框画一个方框
$bgc=imagecolorallocate($im,255,255,255);
$tc=imagecolorallocate($im,255,0,0);
$border=imagecolorallocate($im,0,0,0);
imagefilledrectangle($im,0,0,$w,$h,$bgc);
imagerectangle($im,0,0,$w-1,$h-1,$border);
//设置坐标和半径
$x1=125;
$y1=65;
$x2=115;
$y2=130;
$x3=180;
$y3=110;
$r=120;
//用 alpha 值分配一些颜色
$yellow=imagecolorallocatealpha($im,255,255,0,75);
$red=imagecolorallocatealpha($im,255,0,0,75);
$blue=imagecolorallocatealpha($im,0,0,255,75);
//画三个叠加的填充圆和一行字符串
imagefilledellipse($im,$x1,$y1,$r,$r,$yellow);
imagefilledellipse($im,$x2,$y2,$r,$r,$red);
imagefilledellipse($im,$x3,$y3,$r,$r,$blue);
imagestring($im,5,160,180,"THREE CIRCLES",$tc);
header("Content-type:image/gif");
imagegif($im);
```

```
imagedestroy($im);
?>
```

## 7.3  绘制图形

准备好画布、颜料和画笔，便可以开始绘画了。创建图像并为其分配颜色后，接下来便可以在该图像上绘制各种各样的图形，GD 库中的各种画图函数就是所用的画笔。下面介绍如何在 PHP 代码中利用 GD 库函数绘制基本图形，包括像素、轮廓图形和填充图形。

### 7.3.1  绘制像素

像素是最简单的图形，它相当于几何图形中的点，也是构成各种图像的基本要素。在 PHP 代码中，可以通过调用 imagesetpixel()函数来画一个单一像素，语法如下：

```
bool imagesetpixel(resource $image,int $x,int $y,int $color)
```

其中，image 表示图像标识符，是创建图像函数的返回值；x、y 用于指定像素在图像上的位置，图像左上角的坐标为（0，0）；color 指定画该像素使用的颜色，是分配颜色函数的返回值。

imagesetpixel()函数在 image 图像中用 color 颜色在（x，y）坐标处画一个点。

【例 7.5】本例说明如何使用 imagesetpixel()函数绘制直线与抛物线，结果如图 7.6 所示。

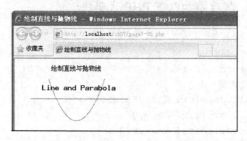

图 7.6  绘制直线与抛物线

【设计步骤】

（1）在文件夹 ch07 中创建一个 PHP 动态网页并命名为 page7-05.php。

（2）将该页的文档标题设置为"绘制直线与抛物线"。

（3）切换到代码视图，在文档声明<!DOCTYPE HTML>上方添加以下 PHP 代码块：

```php
<?php
$im=imagecreate(245,100);
$white=imagecolorallocate($im,0xFF,0xFF,0xFF);
$red=imagecolorallocate($im,0xFF,0x00,0x00);
$blue=imagecolorallocate($im,0x00,0x00,0xFF);
$black=imagecolorallocate($im,0x00,0x00,0x00);
for($x=-20;$x<25;$x+=0.05){
    $y=-$x*$x+3*$x+6;
    imagesetpixel($im,$x*4.5+115,40,$blue);
    imagesetpixel($im,$x*4.5+115,0.5*$y+80,$red);
}
imagestring($im,5,50,10,"Line and Parabola",$black);
imagegif($im,"demo.gif");
```

```
imagedestroy($im);
?>
```

（4）在<body>标签下方添加以下 PHP 代码块：

```
<?php
if(is_file("demo.gif")){
    echo '<p style="margin-left: 5.5em;">绘制直线与抛物线</p>';
    echo '<img src="demo.gif">';
}
?>
```

## 7.3.2　绘制轮廓图形

前面介绍了利用 imagesetpixel()函数画像素的方法，像素是构成其他复杂图形的要素。从理论上讲，只要设计好适当的算法，就可以通过"描点"（即逐个画像素）的方式画出需要的任何图形。

不过，对于直线、矩形、多边形、椭圆和椭圆弧这样一些常用的轮廓图形，GD 扩展库提供了一些现成的绘图函数，可以在程序中直接调用这些函数，通过设置适当的参数即可方便地绘制出需要的图形。

（1）使用 imageline()函数在图像中绘制一条线段，语法如下：

```
bool imageline(resource $image,int $x1,int $y1,int $x2,int $y2,int $color)
```

其中，image 表示图像标识符；x1、y1 指定线段的起点坐标，x2、y2 指定线段的终点坐标，图像左上角坐标为（0，0）；color 指定画线的颜色。

（2）使用 imagedashedline()函数在图像中绘制一条虚线，语法如下：

```
bool imagedashedline(resource $image,int $x1,int $y1,int $x2,int $y2,int $color)
```

其中，image 表示图像标识符；x1、y1 指定虚线的起点坐标，x2、y2 指定虚线的终点坐标，图像左上角坐标为（0，0）；color 指定画线的颜色。

（3）使用 imagerectangle()函数在图像中绘制一个矩形，语法如下：

```
bool imagerectangle(resource $image,int $x1,int y1,int $x2,int $y2,int $color)
```

其中，image 表示图像标识符；x1、y1 指定矩形左上角的坐标，x2、y2 指定矩形右下角的坐标，图像的左上角坐标为（0，0）；color 指定画线的颜色。

（4）使用 imagepolygon()函数在图像中绘制一个多边形，语法如下：

```
bool imagepolygon(resource $image,array $points,int $num_points,int $color)
```

其中，image 表示图像标识符；points 是一个数组，包含了多边形的各个顶点坐标，即 points[0] = x0，points[1] = y0，points[2] = x1，points[3] = y1，…，依次类推；num_points 是顶点的总数；color 指定画线颜色。

（5）使用 imageellipse()函数在图像中绘制一个椭圆，语法如下：

```
bool imageellipse(resource $image,int $cx,int $cy,int $w,int $h,int $color)
```

其中，image 表示图像标识符；cx 和 cy 指定椭圆弧的中心坐标，图像左上角坐标为（0，0）；w 和 h 分别指定椭圆的宽度和高度；color 指定画线颜色。

（6）使用 imagearc()函数在图像中绘制一段椭圆弧，语法如下：

```
bool imagearc(resource $image,int $cx,int $cy,int $w,int $h,int $s,int $e,int $color)
```

其中，image 表示图像标识符；cx 和 cy 指定椭圆弧的中心坐标，图像左上角坐标为（0，0）；w 和 h 分别指定椭圆的宽度和高度；s 和 e 分别指定起始点和结束点的角度，0 度位于图像中 3 点钟的位置，以顺时针方向进行绘制。

在使用上述函数绘制图形之前，应该使用 imagecolorallocate()函数为图像分配颜色，还可以通过调用 imagesetthickness()函数设定画线的宽度，语法如下：

```
bool imagesetthickness(resource $image,int $thickness)
```

此函数将画实线、虚线、矩形、多边形、椭圆弧等图形时所用的线宽设置为 thickness（以像素为单位）。如果成功返回 true，失败则返回 false。通常，用此函数设置的线宽在绘制椭圆时不起作用。

【例 7.6】本例说明如何绘制各种轮廓图形，结果如图 7.7 所示。

【设计步骤】

（1）在文件夹 ch07 中创建一个 PHP 动态网页并命名为 page7-06.php。

（2）将该页面的文档标题设置为"绘制轮廓图形"。

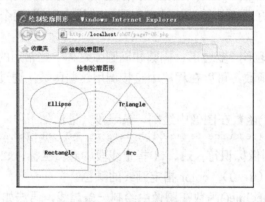

图 7.7　绘制轮廓图形

（3）切换到代码视图，在文档声明<!DOCTYPE HTML>上方添加以下 PHP 代码块：

```php
<?php
$im=imagecreatetruecolor(300,200);              //创建真彩图像
imagesetthickness($im,3);                       //设置线条宽度
$white=imagecolorallocate($im,255,255,255);     //分配白色
$blue=imagecolorallocate($im,0,0,255);          //分配蓝色
$red=imagecolorallocate($im,255,0,0);           //分配红色
$black=imagecolorallocate($im,0,0,0);           //分配黑色
$green=imagecolorallocate($im,0,255,0);         //分配绿色
imagefilledrectangle($im,0,0,300,200,$white);   //画填充矩形
imagerectangle($im,0,0,299,199,$blue);          //画外部矩形
imageline($im,0,100,300,100,$blue);             //画水平线
imagedashedline($im,150,0,150,200,$blue);       //画垂直虚线
imageellipse($im,75,50,120,80,$red);            //画椭圆
imageellipse($im,75,50,122,82,$red);            //画椭圆
imageellipse($im,75,50,124,84,$red);            //画椭圆
imagestring($im,3,52,45,"Ellipse",$black);      //写椭圆标注
imageellipse($im,150,100,150,150,$green);       //画正圆
imageellipse($im,150,100,152,152,$green);       //画正圆
imageellipse($im,150,100,154,154,$green);       //画正圆
$points=array(225,10,285,85,165,85);            //定义三角形顶点
imagepolygon($im,$points,3,$red);               //画三角形
imagestring($im,3,199,45,"Triangle",$black);    //写三角形标注
imagerectangle($im,15,115,135,185,$red);        //画内部矩形
imagestring($im,3,45,143,"Rectangle",$black);   //写矩形标注
```

```
imagearc($im,225,150,110,75,170,10,$red);          //画弧线
imagestring($im,3,215,143,"Arc",$black);           //写弧线标注
imagegif($im,"profile.png");                       //以 PNG 格式输出图像
imagedestroy($im);                                 //释放图像资源
?>
```

（4）在<body>标签下方添加以下 PHP 代码块：

```
<?php
if(is_file("profile.png")){
    echo '<p style="margin-left:9em;">绘制轮廓图形</p>';
    echo '<img src="profile.png">';
}
?>
```

### 7.3.3　绘制填充图形

前面已经介绍了画矩形、多边形、椭圆和椭圆弧的函数，通过这些函数只能画出图形的轮廓。若要画出矩形、多边形、椭圆和椭圆弧并加以填充，则可以通过以下函数来实现。

（1）使用 imagefilledrectangle()函数在指定图像中绘制一个矩形并填充，语法如下：

```
bool imagefilledrectangle(resource $image,int $x1,int $y1,int x2,int $y2,int $color)
```

此函数在 image 图像中绘制一个用 color 颜色填充的矩形，其左上角坐标为（x1，y1），右下角坐标为（x2，y2）。图像的最左上角坐标为（0，0）。

（2）使用 imagefilledpolygon()函数在图像中绘制一个多边形并加以填充，语法如下：

```
bool imagefilledpolygon(resource $image,array $points,int $num_points,int $color)
```

此函数在 image 图像中绘制一个填充的多边形。points 是一个按顺序包含多边形各顶点的 x 和 y 坐标的数组；num_points 是顶点的总数，必须大于 3。

（3）使用 imagefilledellipse()函数在指定图像中绘制一个椭圆并加以填充，语法如下：

```
bool imagefilledellipse(resource $image,int $cx,int $cy,int $w,int $h,int $color)
```

此函数在 image 所代表的图像中以（cx，cy）为中心绘制一个椭圆。w 和 h 分别指定椭圆的宽和高；椭圆用 color 颜色填充。如果画图成功返回 true，失败则返回 false。

（4）使用 imagefilledarc()函数在图像中绘制一个椭圆弧并加以填充，语法如下：

```
bool imagefilledarc(resource $image,int $cx,int $cy,
    int $w,int $h,int $s,int $e,int $color, int $style)
```

此函数在 image 所代表的图像中以（cx，cy）为中心绘制一个椭圆弧。w 和 h 分别指定椭圆的宽和高；s 和 e 以角度指定了起点和终点；style 可以是下列按二进制位进行或运算后的值。

- IMG_ARC_PIE：产生圆形边界。
- IMG_ARC_CHORD：只是用直线连接起点和终点。
- IMG_ARC_NOFILL：弧或弦只有轮廓，不填充。
- IMG_ARC_EDGED：用直线将起点和终点与中心点连接。

其中，IMG_ARC_PIE 和 IMG_ARC_CHORD 互斥，如果两者都用，则 IMG_ARC_CHORD 生效。IMG_ARC_EDGED 和 IMG_ARC_NOFILL 一起使用是画饼状图轮廓的好方法。

如果画图成功返回 true，失败则返回 false。

（5）使用 imagefill()函数进行区域填充，语法如下：

```
bool imagefill(resource $image,int $x,int $y,int $color)
```

此函数在图像 image 的坐标（x，y）处用颜色 color 执行区域填充，即与（x，y）点颜

色相同且相邻的点都会被填充。

【例 7.7】本例说明如何绘制各种填充图形，结果如图 7.8 所示。

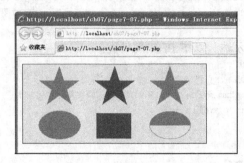

图 7.8　绘制填充图形

【设计步骤】

（1）在文件夹 ch07 中创建一个 PHP 动态网页并命名为 page7-07.php。

（2）切换到代码视图，删除所有源代码并输入以下 PHP 代码块：

```php
<?php
//定义一个绘制五角星的函数
//$image —— 图像标识符，$x 和$y —— 最高顶点坐标，$r —— 半径，$color —— 画图颜色
function draw_five_start($image,$x,$y,$r,$color){
    $sin18=sin(18*M_PI/180);        //预定义常量 M_PI=3.1415926535898
    $cos18=cos(18*M_PI/180);
    $tan18=tan(18*M_PI/180);
    $sin36=sin(36*M_PI/180);
    $cos36=cos(36*M_PI/180);
    $tan36=tan(36*M_PI/180);
    //计算 10 个顶点的坐标
    $x1=$x;
    $y1=$y;
    $x2=$x1+($r-$r*$sin18)*$tan18;
    $y2=$y1+$r-$r*$sin18;
    $x3=$x1+$r*$cos18;
    $y3=$y1+$r-$r*$sin18;
    $x4=$x1+($r-$r*$sin18)*$tan18+2*($r-$r*$sin18)*$sin18*$tan18;
    $y4=$y1+$r-$r*$sin18+2*($r-$r*$sin18)*$sin18;
    $x5=$x1+$r*$sin36;
    $y5=$y1+$r+$r*$cos36;
    $x6=$x1;
    $y6=$y1+2*($y2-$y1);
    $x7=$x1-$r*$sin36;
    $y7=$y1+$r+$r*$cos36;
    $x8=$x1-($r-$r*$sin18)*$tan18-2*($r-$r*$sin18)*$sin18*$tan18;
    $y8=$y4;
    $x9=$x1-$r*$cos18;
    $y9=$y1+$r-$r*$sin18;
    $x10=$x1-($r-$r*$sin18)*$tan18;
    $y10=$y1+$r-$r*$sin18;
    $points=array($x1,$y1,$x2,$y2,$x3,$y3,$x4,$y4,$x5,$y5,
        $x6,$y6,$x7,$y7,$x8,$y8,$x9,$y9,$x10,$y10);//用数组来存储所有顶点坐标
```

```
            imagefilledpolygon($image,$points,10,$color);  //画由十边形组成的填充五角星
    }

    $im=imagecreatetruecolor(400,170);               //创建真彩色图像
    $bgc=imagecolorallocate($im,200,255,200);
    $border=imagecolorallocate($im,0,0,0);
    $blue=imagecolorallocate($im,0,0,255);
    $magenta=imagecolorallocate($im,255,0,255);
    $red=imagecolorallocate($im,255,0,0);
    imagefill($im,0,0,$bgc);                          //执行区域填充
    imagerectangle($im,0,0,399,169,$border);

    //绘制各种填充图形
    draw_five_start($im,80,5,45,$red);               //绘制第一个五角星
    draw_five_start($im,200,5,45,$blue);             //绘制第二个五角星
    draw_five_start($im,320,5,45,$magenta);          //绘制第三个五角星
    imagefilledellipse($im,80,130,90,60,$red);       //绘制填充椭圆
    imagefilledrectangle($im,160,105,235,158,$blue); //绘制填充矩形

    //绘制两个椭圆弧，其中一个填充，另一个不填充
    imagefilledarc($im,320,130,90,60,180,0,$magenta,IMG_ARC_PIE);
    imagefilledarc($im,320,130,90,60,0,180,$magenta,IMG_ARC_NOFILL);
    //输出图像
    header("Content-type:image/gif");                //设置输出文件格式
    imagegif($im);                                   //以 GIF 格式输出图像
    imagedestroy($im);                               //释放图像所关联的内存
    ?>
```

## 7.4　绘制文本

创建一个 GD 图像后，除了可以绘制各种各样的轮廓图形和填充图形，还可以根据需要在图像中绘制文本。例如，为某些图形添加标注文字或随机生成验证码。有多种方式可以向图像中写入文本，既可以写入单个字符，也可以写入一个字符串，图像中的文本信息还可以通过点阵字体或 TrueType 字体显示出来。

### 7.4.1　绘制单个字符

在 GD 库中有以下两个函数可以向图像中写入字符。

（1）使用 imagechar()函数沿水平方向向图像中绘制一个字符，语法如下：

```
bool imagechar(resource $image,int $font,int $x,int $y,string $c,int $color)
```

此函数将字符串 c 的首字符绘制在 image 指定的图像中，其左上角位于（x，y）坐标处，颜色为 color。如果 font 为 1、2、3、4 或 5，则使用内置的字体，而且数字越大，字体越大。

（2）使用 imagecharup 函数沿垂直方向图像中绘制一个字符，语法如下：

```
bool imagecharup(resource $image,int $font,int $x,int $y,string $c,int $color)
```

此函数将字符 c 垂直地画在 image 指定的图像的（x，y）坐标处，颜色为 color。如果 font 为 1、2、3、4 或 5，则使用内置的字体。

**【例 7.8】**本例说明如何生成图片验证码并将其应用于网站登录，如图 7.9 和图 7.10
所示。

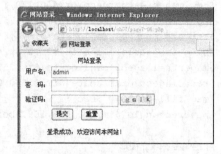

图 7.9　验证码输入错误　　　　　　　　图 7.10　登录成功

**【设计步骤】**

（1）在文件夹 ch07 中创建一个 PHP 动态网页并命名为 vcode.php。

（2）切换到代码视图，删除所有源代码并输入以下 PHP 代码块：

```php
<?php
$w=80;                                    //图片宽度
$h=26;                                    //图片高度
$str=array();
$vcode="";
$string="abcdefghijklmnopqrstuvwxyz0123456789";
for($i=0;$i<4;$i++){                      //随机生成一个验证码
  $str[$i]=$string[rand(0,35)];           //用 rand()函数产生一个 0～35 的随机整数
  $vcode.=$str[$i];
}
session_start();                          //启动一个会话
$_SESSION["vcode"]=$vcode;                //将验证码保存在会话变量中
$im=imagecreatetruecolor($w,$h);         //创建一个真彩色图像
$white=imagecolorallocate($im,255,255,255); //分配颜色
$blue=imagecolorallocate($im,0,0,255);
imagefilledrectangle($im,0,0,$w,$h,$white); //用白色绘制矩形并填充
imagerectangle($im,0,0,$w-1,$h-1,$blue);  //用黑色绘制图像边框
//以下循环语句用于生成图像的雪花背景
for($i=1;$i<200;$i++){
  $x=mt_rand(1,$w-9);                     //用 mt_rand()函数生成随机数
  $y=mt_rand(1,$h-9);
  $color=imagecolorallocate($im,mt_rand(200,255),
  mt_rand(200,255),mt_rand(200,255));    //随机生成一种颜色
  imagechar($im,1,$x,$y,"*",$color);      //在图像中写入一个星号
}
//以下循环语句用于将验证码写入图像中
for($i=0;$i<count($str);$i++){
  $x=13+$i*($w-15)/4;
  $y=mt_rand(3,$h/3);
  $color=imagecolorallocate($im,mt_rand(0,225),
    mt_rand(0,150),mt_rand(0,225));
  imagechar($im,5,$x,$y,$str[$i],$color);
}
```

```
header("Content-type:image/gif");
imagegif($im);                              //以 GIF 格式向浏览器输出图像
imagedestroy($im);
?>
```

（3）在文件夹 ch07 中创建一个 PHP 动态网页并命名为 page7-08.php。

（4）将该页面的文档标题设置为"网站登录"。

（5）在该页面中插入一个表单，在该表单中插入一个表格，在该表格中插入一个 Spry 验证文本域（文本域命名为 username）、一个 Spry 验证密码构件（密码域命名为 password），以及另一个 Spry 验证文本域（文本域命名为 vcode）、一个提交按钮（submit）和一个重置按钮。对表单验证构件的必需值文本进行设置。

（6）在用于输入验证码的文本域旁边添加一个图像，其 HTML 代码如下：

```
<img src="vcode.php" alt="验证码" height="24" align="bottom"
    style="cursor:pointer;" title="看不清可单击图片刷新"
    onclick="this.src='vcode.php?d='+Math.random();">
```

（7）在</body>标签上方输入以下 PHP 代码块：

```
<?php
if(isset($_POST["submit"])){
    session_start();
    $user=array("username"=>"admin","password"=>"123456");
if($_POST["username"]!=$user["username"]||$_POST["password"]!=$user["password"]){
    die("<p><font color=red>登录失败！错误原因：用户名或密码错误。</font></p>");
    }
    if($_POST["vcode"]!=$_SESSION["vcode"]){
    die("<p><font color=red>登录失败！错误原因：验证码输入错误。</font></p>");
    }
    echo '<p>登录成功，欢迎访问本网站！</p>';
}?>
```

（8）在浏览器中运行 page7-08.php，并对验证码功能进行测试。

### 7.4.2　绘制字符串

通过逐个写字符的方式也可以向图像中写入一个字符串，但这样做每次都要计算字符的位置并从字符串中取出要输出的字符，操作起来颇为麻烦。若需要快速向图像中写入一个字符串，可以通过调用以下两个函数来实现。

（1）使用 imagestring()函数可以沿水平方向在图像中画一行字符串，语法如下：

```
bool imagestring(resource $image, int font,int $x,int $y,string str,int $color)
```

此函数用 color 颜色将字符串 str 绘制到 image 所代表图像的（x，y）坐标处（这是字符串左上角的坐标），整幅图像的左上角坐标为（0，0）。如果 font 是 1、2、3、4 或 5，则使用内置字体。

（2）使用 imagestringup()函数可以沿垂直方向在图像中画一行字符串，语法如下：

```
bool imagestringup(resource $image,int $font,int $x,int $y,string $str,int $color)
```

此函数用 color 颜色将字符串 str 沿垂直方向绘制到 image 所代表图像的（x，y）坐标处，图像的左上角坐标为（0，0）。如果 font 是 1、2、3、4 或 5，则使用内置字体。

【例 7.9】本例说明如何在图像中绘制水平文本和垂直文本，效果如图 7.11 所示。

图 7.11　绘制水平文本和垂直文本

【设计步骤】

（1）在文件夹 ch07 中创建一个 PHP 动态网页并命名为 page7-09.php。

（2）将该页的文档标题设置为"绘制水平文本和垂直文本"。

（3）切换到代码视图，在文档声明<!DOCTYPE HTML>上方输入以下 PHP 代码块：

```php
<?php
$w=368;
$h=200;
$im=imagecreate($w,$h);
$bgc=imagecolorallocate($im,255,255,218);
$border=imagecolorallocate($im,0,128,255);
$red=imagecolorallocate($im,255,0,0);
$green=imagecolorallocate($im,0,255,0);
$blue=imagecolorallocate($im,0,0,255);
$purple=imagecolorallocate($im,128,0,255);
imagerectangle($im,0,0,$w-1,$h-1,$border);
$str="imagestring: Draw a string horizontally.";
imagestring($im,2,5,10,$str,$red);
imagestring($im,3,5,35,$str,$green);
imagestring($im,4,5,60,$str,$blue);
imagestring($im,5,5,85,$str,$purple);
$str="GD Library";
imagestringup($im,2,50,190,$str,$red);
imagestringup($im,3,130,190,$str,$green);
imagestringup($im,4,210,190,$str,$blue);
imagestringup($im,5,290,190,$str,$purple);
imagegif($im,"text.gif");
imagedestroy($im);
?>
```

（4）在<body>标签下方输入以下 PHP 代码块：

```php
<?php
if(is_file("text.gif")){
  echo '<img src="text.gif">';
}
?>
```

### 7.4.3　绘制中文文本

使用 imagechar()和 imagestring()等函数可以方便地向图像中写入字符和字符串，不过这些函数都有一个局限性，即只能向图像中写入英文文本，而不能写入中文文本。若要向图像中写入中文文本，首先需要把中文字符串转换为 UTF-8 格式，然后再用 TrueType 字体向图像中写入文本。

若要通过 imagettftext()函数向图像中写入中文字符串，则首先需要把字符串转换为 UTF-8 格式，否则会出现乱码现象。在 PHP 中，以下两个函数可以用来进行编码转换。

● 使用 iconv()函数将一个字符串转换为所需要的字符编码格式，语法如下：

```
string iconv(string $in_charset,string $out_charset,string $str)
```

此函数将字符串 str 的字符集从 in_charset 转换为 out_charset 并返回转换后的字符串，若失败则返回 false。

如果在 out_charset 上追加字符串"//TRANSLIT"，则会激活音译。这意味着当一个字符不能在目标字符集中表示时，将会使用一个或多个类似的字符来表示。如果在 out_charset 上追加字符串"//IGNORE"，则那些不能在目标字符集中表示的字符将被丢弃。此外，字符串将从一个不合法的字符处被截断。

以下给出一个用 iconv()函数进行编码转换的例子。

```
<?php echo iconv("GB2312", "UTF-8", "心想事成。"); ?>
```

● 使用 mb_convert_encoding()对字符串的编码方式进行转换，语法如下：

```
string mb_convert_encoding(string $str,string $to_encoding[,mixed $from_encoding])
```

其中，str 表示要转换的字符串；to_encoding 指定转换后的字符编码名称；from_encoding 指定转换前的字符编码名称，它可以是一个数组或用逗号分隔的字符串列表，如果不指定，则使用内置编码方式。

此函数将字符串 str 的字符编码方式从 from_encoding 转换为 to_encoding。

以下给出一个用 mb_convert_encoding()函数进行编码转换的例子：

```
<?php echo mb_convert_encoding("我爱 PHP 编程。","UTF-8","GB2312,GBK"); ?>
```

将中文字符串转换为 UTF-8 格式后，可以通过调用 imagettftext()函数来实现用 TrueType 字体向图像中写入文本，语法如下：

```
array imagettftext(resource $mage,float $size,float $angle,
    int $x,int $y,int $color,string $fontfile,string $text)
```

其中，image 表示图像标识符；size 指定字体的大小，根据 GD 版本不同，该参数以像素（GD1）或磅（GD2）为单位。

angle 指定以角度制表示的角度，0 度为从左向右读的文本，更高数值表示逆时针旋转。例如，90 度表示从下向上读的文本。

x 和 y 所表示的坐标定义了第一个字符的基本点（大约是字符的左下角）。y 表示 Y 坐标，用于设定字体基线的位置，而不是字符的最底端。

color 表示颜色索引。使用负的颜色索引值具有关闭防锯齿的效果。

fontfile 指定想要使用的 TrueType 字体的路径。根据 PHP 所使用的 GD 库的不同，当 fontfile 没有以"/"开头时，则".ttf"将被加到文件名之后并会在库定义字体路径中尝试搜索该文件名。当使用的 GD 库版本低于 2.0.18 时，一个空格字符（而不是分号）将被用来作为不同字体文件的"路径分隔符"。如果不小心使用了此特性将会导致一条警告信息："Warning: Could not find/open font"。对受影响的版本来说，唯一的解决方案就是将字体移动到不包含空格的路径中去。在很多情况下字体文件都放在脚本的同一个目录下。

text 表示要写入的文本字符串。该字符串中可以通过包含十进制数字化字符（形式为 &#8364）来访问字体中超过位置 127 的字符。UTF-8 编码的字符串可以直接传递。如果字体不支持字符串中使用的某个字符，则用一个空心矩形替换该字符。

imagettftext()函数返回一个含有八个元素的数组，表示文本外框的四个角，顺序为左下角、右下角、右上角、左上角。这些点是相对于文本的与角度无关，因此"左上角"指的是以水平方向看文字时的左上角。

【例 7.10】本例说明如何在图像中绘制中文文本，效果如图 7.12 所示。

图 7.12　绘制中文文本

【设计步骤】

（1）在文件夹 ch07 中创建一个 PHP 动态网页并命名为 page7-10.hp。

（2）切换到代码视图，删除所有源代码并输入以下 PHP 代码块：

```php
<?php
//创建图像
$im=imagecreatetruecolor(270,128);
//分配颜色
$white=imagecolorallocate($im,0xFF,0xFF,0xFF);
$grey1=imagecolorallocate($im,0x66,0x66,0x66);
$grey2=imagecolorallocate($im,0x33,0x33,0x33);
$blue=imagecolorallocate($im,0,0,0xFF);
$yellow1=imagecolorallocate($im,0xFF,0xCC,0x005);
$yellow2=imagecolorallocate($im,0xFF,0xFF,0);
//对字符串进行字符集转换
$text=iconv("GB2312","UTF-8","PHP 动态网站开发");
//设置字体文件
$font="C:\\Windows\\Fonts\\STXINGKA.TTF";
imagefill($im,0,0,$white);                              //填充区域
imagefilledrectangle($im,2,30,258,78,$blue);            //画填充矩形
$p1=array(2,15,12,5,268,5,258,15);                      //设置多边形顶点
$p2=array(258,15,268,5,268,75,258,85);                  //设置另一多边形顶点
imagefilledpolygon($im,$p1,4,$yellow1);                 //画填充多边形
imagefilledpolygon($im,$p2,4,$grey1);                   //画另一填充多边形
imagefilledrectangle($im,2,15,258,85,$blue);            //画一填充矩形
imagettftext($im,22,0,20,65,$grey2,$font,$text);        //写入中文文本（灰色）
imagettftext($im,22,0,16,61,$yellow2,$font,$text);      //写入中文文本（黄色）
header("Content-type:image/gif");                       //设置输出内容的类型
imagegif($im);                                          //以 GIF 格式输出图像
imagedestroy($im);
?>
```

## 习题 7

### 一、填空题

1. GD 2 动态链接库文件名为_____。

2. gd_info()函数的作用是取得当前安装的_____的相关信息。

3. 使用 imagecreatetruecolor()函数创建真彩色图像时，默认情况下其背景颜色为_____。

4. 使用 imagecreate()函数创建图像后，首次调用 imagecolorallocate()函数分配的颜色将用来填充图像的_____。

5. imageellipse()函数的作用是在图像中绘制一个_____。

6. imagestring()函数与 imagestringup()函数的区别在于它们绘制字符串时的_____不同。

### 二、选择题

1. 若要用 PHP 代码绘制一个矩形，可使用（　　　）函数来实现。

A. imageline()　　　　　　　　　　　B. imagedashedline()

C. imagerectangle()　　　　　　　　　D. imagepolygon()

2. 通过调用（　　　）函数可在图像中绘制一个椭圆并加以填充。

A. imagefilledrectangle()　　　　　　B. imagefilledpolygon()

C. imagefilledellipse()　　　　　　　 D. s imagefilledarc()

3. 使用 imagefilledarc()函数时，若要用直线连接起点、终点和中心点，则应将 style 参数设置为（　　　）。

A. IMG_ARC_PIE　　　　　　　　　　B. IMG_ARC_CHORD

C. IMG_ARC_NOFILL　　　　　　　　D. IMG_ARC_EDGED

### 三、简答题

1. 如何在 PHP 中测试 GD 库是否已加载？

2. 在 PHP 中创建图像有哪两种方式？

3. 在 PHP 中输出图像通常有哪两种方式？

4. 若要向图像中写入中文，需要注意什么？

## 上机实验 7

1. 创建一个 PHP 动态网页，用于检测 GD 库是否加载成功并获取该库的信息。

2. 创建一个 PHP 动态网页，分别创建基于调色板的图像、真彩色图像和基于文件的图像。

3. 创建一个 PHP 动态网页，创建图像并绘制矩形、椭圆和文本，然后将图像输出到浏览器。

4. 创建一个 PHP 动态网页，使用带透明度的颜色绘制三个部分叠加的矩形。

5．创建一个 PHP 动态网页，使用 imagesetpixel()函数绘制直线和抛物线。

6．创建一个 PHP 动态网页，创建图像并绘制矩形、三角形、椭圆和圆弧等轮廓图形。

7．创建一个 PHP 动态网页，创建图像并绘制矩形、三角形、椭圆和五角星等填充图形。

8．创建两个 PHP 动态网页，一个用于生成图像验证码，另一个用于模拟网站登录页（包含图像验证码）。

9．创建一个 PHP 动态网页，用于创建图像并在其中绘制中文文本。

# 第8章 MySQL 数据库管理

MySQL 是一个小型关系型数据库管理系统，具有体积小、速度快、总体成本低及开放源码等特点。由于 MySQL 和 PHP 都可以免费使用，所以在 PHP 网站开发中通常会选择 MySQL 作为网站的后台数据库。为了更好地使用 MySQL 数据库，本章专门讨论 MySQL 数据库的管理，主要内容包括 MySQL 应用基础、数据库创建与维护、数据查询与操作、索引与视图、存储过程与函数、触发器及安全性管理等。

## 8.1 MySQL 应用基础

MySQL 由一个多线程 SQL 服务器、多种客户端程序、管理工具及编程接口组成。在使用 MySQL 之前，首先需要了解一些基础知识，主要包括 MySQL 服务器管理、MySQL 命令行工具应用及 Navicat for MySQL 等。

### 8.1.1 MySQL 服务器管理

MySQL 采用客户机/服务器体系结构。客户机通过网络连接到 MySQL 数据库服务器并提交数据操作请求，MySQL 服务器用于监听客户机的请求，并根据这些请求访问数据库并向客户机提供所需要的数据。只有 MySQL 服务器启动后，客户机才能连接到该服务器。

在 Windows 平台上安装 MySQL 时，通常已将 MySQL 安装为 Windows 服务，当 Windows 启动、停止时，MySQL 也随之自动启动、停止。在某些情况下，也可以根据需要使用服务工具来控制 MySQL 服务器，为此可在控制面板中双击【管理工具】，在【管理工具】窗口中双击【服务】，当出现【服务】窗口时，在窗口右侧选择【MySQL】，并利用工具图标来启动或停止 MySQL 服务器，如图 8.1 所示。

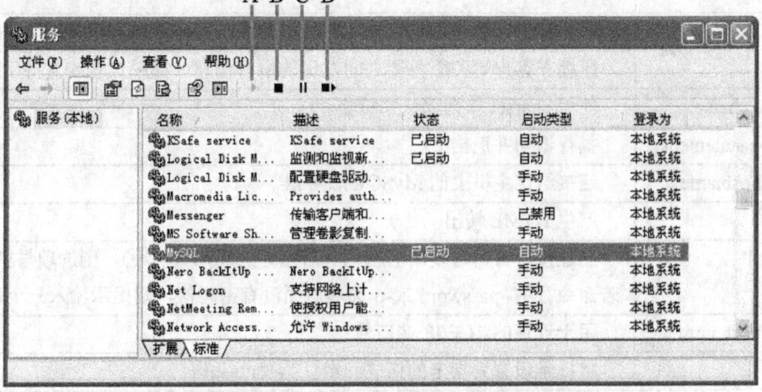

A—启动；B—停止；C—暂停；D—重启

图 8.1 利用服务管理工具启动和停止 MySQL 服务器

### 8.1.2 MySQL **命令行工具**

MySQL 命令行工具是一个简单的 SQL 外壳，它支持交互式和非交互式使用。当采用交互式模式时，查询结果采用 ASCII 表格格式；当采用非交互式模式时，结果为 Tab 分隔符格式。也可以使用命令行选项更改输出格式。

在命令提示符下，可通过以下格式来调用 MySQL 命令行工具：

```
mysql -hhostname -uusername -ppassword
```

其中，hostname 指定要连接的 MySQL 服务器的主机名，若要连接本机上的 MySQL 服务器，主机名可用 localhost 表示；username 指定用户名，如 root；password 表示登录密码，如 "123456"。若使用了-p 选项而未指定密码，则会显示 "Enter Password:"，提示输入密码。

例如，若要以 root 用户身份连接到本机上的 MySQL 服务器，则可以输入以下命令：

```
mysql -hlocalhost -uroot -p
```

输入正确的密码后，将显示欢迎信息并出现 MySQL 提示符，如图 8.2 所示。

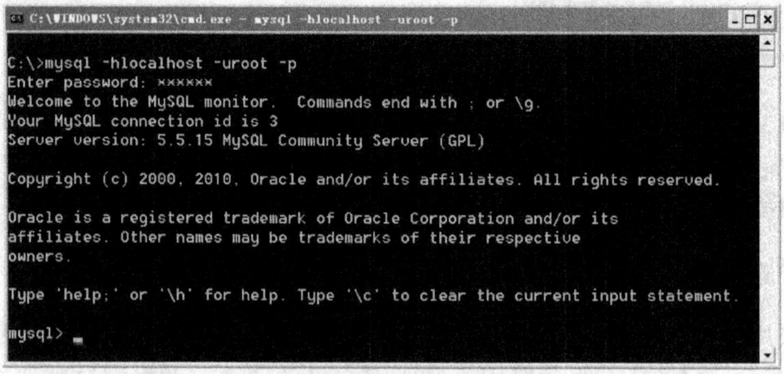

图 8.2　运行 MySQL 命令行工具

在 MySQL 提示符下可以输入一个 SQL 语句，并以 ";"、"\g" 或者 "\G" 结尾，然后按回车键执行该语句。若要退出 MySQL 命令行工具，则可以执行 quit 或 exit 命令。

MySQL 命令行工具提供了许多选项，其中多数选项都有长格式和短格式，调用 MySQL 时可以使用这些选项。一些常用的 MySQL 选项在表 8.1 中列出。

表 8.1　常用 MySQL 选项

| 选　　项 | 说　　明 |
|---|---|
| --help, -? | 显示帮助消息并退出 |
| --compress, -C | 压缩在客户端和服务器之间发送的所有信息（如果二者均支持压缩） |
| --default-character-set=charset | 使用 charset 作为默认字符集 |
| --execute=statement, -e statement | 执行语句并退出 |
| --host=hostname, -h hostname | 连接给定主机上的 MySQL 服务器 |
| --html, -H | 产生 HTML 输出 |
| --password[=password]　　　　, -p[password] | 当连接服务器时使用的密码。若用短选项形式（-p），则选项与密码之间不能有空格。若命令行中--password 或-p 选项后面没有密码值，则提示输入一个密码 |
| --port=port_num, -P port_num | 用于连接的 TCP/IP 端口号 |
| --prompt=format_str | 将提示设置为指定的格式。默认为 "mysql>" |
| --reconnect | 如果与服务器之间的连接断开，则自动尝试重新连接 |
| --user=username, -u username | 当连接服务器时 MySQL 使用的用户名 |
| --xml, -X | 产生 XML 输出 |

MySQL 可以将发出的 SQL 语句发送到待执行的服务器，此外还有一些命令可以由 MySQL 自己解释。若要查看这些命令，可在 mysql>提示下输入"help"或"\h"。

表 8.2 列出了 MySQL 的常用命令，每个命令都有长形式和短形式。长形式对大小写不敏感；短形式对大小写敏感。长形式后面可以加一个分号结束符，但短形式不可以。

**表 8.2　常用 MySQL 命令**

| 命　　令 | 说　　　明 |
|---|---|
| connect, \r | 重新连接到服务器，可选参数为 db 和 host |
| delimiter, \d | 设置语句定界符，将本行中的其余内容作为新的定界符。在该命令中，应避免使用反斜线（"\"） |
| go, \g | 将命令发送到 MySQL 服务器 |
| help, \h | 显示帮助信息 |
| quit, \q | 退出 MySQL 工具 |
| source, \. | 执行一个 SQL 脚本文件，以文件名作为参数 |
| status, \s | 从服务器获取状态信息。该命令提供连接和使用的服务器相关的部分信息 |
| use, \u | 使用另一个数据库，以数据库名作为参数 |

一般情况下，是以交互方式使用 MySQL 客户程序的。不过，也可以事先将要执行的 SQL 语句保存到一个文件中，然后通过 MySQL 从该文件中读取输入。为此，首先创建一个文本文件 text_file，并包含想要执行的语句，然后按以下方式调用 MySQL：

```
mysql db_name < text_file
```

如果在文本文件中包含一个 use db_name 语句，则不需要在命令行中指定数据库名。例如：

```
mysql < text_file
```

如果正在运行 MySQL，则可以使用 source 或 \. 命令来执行 SQL 脚本文件。例如：

```
mysql> source filename;
mysql> \. filename;
```

### 8.1.3　Navicat for MySQL 工具

Navicat for MySQL（以下简称为 Navicat）是一套专为 MySQL 设计的强大数据库管理及开发工具，它可以用于 3.21 及以上版本的 MySQL 数据库服务器，并支持大部分 MySQL 最新版本的功能，包括触发器、存储过程、函数、事件、视图及管理用户等。

若要在 Windows 中启动 Navicat，则可单击【开始】，然后选择【所有程序】→【PremiumSoft】→【Navicat for MySQL】→【Navicat for MySQL】。此时将打开 Navicat for MySQL 浏览器窗口，它包括左边的导航窗口和右边的对象窗口，如图 8.3 所示。

**图 8.3　Navicat for MySQL 浏览器窗口**

若要在 Navicat 中创建或管理 MySQL 数据库，则首先要用连接对话框创建一个或多个连接。创建连接的操作步骤如下所示。

（1）单击工具栏上的【连接】按钮，或从【文件】菜单中选择【新建连接】命令。

（2）在如图 8.4 所示的【新建连接】对话框中，对以下选项进行设置。

图 8.4　【新建连接】对话框

- 连接名：一个描述连接的名称。
- 主机名或 IP 地址：数据库所在的主机名或服务器的 IP 地址。若要连接到本地主机，则可输入 localhost。
- 端口：连接到数据库服务器的 TCP/IP 端口，默认为 3306。
- 用户名：连接到数据库服务器的用户名，如 root。
- 密码：连接到服务器的密码。

（3）单击【连接测试】按钮，此时可看到"连接成功"信息。

（4）单击【确定】按钮，关闭【新建连接】对话框。

此时，将在导航窗口中显示连接名。双击连接名可打开该连接，从而可以看到服务器上的所有数据库。双击一个数据库，便可看到其中包含的表、视图等对象，如图 8.5 所示。

图 8.5　查看数据库对象

## 8.2　创建和维护数据库

数据库是与特定主题或用途相关的数据和对象的容器，数据库存储在一个或多个磁盘文件中。MySQL 数据库中可以包含表、视图、存储过程、函数及触发器等。若要使用数据库存储数据和其他对象，则首先要创建数据库。

### 8.2.1　创建数据库

在 MySQL 中，可使用 CREATE DATABASE 来创建数据库并进行命名，语法如下：

```
CREATE {DATABASE|SCHEMA} [IF NOT EXISTS] db_name
[create_specification[,create_specification]...]
create_specification:
[DEFAULT] CHARACTER SET charset_name|[DEFAULT] COLLATE collation_name
```

其中，db_name 指定要创建的数据库的名称。如果已存在同名数据库，并且没有指定 IF NOT EXISTS，则会出现错误。

create_specification 项用于指定数据库选项。CHARACTER SET 子句指定默认的数据库字符集；COLLATE 子句指定默认的数据库校对规则。若要使用简体中文，则可将数据库字符集指定为 gb2312 或 gbk，相应的数据库校对规则分别为 gb2312_chinese_ci 或 gbk_chinese_ci。

也可以通过修改配置文件 my.ini 来设置默认的数据库字符集，方法是：打开 MySQL Server 5.5 文件夹中的 my.ini 文件，在 [mysqld] 下方设置 default-character-set 项的值。例如：

```
default-character-set=gb2312
```

使用 CREATE DATABASE 语句时，应注意以下几点。

● 若要使用 CREATE DATABASE，则需要获得数据库 CREATE 权限。

● 执行 CREATE DATABASE 语句将在 MySQL 的数据目录 data 中创建一个与数据库同名的目录，同时还会创建一个名为 db.opt 的文本文件，用于存储全部数据库选项。

● 若要改变数据库文件的存储位置，则可通过修改 my.ini 文件中的 datadir 项来实现。

在 Navicat 中可通过以下操作来创建数据库。

（1）在导航窗口中，双击以打开连接。

（2）在已打开的连接上右击并从弹出菜单中选择【新建数据库】命令。

（3）在如图 8.6 所示的【新建数据库】对话框中填写所需信息。

● 数据库名：设置新的数据库名。

● 字符集：指定默认的数据库字符集。

● 排序规则：指定默认的数据库排序规则。

（4）单击【确定】按钮。

图 8.6　【新建数据库】对话框

### 8.2.2　显示数据库列表

使用 SHOW DATABASES 语句可显示当前服务器上所有数据库的列表，语法如下：

```
SHOW DATABASES [LIKE 'pattern']
```

其中，LIKE 'pattern' 子句是可选项，用户限制语句只输出名称与模式匹配的数据库；'pattern' 是一个字符串，可以包含 SQL 通配符 "%" 和 "_"。其中，"%" 表示任意多个字符，"_" 表示任意单个字符。若未指定 LIKE 子句，则显示当前服务器上的所有数据库。

使用 USE 语句，可通知 MySQL 将 db_name 数据库作为默认（当前）数据库使用，用于后续语句。语法如下：

```
USE db_name
```

USE 语句将数据库 db_name 保持为默认数据库，直到语句段的结尾，或者直到发布另一个不同的 USE 语句。

在 Navicat 中，打开连接之后，即可看到当前服务器上的所有数据库。

若要打开一个隐藏的数据库，则可在已打开的连接上右击并从弹出菜单中选择【打开数据库】命令，然后在【打开数据库】对话框中输入数据库名。

若要打开一个显示在导航窗口的数据库的内容，则可在导航窗口中双击该数据库。

若要关闭一个数据库，则可在导航窗口中右击该数据库并从弹出菜单中选择【关闭数据库】命令。

### 8.2.3 删除数据库

使用 DROP DATABASE 语句可从服务器上删除指定的数据库，语法如下：

```
DROP {DATABASE|SCHEMA} [IF EXISTS] db_name
```

db_name 指定要删除数据库的名称，此语句用于删除数据库中的所有表并删除数据库；IF EXISTS 用于防止当数据库不存在时发生错误。

若要在 Navicat 中删除一个数据库，则可在导航窗口中右击该数据库并从弹出菜单中选择【删除数据库】命令，然后在对话框中确认操作。该操作是不可逆的。

## 8.3 创建和维护表

为了存储各种数据，创建数据库后还需要在该库中创建数据库表。创建一个数据库表时，首先要对该数据库表的结构进行定义，也就是对其中每个列的名称、数据类型及其他属性进行设置。

### 8.3.1 数据类型

创建数据库表时，必须对每个列设置数据类型。MySQL 支持多种数据类型，包括数值类型、日期/时间类型和字符串类型等。

#### 1. 数值类型

MySQL 支持所有标准 SQL 数值数据类型。这些数值类型可分为整型和浮点型两大类。

（1）整型数据类型。用 M 表示最大显示宽度，最大有效显示宽度是 255。整型分为有符号型和无符号型，默认为有符号型。若要指定为无符号型，则应设置 UNSIGNED 属性。对于无符号型，还可以设置 ZEROFILL 属性，则列值的空余部分会用前导 0 来补充。若为一个数值列指定 ZEROFILL，则 MySQL 自动为该列添加 UNSIGNED 属性。

- TINYINT[(M)] [UNSIGNED] [ZEROFILL]：1 字节，取值范围为−128～127 或 0～255。
- BIT[(M)]：位字段类型。M 表示每个值的位数，范围为 1～64。若省略 M，默认为 1。

- TINYINT[(M)] [UNSIGNED] [ZEROFILL]：很小的整数。有符号型的范围是−128∼127，无符号型的范围是 0∼255。
- BOOL，BOOLEAN：是 TINYINT(1)的同义词。零值视为假，非零值视为真。
- SMALLINT[(M)] [UNSIGNED] [ZEROFILL]：小的整数。有符号型的范围是−32768∼32767，无符号型的范围是 0∼65535。
- MEDIUMINT[(M)] [UNSIGNED] [ZEROFILL]：中等大小的整数。有符号型的范围是−8388608∼8388607，无符号型的范围是 0∼16777215。
- INT[(M)] [UNSIGNED] [ZEROFILL]：普通大小的整数。有符号型的范围是−2147483648∼2147483647，无符号型的范围是 0∼4294967295。
- BIGINT[(M)] [UNSIGNED] [ZEROFILL]：大整数。有符号型的范围是−9223372036854775808∼9223372036854775807，无符号型的范围是 0∼18446744073709551615。

（2）浮点型数据类型。对于浮点型数据，用 M 表示小数总位数，用 D 表示小数位置。

- FLOAT[(M,D)] [UNSIGNED] [ZEROFILL]：单精度浮点数。允许的值是−3.402823466 E+38∼−1.175494351E−38、0 和 1.175494351E−38∼3.402823466E+38。
- DOUBLE[(M,D)] [UNSIGNED] [ZEROFILL]：双精度浮点数。允许的值是−1.79769313 48623157E+308∼−2.2250738585072014E−308、0 和 2.2250738585072014E−308∼1.7976931348623157E+308。
- FLOAT(p) [UNSIGNED] [ZEROFILL]：浮点数。p 表示精度（以位数表示），但 MySQL 只使用该值来确定是否结果列的数据类型为 FLOAT 或 DOUBLE。如果 p 为 0∼24，则数据类型变为没有 M 或 D 值的 FLOAT；如果 p 为 25∼53，则数据类型变为没有 M 或 D 值的 DOUBLE。
- DECIMAL[(M[,D])] [UNSIGNED] [ZEROFILL]：定点数。小数点和负号不包括在 M 中。如果 D 为 0，则值没有小数点或分数部分。DECIMAL 的整数最大位数（M）为 65，最大位数（D）为 30。若省略 M 和 D，则默认都是 0。

## 2. 日期和时间类型

表示日期和时间的数据类型包括 DATETIME、DATE、TIMESTAMP、TIME 和 YEAR。每个时间类型有一个有效值范围和一个"零"值，当指定不合法和不能表示的值时 MySQL 将使用"零"值。

- DATE：日期。支持的范围为 1000-01-01∼9999-12-31。MySQL 以 YYYY-MM-DD 格式显示 DATE 值，允许使用字符串或数字为 DATE 列分配值。
- DATETIME：日期和时间的组合。支持的范围是 1000-01-01 00:00:00∼9999-12-31 23:59:59。MySQL 以 YYYY-MM-DD HH:MM:SS 格式显示 DATETIME 值，允许使用字符串或数字为 DATETIME 列分配值。
- TIMESTAMP[(M)]：时间戳。范围是 1970-01-01 00:00:00∼2037 年。
- TIME：时间。范围是-838:59:59∼838:59:59。MySQL 以 HH:MM:SS 格式显示 TIME 值，允许使用字符串或数字为 TIME 列分配值。
- YEAR[(2|4)]：两位或四位格式的年。默认是四位格式。在四位格式中，允许的值是 1901∼2155 和 0000；在两位格式中，允许值是 70∼69，表示从 1970 年到 2069 年。

MySQL 以 YYYY 格式显示 YEAR 值，可使用字符串或数字为 YEAR 列分配值。

使用日期和时间类型时，允许使用字符串或数字为 DATE 列、DATETIME 列和 TIME 列分配值。TIMESTAMP 列类型用于 INSERT 或 UPDATE 操作时记录日期和时间。如果不分配一个值，则表中的第一个 TIMESTAMP 列自动设置为最近操作的日期和时间。也可以通过分配一个 NULL 值，将 TIMESTAMP 列设置为当前的日期和时间。TIMESTAMP 值返回后显示为 YYYY-MM-DD HH:MM:SS 格式的字符串，显示宽度固定为 19 个字符。

### 3. 字符串类型

字符串类型分为普通字符串、二进制字节字符串、TEXT 和 BLOB 及特殊类型。

- [NATIONAL] CHAR(M)[BINARY|ASCII|UNICODE]：定长字符串，保存时在右侧填充空格以达到指定长度。M 表示列长度，范围为 0～255；NATIONAL 属性定义 CHAR 列使用默认字符集；BINARY 属性指定列字符集的二元校对规则，即基于数值字符值进行排序和比较；ASCII 属性分配 latin1 字符集；UNICODE 属性分配 ucs 2 字符集。
- CHAR：CHAR(1)的同义词。
- [NATIONAL] VARCHAR(M) [BINARY]：变长字符串。M 表示最大列长度，范围为 0～65535。
- BINARY(M)：类似于 CHAR 类型，用于保存二进制字节字符串。
- VARBINARY(M)：类似于 VARCHAR 类型，用于保存二进制字节字符串。
- BLOB：二进制大对象，可以容纳可变数量的数据。BLOB 类型包括 TINYBLOB、BLOB[(M)]、MEDIUMBLOB 和 LONGBLOB，它们可容纳值的最大长度不同。
- TEXT：包括 TINYTEXT、TEXT[(M)]、MEDIUMTEXT 和 LONGTEXT，分别对应四种 BLOB 类型，有相同的最大长度和存储需求。
- ENUM('value1', 'value2', …)：枚举类型，其值从值列 value1、value2、…、NULL 或特殊错误值中选出，最多可有 65535 个不同的值。ENUM 值在内部用整数表示。
- SET('value1', 'value2', …)：集合类型，可以有零个或多个字符串值，每个值必须来自列值 value1、value2、…。SET 列最多可有 64 个成员。SET 值在内部用整数表示。

在字符串类型中，CHAR 和 VARCHAR 列适合于存储非二进制字符串，BINARY 和 VARBINARY 列则适合于存储二进制字节字符串。CHAR 和 BINARY 列长度固定，VARCHAR 和 VARBINARY 列长度可变。各种 TEXT 列适合于存储长文本，各种 BLOB 列则适合于存储二进制数据。在特殊类型中，ENUM 是一个字符串对象，其值来自一个允许值列表。ENUM 列也可以是空串（""）或 NULL。SET 也是一个字符串对象，但它可以有零个或多个值，这些值都必须来自一个允许值列表。这里所说的允许值列表都是用逗号（","）分隔的。

### 8.3.2 表的创建

使用 CREATE TABLE 语句可以在数据库中创建一个表，基本语法如下：

```
CREATE [TEMPORARY] TABLE [IF NOT EXISTS] tbl_name
(column_definition,...)
[CHARACTER SET charset_name]
[COLLATE collation_name]
[COMMENT 'string']
column_definition:
col_name type [NOT NULL|NULL] [DEFAULT default_value]
[AUTO_INCREMENT] [UNIQUE [KEY]|PRIMARY KEY] [COMMENT 'string']
```

其中，tbl_name 指定要创建的表的名称。使用 TEMPORARY 关键词可以创建临时表。若表已存在，则可用关键词 IF NOT EXISTS 防止发生错误。COMMENT 子句给出列或表的注释；CHARACTER SET 子句设置表的默认字符集；COLLATE 子句设置表的默认校对规则。

column_definition 给出列的定义。其中，col_name 表示列名。表名和列名都可以用 "`" 符号（用键盘上数字 1 左边的那个键输入）括起来；type 表示列的数据类型，可以使用本书 8.3.1 节中介绍的任何数据类型。

NOT NULL | NULL 指定列是否可以为空，若未指定 NULL 或 NOT NULL，则创建列时指定为 NULL。DEFAULT 子句为列指定一个默认值，这个默认值必须是一个常数，不能是一个函数或一个表达式。例如，一个日期列的默认值不能被设置为一个函数，如 NOW() 或 CURRENT_DATE。不过，可对 TIMESTAMP 列指定 CURRENT_TIMESTAMP 作为默认值。

AUTO_INCREMENT 指定列为自动编号，该列必须被定义为一种整数类型，其值从 1 开始，依次加 1。UNIQUE KEY 将列设置为唯一索引。PRIMARY KEY 将列设置为主键，主键列必须定义为 NOT NULL。一个表只有一个主键。COMMENT 子句给出列的注释。

在 Navicat 中，可使用表设计器以可视化方式来创建表。具体操作方法如下所示。

（1）在导航窗口中，双击打开连接，双击打开一个数据库。

（2）在该数据库下方单击【表】，然后在工具栏上单击【新建表】，如图 8.7 所示。

图 8.7　在数据库中创建新表

此时将打开表设计器，选择【栏位】选项卡，即可对表列进行定义，包括添加或插入新列、移动或删除所选列，以及设置列的属性等，如图 8.8 所示。

（3）通过以下操作来添加、插入、编辑、移动或删除列。

- 若要在表中添加一个列，则可在表设计器中打开表，选择【栏位】选项卡，然后在工具栏上单击【添加栏位】。
- 若要在一个现有列上方插入一个列，则可在【栏位】选项卡中选择该现有列，然后在工具栏上单击【插入栏位】，并在空白行定义该列的属性。
- 若要编辑一个表列，则可在【栏位】选项卡中单击该列，然后对它进行编辑。
- 若要改变表列的顺序，则可在【栏位】选项卡中单击要移动的列，然后在工具栏单击【上移】或【下移】。
- 若要从表中删除一列，则可在【栏位】选项卡中单击要删除的列，然后工具栏上单击【删除栏位】，并在对话框中确认删除。

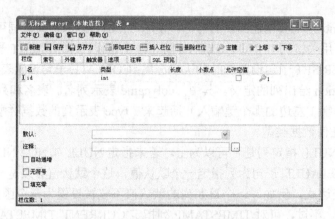

图 8.8　表设计器的【栏位】选项卡

（4）通过以下操作来设置列的属性，其中某些属性仅适用于特定数据类型的列。

- 名：使用【名】编辑框来设置列名。列名是一个描述性识别符，最大长度为 64 个字符（字母或数字，包括空格）。列名应该对列有足够的描述作用，每个列名在表的全部列中都必须是唯一的。
- 类型：在【类型】下拉列表选择列的数据类型。选择一个列的数据类型可决定在该列中允许输入何种类型的数据，设置 MySQL 给此列的数据分配多少存储空间，以及能够对此列的值进行哪些操作。
- 长度和小数点：使用【长度】编辑框设置列的长度并在【小数点】编辑框中为浮点数据类型指定小数点后有多少位数。
- 允许空值：使用该复选框指定是否允许列为空值。
- 主键：主键是一个单列或多个列的组合，能够唯一地定义一条记录。一个主键的列不可以包含空值。
- 默认值：在【默认】编辑框中设置列的默认值。TEXT 和 BLOB 数据类型没有默认值。
- 注释：在【注释】编辑框中设置任何可选的文本来描述当前列。

对于文本、备注及 BLOB 数据类型的列，可设置以下属性。

- 字符集（只限于非二进位字符串）：字符集是一组符号和编码。从【字符集】下拉列表选择列的字符集类型。
- 排序规则（只限于非二进位字符串）：排序规则是一组在字符集中比对字符的规则。从【排序规则】下拉列表中选择列的排序规则类型。
- 键长度：将列设置为主键时，可启用【键长度】编辑框。键长度为 1～255。
- 二进制（只限于 char 及 varchar）：使用【二进制】复选框可对列指定二进制（BINARY）属性，以根据列值的字节数值进行排序和比对。

对于数字、货币及浮点数据类型的列（不适用于 bit 类型），可设置以下属性。

- 自动递增（只限于数字或货币）：使用【自动递增】复选框可设置自动递增属性，这样能为新的列生成唯一标识。若要自动递增值开始不是 1，则可以设置该值。
- 无符号：使用【无符号】复选框可设置 UNSIGNED 属性，可限制列值为非负数或者得到一个更大数字上限范围的列。
- 填充零：使用【填充零】复选框指定默认补充的空格用零代替。例如，声明一个列 INT(5)

ZEROFILL，值 4 会检索为 00004。若为一个数字类型的列指定填充零属性，则 MySQL
自动为该列添加无符号属性。

对于时间戳类型的列，可使用【根据当前时间戳更新】复选框来指定其值。

对于 SET 或 ENUM 类型的列，可使用【值】编辑框来定义集合或枚举（SET/ENUM）
的成员。一个 SET 列最多可有 64 个成员。一个 ENUM 列最多可有 65 535 个不重复的值。

（5）完成对所有列的定义后，在工具栏上单击【保存】按钮，然后在对话框中输入表名
并单击【确定】。此时，新建的表将出现在所选数据库的【表】下方。

【例 8.1】在 Navicat 中创建一个名为 student_info 的数据库，并在该数据库中创建三个表，
名称分别为 student、course 和 score。各表的结构见表 8.3 中描述。

表 8.3　student_info 数据库的表结构

| 列　名 | 数据类型 | 注　释 | 说　明 |
|---|---|---|---|
| 表名：student | | | |
| student_id | char(7) | 学号 | 主键 |
| student_name | varchar(10) | 姓名 | 不允许为空 |
| gender | enum('男', '女') | 性别 | 不允许为空 |
| birthdate | Date | 出生日期 | 不允许为空 |
| department | enum('计算机科学系','电子工程系','电子商务系') | 系别 | 不允许为空 |
| class | char(5) | 班级 | 不允许为空 |
| 表名：course | | | |
| course_id | Int | 课程编号 | 主键，不允许为空，自动递增 |
| course_name | varchar(30) | 课程名称 | 不允许为空 |
| hours | Tinyint | 学时 | 不允许为空 |
| 表名：score | | | |
| student_id | char(8) | 学号 | 主键，不允许为空 |
| course_id | Int | 课程编号 | 主键，不允许为空 |
| score | Tinyint | 成绩 | 允许为空 |

【设计步骤】

（1）启动 Navicat 并打开连接。

（2）在导航窗口中右击连接并选择【新建数据库】，然后指定数据库名为 student_info，
并对字符集和排序规则进行设置。

（3）按照表 8.3 的要求，使用表设计器在数据库 student_info 中依次创建三个表，分别命
名为 student、course 和 score。

### 8.3.3　显示表清单

在一个数据库中创建表后，可以使用 SHOW TABLES 语句列出表清单，语法如下：

```
SHOW [FULL] TABLES [FROM db_name] [LIKE 'pattern']
```

SHOW TABLES 语句既用于列举给定数据库中的非 TEMPORARY 表，也可用于列举数
据库中的其他视图。若使用 FULL 修改符，则可以显示第二个输出列。对于一个表，第二列
的值为 BASE TABLE；对于一个视图，第二列的值为 VIEW。

在 Navicat 中，查看表清单是一件非常容易的事情。在导航窗口中双击以打开数据库，然后单击【表】图标左边的加号⊞，即可看到该数据库包含的所有表对象，如图 8.9 所示。

若要查看表中各列的信息，则可以使用 SHOW COLUMNS 语句实现，语法如下：

```
SHOW [FULL] COLUMNS FROM tbl_name [FROM db_name] [LIKE 'pattern']
```

其中，**tbl_name** 指定表的名称；**db_name** 指定该表所属数据库的名称，如果省略，则为当前数据库。

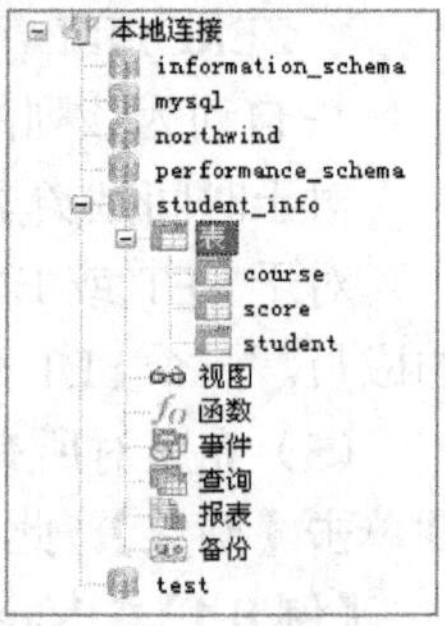

### 8.3.4　表的修改

图 8.9　查看表清单

在数据库中创建一个表后，若要对该表的结构进行修改，则可以通过 ALTER TABLE 语句来实现，语法如下：

```
ALTER [IGNORE] TABLE tbl_name
alter_specification[,alter_specification]...
```

其中，**tbl_name** 指定待修改表的名称。IGNORE 是 MySQL 相对于标准 SQL 的扩展。若在新表中有重复关键字，或者当 STRICT 模式启动后出现警告，则使用 IGNORE 控制 ALTER TABLE 的运行。如果没有指定 IGNORE，则当重复关键字错误发生时，复制操作被放弃，并返回前一步骤。如果指定了 IGNORE，则对于有重复关键字的行，只使用第一行，其他有冲突的行被删除，并且对错误值进行修正，使之尽量接近正确值。

**alter_specification** 指定如何对列进行修改，其内容很丰富，这里仅列出比较常用的部分：

```
ADD [COLUMN] column_definition [FIRST|AFTER col_name]
|ADD [COLUMN] (column_definition,...)
|ALTER [COLUMN] col_name {SET DEFAULT literal|DROP DEFAULT}
|CHANGE [COLUMN] old_col_name column_definition [FIRST|AFTER col_name]
|MODIFY [COLUMN] column_definition [FIRST|AFTER col_name]
|DROP [COLUMN] col_name
|DROP PRIMARY KEY | RENAME [TO] new_tbl_name
```

ALTER TABLE 语句用于更改原有表的结构。例如，可以增加或删除列，创建或删除索引，更改原有列的类型，或重新命名列或表，还可以更改表的注释和表的类型。

在 Navicat 中，若要对一个表进行修改，则可在导航窗口中单击该表，并在工具栏上单击【设计表】，然后就可以使用表设计器对该表中的各列及表的注释和类型进行修改。

使用 RENAME TABLE 语句可以对一个或多个表进行重命名，语法如下：

```
RENAME TABLE tbl_name1 TO new_tbl_name[,tbl_name2 TO new_tbl_name2] ...
```

其中，**tbl_name1** 和 **tbl_name2** 表示表的旧名称；**new_tbl_name** 和 **new_tbl_name2** 表示表的新名称。

在 Navicat 中，若要对一个表进行重命名，则可在导航窗口中右击该表并选择【重命名】。

使用 DROP TABLE 语句可以从数据库中删除一个或多个表，语法如下：

```
DROP [TEMPORARY] TABLE [IF EXISTS] tbl_name[,tbl_name]...
```

其中，**tbl_name** 表示待删除表的名称。对于不存在的表，使用 IF EXISTS 以防止错误发生。使用 TEMPORARY 关键词时，该语句只删除 TEMPORARY 表。

在 Navicat 中，若要删除一个表，则可在导航窗口中单击该表，然后在工具栏上单击【删除表】并在对话框中确认删除。

## 8.4　数据查询与操作

在数据库中创建表之后，可以使用 Navicat 表查看器来查询、添加、修改和删除记录。这些操作本质上是通过相应的 SQL 语句来实现的。学习时应熟练掌握这些语句的用法。

### 8.4.1　使用表查看器

在 Navicat 中，若要向表中添加记录，可在导航窗口中单击该表并在工具栏上单击【打开表】，此时将打开表查看器，允许用户在数据网格中浏览、添加、修改及删除记录，如图 8.10 所示。如果需要，也可以切换到表单模式下进行数据操作。

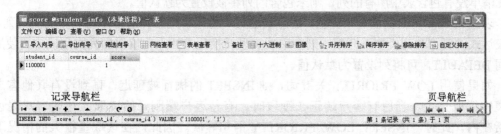

**图 8.10　Navicat 表查看器**

在表查看器中，可使用记录导航栏或页导航栏按钮来查看和操作表中的记录（各按钮及功能说明见表 8.4 和表 8.5）。在表查看器的状态栏中，所显示的 SQL 语句即为新运行的语句。

**表 8.4　记录导航栏按钮及功能说明**

| 按　钮 | 功　　能 |
| :---: | :--- |
| ◄ | 第一条记录：允许移动到第一条记录 |
| ◄ | 上一条记录：允许从当前的记录移动到上一条记录（如果有） |
| ► | 下一条记录：允许移动到下一个记录 |
| ►| | 最后一条记录：允许移动到最后一个记录 |
| + | 插入记录：用于输入一个新记录。当在表网格查看数据时，单击该按钮可得到一个空白记录 |
| − | 删除记录：用于删除一个现有的记录 |
| ▲ | 编辑记录：用于进入编辑模式 |
| ✓ | 更新记录：用于应用改变 |
| ✕ | 取消改变：用于删除当前记录的全部编辑 |
| ⟳ | 刷新：用于刷新表 |
| ⊘ | 停止：当从服务器载入大量数据，用于停止载入 |

**表 8.5　页导航栏按钮及功能说明**

| 按　钮 | 功　　能 |
| :---: | :--- |
| ◄ | 第一页：允许移动到第一页 |
| ◄ | 上一页：允许移动到上一页 |
| ► | 下一页：允许移动到下一页 |
| ►| | 最尾页：允许移动到最后一页 |
| 第 a 条记录(共 b 条)于第 c 页 | 记录或页指示器：显示数字代表选择的记录和页数。a：已选择的记录；b：当前页面的记录数；c：当前页面 |
| ⚒ | 限制记录设置：用于设置每页显示记录的数 |

### 8.4.2 插入记录

一个表创建之后，它仅包含一些列的定义，还没有任何数据记录。

若要使用指定的值向目标表中插入一条或多条记录，则可以通过 INSERT...VALUES 语句来实现，语法如下：

```
INSERT [LOW_PRIORITY|DELAYED|HIGH_PRIORITY] [IGNORE]
[INTO] tbl_name [(col_name,...)]VALUES({expr|DEFAULT},...),(...),...
[ON DUPLICATE KEY UPDATE col_name=expr,...]
```

其中，tbl_name 指定目标表的名称；col_name 指定列的名称。如果不为 INSERT...VALUES 语句指定一个列清单，则表中每列的值必须在 VALUES 清单中提供。如果指定了一个列清单，但此清单没有包含表中所有的列，则未包含的列将被设置为默认值。

表达式 expr 用来提供一个列值，在该表达式中可以引用在列清单中已设置的所有列。如果表达式的类型与列类型不匹配，则会造成类型转换化，插入何值根据列类型确定。使用关键词 DEFAULT，可将列设置为默认值。

如果使用 LOW_PRIORITY 关键词，则 INSERT 的执行被延迟，直到没有其他客户端从表中读取为止。当原有客户端正在读取时，有些客户端刚开始读取，这些客户端也被包括在内。此时，INSERT LOW_PRIORITY 语句等候。因此，在读取量很大的情况下，发出 INSERT LOW_PRIORITY 语句的客户端有可能需要等待很长一段时间，甚至是永远等待下去。

如果在语句中使用 DELAYED 关键字，则服务器会把待插入的行放到一个缓冲器中，而发送 INSERT DELAYED 语句的客户端会继续运行。如果表正在被使用，则服务器会保留这些行。当表空闲时，服务器开始插入行，并定期检查是否有新的读取请求。如果有新的读取请求，则被延迟的行被延缓执行，直到表再次空闲时为止。

如果在语句中指定 HIGH—PRIORITY，同时，服务器采用--low-priority-updates 选项启动，则 HIGH_PRIORITY 将覆盖--low-priority-updates 选项。这样会导致同时进行的插入被取消。

如果在一个 INSERT 语句中使用了 IGNORE 关键词，则在执行语句时出现的错误被当作警告处理。如果指定了 ON DUPLICATE KEY UPDATE，并且插入行后会导致在一个 UNIQUE 索引或 PRIMARY KEY 中出现重复值，则执行旧行 UPDATE。

【例 8.2】使用 INSERT 语句分别向学生表和课程表中添加一些记录，在 MySQL 命令行工具中执行 SQL 语句的情形如图 8.11 所示。

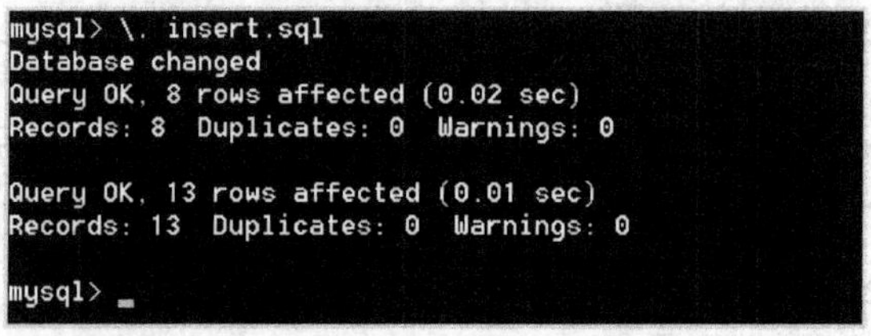

```
mysql> \. insert.sql
Database changed
Query OK, 8 rows affected (0.02 sec)
Records: 8  Duplicates: 0  Warnings: 0

Query OK, 13 rows affected (0.01 sec)
Records: 13  Duplicates: 0  Warnings: 0

mysql> _
```

图 8.11 使用 INSERT 语句向表中添加记录

【设计步骤】

（1）在 PHP 站点根目录下创建一个文件夹并命名为 ch08。

（2）在文件夹 ch08 下创建一个文本文件并保存为 insert.sql，其内容如下：

```
USE student_info;
INSERT INTO course(course_name,hours) VALUES
('计算机应用基础',72),('英语',68),('Flash 动画设计与制作',72),('Photoshop 图像处理',68),
('模拟电子技术',90),('移动通信',80),('市场营销基础',72),('电子商务概论',80);
INSERT INTO student VALUES
('1100001','林文彬','男','1992-06-09','计算机科学系','11001'),
('1100002','彭一帆','女','1992-03-03','计算机科学系','11001'),
('1100003','梁伟强','男','1991-10-09','计算机科学系','11001'),
('1100004','刘爱梅','女','1992-01-28','计算机科学系','11001'),
('1100005','张保国','男','1990-07-09','计算机科学系','11001'),
('1100006','黄海川','男','1991-08-20','计算机科学系','11001'),
('1100007','蒋东昌','男','1992-06-09','计算机科学系','11001'),
('1100008','王冠群','男','1991-03-15','计算机科学系','11001'),
('1100009','张丽敏','女','1992-09-12','计算机科学系','11001'),
('1100010','赵俊杰','男','1992-08-23','计算机科学系','11001'),
('1100031','杜晓静','女','1992-05-16','计算机科学系','11002'),
('1100032','李国强','男','1991-12-16','计算机科学系','11002'),
('1100033','宋元科','男','1992-07-21','计算机科学系','11002');
```

（3）在 MySQL 命令行工具中运行 insert.sql 文件。

（4）在 Navicat 表查看器中浏览课程表和学生表中的数据。

若要从一个或多个表中向另一个表中插入多个记录，则可使用 INSERT...SELECT 语句来实现，语法如下：

```
INSERT [LOW_PRIORITY|HIGH_PRIORITY] [IGNORE]
[INTO] tbl_name[(col_name,...)]
SELECT ...
[ON DUPLICATE KEY UPDATE col_name=expr,...]
```

其中，tbl_name 指定要插入记录的目标表的名称；col_name 指定列的名称。SELECT 子句的作用是从其他表中获取要添加的记录。其他选项与 INSERT...VALUES 语句相同。

【例 8.3】本例说明 INSERT...SELECT 语句的使用方法。从学生表和课程表选取记录并插入到成绩表中，即在成绩表中针对每个学号和每个课程编号添加一条记录，由此生成一个成绩单，其中只填写学号和课程编号，成绩列则留空，脚本执行情况如图 8.12 所示。

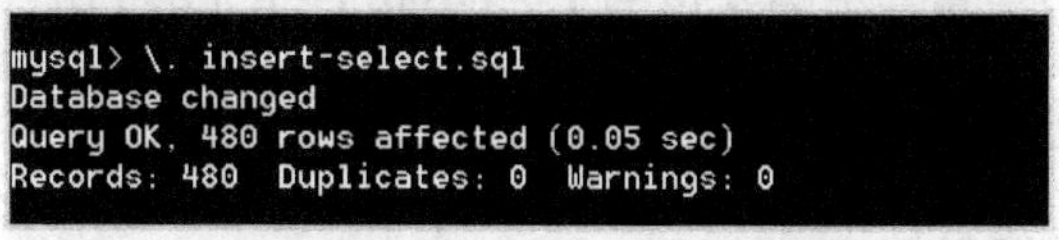

```
mysql> \. insert-select.sql
Database changed
Query OK, 480 rows affected (0.05 sec)
Records: 480  Duplicates: 0  Warnings: 0
```

图 8.12　用 INSERT...SELECT 语句添加记录

【设计步骤】

（1）在 PHP 站点的 ch08 文件夹中创建一个文本文件并保存为 insert-select.sql，内容如下：

```
USE student_info;
INSERT INTO score(student_id,course_id)
SELECT student.student_id,course.course_id
FROM student,course
WHERE student.student_id NOT IN (SELECT student_id FROM score)
AND course.course_id NOT IN (SELECT course_id FROM score);
```

（2）在 MySQL 命令行工具中运行 insert-select.sql 文件。

（3）在 Navicat 表查看器中浏览成绩表中的数据。

### 8.4.3 查询记录

使用 INSERT...VALUES 和 INSERT...SELECT 语句向表中插入记录后，可以使用 SELECT 语句从一个或多个表中选择记录。

SELECT 语句的基本语法描述如下：

```
SELECT select_expr,...
[INTO OUTFILE 'file_name' export_options|INTO DUMPFILE 'file_name']
[FROM table_references]
[WHERE where_definition]
[GROUP BY {col_name|expr|position} [ASC|DESC],...]
[HAVING where_definition]
[ORDER BY {col_name|expr|position} [ASC|DESC],...]
[LIMIT {[offset,]row_count|row_count OFFSET offset}]
```

其中，SELECT 子句给出一个想要选择的列清单；INTO 子句指定将选择的行写入一个文件中；FROM 子句指示从哪个表或哪些表中选择行；WHERE 子句指示被选择的行必须满足的条件；GROUP BY 子句指示输出行根据 GROUP BY 列进行分类；ORDER BY 子句指示如何对检索到的行进行排序处理；HAVING 子句也用于指定对记录的过滤条件，但通常与 GROUP BY 子句一起使用；LIMIT 子句用于限制被 SELECT 语句返回的行数。

从一个表中检索所有行和列是 SELECT 语句最简单的应用。在这种情况下，SELECT 子句使用星号（*）表示所有列。若要检索表中的一部分列，则可在 SELECT 子句中指定要检索的列清单，列名之间用逗号分隔。指定列清单时可为列指定别名，语法如下：

```
col_name [AS] alias_name
```

例如，在课程表中，课程编号和课程名称列都是用英文表示的，在检索记录时可以为这些列指定中文别名：

```
SELECT course_id AS 课程编号,course_name AS 课程名称 FROM course;
```

若希望结果集仅包含不同值，则可在 SELECT 子句中使用关键词 DISTINCT 来消除重复值。

如果只需要从表中检索符合某种条件的行，则可以通过 WHERE 子句来设置查询条件。设置查询条件时可使用的比较运算符包括=、>、<、>=、<=和<>（!=），另外一些运算符在表 8.6 中列出。通过比较运算产生的结果为 1（TRUE）、0（FALSE）或 NULL。

表 8.6 用于 WHERE 子句的部分比较运算符

| 比较运算符 | 说　明 | 示　例 |
|---|---|---|
| IS [NOT] NULL | 检验一个值是否为 NULL | score IS NULL |
| [NOT] BETWEEN | 语法：expr BETWEEN min AND max<br>规则：若 expr>=min 且 expr<=max，则返回 1，否则返回 0 | score BETWEEN 86 AND 93 |
| [NOT] IN | 语法：expr IN (value , ...)<br>规则：若 expr 为 IN 列表中的任一值，则返回 1，否则返回 0 | class IN ( '11001', '11002' ,'11003' ) |
| [NOT] LIKE | 模式匹配 | student_name LIKE '张%' |

在 WHERE 子句中，也可以使用逻辑运算符来连接多个查询条件。可用的逻辑运算符包括 NOT 或 !（逻辑非）、AND 或&&（逻辑与）、OR 或 ||（逻辑或）。在 SQL 中，所有逻辑运算符的求值所得结果均为 TRUE、FALSE 或 NULL（UNKNOWN）。在 MySQL 中，它们体现为 1（TRUE）、0（FALSE）和 NULL。

【例 8.4】从学生表中检索计算机科学系的女同学并为所有列指定别名，结果如图 8.13 所示。

【设计步骤】

（1）运行 MySQL 命令行工具。

（2）编写并执行以下 SQL 语句：

```
USE student_info;
SELECT student_id AS 学号,student_name AS 姓名,gender AS 性别,
birthdate AS 出生日期,department AS 系别,class AS 班级
FROM student
WHERE gender='女' AND department='计算机科学系';
```

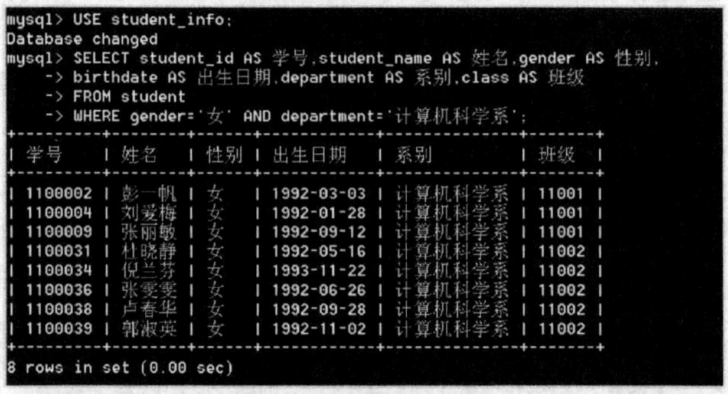

图 8.13　用 SELECT 语句检索计算机科学系女同学记录

在实际应用中，往往需要从多个表中检索数据，对于按规范方法设计的数据库尤其如此。执行多表查询时，需要在 FROM 子句中使用各种连接（JOIN）运算来组合不同表中的列，同时使用 ON 子句来设置表之间的关联条件。在 FROM 子句中可以用"表名 [AS] 别名"形式为表设置别名，该别名可以用在 SELECT 列清单和 ON 子句中。如果不同表拥有相同名称的列，则应在这些列前面冠以表的名称或表的别名。

使用 ORDER BY 子句可以指定按一列或多列对结果集进行排序。排序依据既可以是列名或列别名，也可以是表示列名或别名的在选择列清单中位置的整数，从 1 开始。在 ORDER BY 子句中可以指定多个列作为排序依据，这些列在该子句出现的顺序决定结果集如何排序，首先按照前面的列值进行排序，如果在两行中该列的值相同，则按照后面的列值进行排序。

ASC 和 DESC 用于指定排序方向。ASC 指定按递增顺序，即从最低值到最高值对指定列中的值进行排序。DESC 指定按递减顺序，即从最高值到最低值对指定列中的值进行排序。如果在排序表达式中未用 ASC 和 DESC，则默认的排序方向为递增顺序。空值（NULL）将被处理为最小值。

在数据库中查询数据时，常常需要获取记录的一些统计数据，如平均值、记录数、最小值、最大值及总和等。通过统计函数可以获取这些数据。表 8.7 列出了常用的统计函数。

表 8.7　常用的统计函数

| 函　数 | 说　明 |
| --- | --- |
| AVG([DISTINCT] expr) | 返回 expr 的平均值。DISTINCT 选项可用于返回 expr 不同值的平均值。若找不到匹配的行，则 AVG()返回 NULL |
| COUNT([DISTINCT] expr \| *) | 返回 SELECT 语句检索到的行中非 NULL 值的数目。使用 DISTINCT 选项可返回不同的非 NULL 值数目。若找不到匹配的行，则 COUNT()返回 0。COUNT(*)返回检索行的数目，无论其是否包含 NULL 值 |

续表

| 函　　数 | 说　　明 |
|---|---|
| MIN(expr) | 返回 expr 的最小值。MIN()的取值可以是一个字符串参数，此时返回最小字符串值。若找不到匹配的行，则 MIN()返回 NULL |
| MAX(expr) | 返回 expr 的最大值。MAX()的取值可以是一个字符串参数，此时返回最大字符串值。若找不到匹配的行，则 MAX()返回 NULL |
| SUM(expr) | 返回 expr 的总和。若返回集合中无任何行，则 SUM()返回 NULL |

使用 GROUP BY 子句可以将结果集中的行分成若干个组输出，每个组中的行在指定的列中具有相同的值。当使用 GROUP BY 子句时，如果在 SELECT 子句的选择列表中包含统计函数，则针对每个组计算出一个汇总值，从而实现对查询结果的分组统计。

使用 LIMIT 子句可以限制通过 SELECT 语句返回的行数。LIMIT 需要一个或两个数字自变量，自变量必须是非负整型常数（当使用已预备的语句时除外）。

使用两个自变量时，第一个自变量指定返回的第一行的偏移量，第二个自变量指定返回的行数。初始行的偏移量为 0。当使用一个自变量时，该值指定从结果集的开头返回的行数。换言之，LIMIT n 与 LIMIT 0, n 等价。如果要恢复从某个偏移量到结果集的末端之间的所有的行，则可以对第二个参数使用比较大的数，如 18 446 744 073 709 551 615。

如果一个 SELECT 语句能够返回一个单值或一列值，并嵌套在一个 SELECT、INSERT、UPDATE 或 DELETE 语句中，则称为子查询或内层查询，而包含一个子查询的语句称为主查询或外层查询。

一个子查询也可以嵌套在另外一个子查询中。为了与外层查询有所区别，总是将子查询写在圆括号中。子查询中也必须包含 SELECT 子句和 FROM 子句，并可以根据需要选择 WHERE 子句、GROUP BY 子句和 HAVING 子句。

在实际应用中，通常将子查询放在外层查询的 WHERE 子句或 HAVING 子句中使用，与比较运算符或逻辑运算符一起构成查询条件，从而完成比较测试、集成员测试、存在性测试及批量测试。

### 8.4.4　更改记录

使用 UPDATE 语句可以用新值更新原有表行中的各列。该语句有单表语法和多表语法两种语法格式。

单表语法：

```
UPDATE [LOW_PRIORITY] [IGNORE] tbl_name
SET col_name1=expr1[,col_name2=expr2...]
[WHERE where_definition]
[ORDER BY...]
[LIMIT row_count]
```

多表语法：

```
UPDATE [LOW_PRIORITY] [IGNORE] tbl_name[,tbl_name]
SET col_name1=expr1[,col_name2=expr2...]
[WHERE where_definition]
```

SET 子句指示要修改哪些列和要给予哪些值。WHERE 子句指定应更新哪些行。如果没有使用 WHERE 子句，则更新所有的行。如果指定了 ORDER BY 子句，则按照被指定的顺序对行进行更新。LIMIT 子句用于指定一个限值，限制可以被更新行的数目。

如果使用 LOW_PRIORITY 关键词，则 UPDATE 语句的执行将被延迟，直到没有其他客户端从表中读取为止。

如果使用 IGNORE 关键词，则即使在更新过程中出现错误，更新语句也不会中断。如果出现了重复关键字冲突，则这些行不会被更新。如果列被更新后，新值会导致数据转化错误，则这些行将被更新为最接近合法的值。

使用 LIMIT row_count 子句可以限定 UPDATE 的范围。该子句是一个与行匹配的限定。只要发现可以满足 WHERE 子句的 row_count 行，则该语句中止，无论这些行是否被改变。

如果一个 UPDATE 语句包括一个 ORDER BY 子句，则按照由该子句指定的顺序更新行。

【例 8.5】本例说明如何利用 UPDATE 语句对表中的记录进行修改，选择学号为 1100001 的学生，对其课程编号为 1~4 的课程成绩进行填写，语句执行情况如图 8.14 所示。

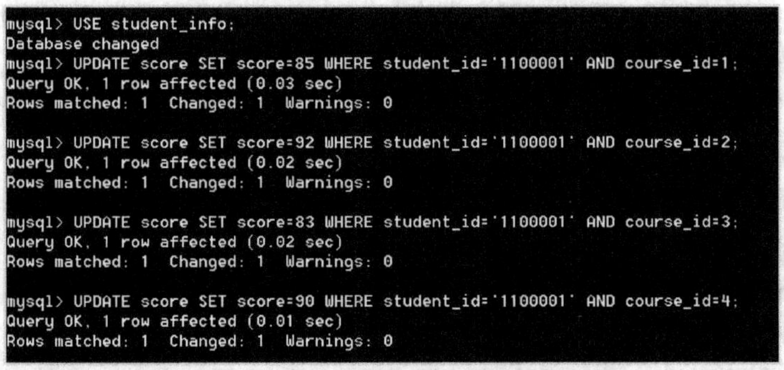

```
mysql> USE student_info;
Database changed
mysql> UPDATE score SET score=85 WHERE student_id='1100001' AND course_id=1;
Query OK, 1 row affected (0.03 sec)
Rows matched: 1  Changed: 1  Warnings: 0

mysql> UPDATE score SET score=92 WHERE student_id='1100001' AND course_id=2;
Query OK, 1 row affected (0.02 sec)
Rows matched: 1  Changed: 1  Warnings: 0

mysql> UPDATE score SET score=83 WHERE student_id='1100001' AND course_id=3;
Query OK, 1 row affected (0.02 sec)
Rows matched: 1  Changed: 1  Warnings: 0

mysql> UPDATE score SET score=90 WHERE student_id='1100001' AND course_id=4;
Query OK, 1 row affected (0.01 sec)
Rows matched: 1  Changed: 1  Warnings: 0
```

图 8.14　用 UPDATE 语句更新学生成绩

【设计步骤】

（1）运行 MySQL 命令行工具。

（2）编写并执行以下 SQL 语句：

```
USE student_info;
UPDATE score SET score=85 WHERE student_id='1100001' AND course_id=1;
UPDATE score SET score=92 WHERE student_id='1100001' AND course_id=2;
UPDATE score SET score=83 WHERE student_id='1100001' AND course_id=3;
UPDATE score SET score=90 WHERE student_id='1100001' AND course_id=4;
```

## 8.4.5　删除记录

使用 DELETE 语句可以从表中删除行。该语句有以下三种语法格式。

单表语法：

```
DELETE [LOW_PRIORITY] [QUICK] [IGNORE] FROM tbl_name
[WHERE where_definition]
[ORDER BY...]
[LIMIT row_count]
```

多表语法：

```
DELETE [LOW_PRIORITY] [QUICK] [IGNORE]
tbl_name [.*] [,tbl_name[.*]...]
FROM table_references
[WHERE where_definition]
```

或者：

```
DELETE [LOW_PRIORITY] [QUICK] [IGNORE]
```

```
FROM tbl_name[.*] [,tbl_name[.*]...]
USING table_references
[WHERE where_definition]
```

DELETE 语句用于删除 tbl_name 表中的满足给定条件 where_definition 的行，并返回被删除记录的数目。如果 DELETE 语句中没有 WHERE 子句，则所有的行都被删除。当不想知道被删除行的数目时，有一个更快的方法，即使用 TRUNCATE TABLE。

如果指定 LOW_PRIORITY 关键词，则 DELETE 的执行将被延迟，直到没有其他客户端读取本表时再执行。对于 MyISAM 表，如果使用 QUICK 关键词，则在删除过程中存储引擎不会合并索引端结点，这样可以加快部分种类删除操作的速度。

如果指定 IGNORE 关键词，则在删除行的过程中将忽略所有错误。在分析阶段遇到的错误会以常规方式处理。由于使用该选项而被忽略的错误将作为警告返回。

LIMIT row_count 选项用于告知服务器在控制命令被返回到客户端前被删除行的最大值。该选项用于确保一个 DELETE 语句不会占用过多的时间。

如果 DELETE 语句包括一个 ORDER BY 子句，则各行按照子句中指定的顺序进行删除。该子句只在与 LIMIT 联用时才起作用。

在一个 DELETE 语句中可以指定多个表，根据这些表中的特定条件，从一个表或多个表中删除行。table_references 部分列出了包含在联合中的表。不能在一个多表 DELETE 语句中使用 ORDER BY 或 LIMIT。

使用 DELETE 的单表语法，只删除列于 FROM 子句之前表中对应的行。使用 DELETE 第二种语法，只删除列于 FROM 子句之中而位于 USING 子句之前表中的对应行，但可以同时删除许多个表中的行，并使用其他表进行搜索。例如：

```
DELETE t1,t2 FROM t1,t2,t3
WHERE t1.id=t2.id AND t2.id=t3.id;
```

也可以写成以下形式：

```
DELETE FROM t1,t2 USING t1,t2,t3
WHERE t1.id=t2.id AND t2.id=t3.id;
```

当搜索待删除的记录时，这些语句将使用所有三个表，但是只从表 t1 和表 t2 中删除对应的记录。

**【例 8.6】**本例说明如何使用多表语法格式的 DELETE 语句删除记录，从成绩和学生表搜索待删除的记录，但仅从成绩表中删一些成绩记录，包括计算机科学系学生的课程编号为 5～8 的成绩记录，电子工程系学生的课程编号为 3、4、7、8 的成绩记录，以及电子商务系学生的课程编号为 3～6 的成绩记录，SQL 语句的执行情形如图 8.15 所示。

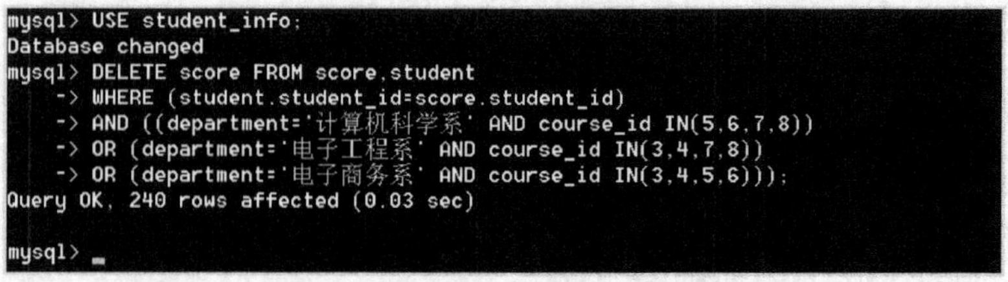

```
mysql> USE student_info;
Database changed
mysql> DELETE score FROM score,student
    -> WHERE (student.student_id=score.student_id)
    -> AND ((department='计算机科学系' AND course_id IN(5,6,7,8))
    -> OR (department='电子工程系' AND course_id IN(3,4,7,8))
    -> OR (department='电子商务系' AND course_id IN(3,4,5,6)));
Query OK, 240 rows affected (0.03 sec)

mysql>
```

图 8.15　用多表语法删除记录

**【设计步骤】**

（1）运行 MySQL 命令行工具。

（2）编写并执行以下 SQL 语句：

```
USE student_info;
DELETE score FROM score,student
WHERE (student.student_id=score.student_id)
AND ((department='计算机科学系' AND course_id IN(5,6,7,8))
OR (department='电子工程系' AND course_id IN(3,4,7,8))
OR (department='电子商务系' AND course_id IN(3,4,5,6)));
```

## 8.5　其他数据库对象

在数据库中创建表并添加数据表之后，还可以根据需要在数据库中创建其他对象，主要包括：加快数据访问速度的索引、作为虚拟表的视图、由一组 SQL 语句组成的存储过程、由一组 SQL 语句组成且有一个返回值的存储函数及由表上特定事件来激活的触发器。

### 8.5.1　索引

索引用于快速找出在某个列中有一特定值的行。如果表中查询的列有一个索引，MySQL就能快速到达一个位置以便在数据文件中搜寻，而没有必要查看所有数据。索引基于键值提供对表中数据的快速访问，也可以在表的行上强制唯一性。

索引既可以与表同时创建，也可以在创建表之后单独创建。如果创建表时未创建索引，则可以使用 CREATE INDEX 语句在该表中创建索引，语法如下：

```
CREATE [UNIQUE|FULLTEXT] INDEX index_name
[USING {BTREE|HASH}] ON tbl_name(index_col_name,...)
index_col_name:
col_name [(length)] [ASC|DESC]
```

其中，index_name 表示索引名；tbl_name 表示表名；col_name 表示列名。也可以创建多列索引，此时应该在圆括号中给出列清单，列名之间用逗号（，）分隔。

对于 CHAR 和 VARCHAR 列，只用一列的一部分就可以创建索引。创建索引时，应使用 col_name(length)语法对前缀编制索引，前缀包括每列值的前 length 个字符。BLOB 和 TEXT列也可以编制索引，但是必须给出前缀长度。

USING 子句用于指定索引的类型，可以是 BTREE 或 HASH。UNIQUE 索引可以确保被索引的列不包含重复的值。FULLTEXT 索引只能对 CHAR、VARCHAR 和 TEXT 列编制索引，并且只能在 MyISAM 表中编制。

在表中创建索引之后，可以使用 SHOW INDEX 语句来获取表的索引信息，语法如下：

```
SHOW INDEX FROM tbl_name [FROM db_name]
```

其中，tbl_name 表示表名；db_name 表示数据库名。

例如，下面第一条语句基于 student_name 列在 student 表中创建一个索引，第二条语句用于查看该表包含的所有索引。

```
CREATE INDEX ix_student_sname
  ON student_info.student(student_name);
SHOW INDEX FROM student_info.student;
```

使用 DROP INDEX 语句可以从指定表中删除索引，语法如下：

```
DROP INDEX index_name ON tbl_name
```

其中，index_name 指定待删除的索引名；tbl_name 指定表名称。

在 Navicat 中，若要在一个表中创建索引，则可在表设计器中打开该表，然后单击【添加索引】，并指定索引名称、索引所在列、索引类型及索引方式，如图 8.16 所示。

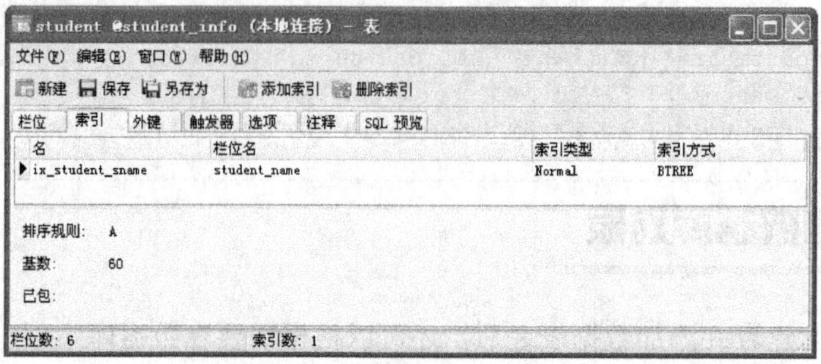

图 8.16　在表设计器中创建索引

若要从表中删除一个索引，则可单击该索引列，然后单击【删除索引】。

### 8.5.2　视图

视图是一个基于选择查询的虚拟表，其内容通过选择查询来定义。视图与真实的表有很多类似之处。例如，视图也是由若干个列和一些行组成的，也可以像数据库表那样作为 SELECT 语句的数据来源来使用，在满足某些条件的情况下，还可以通过视图来插入、更改和删除表数据。但是，视图并不是以一组数据的形式存储在数据库中的，视图中的列和行都来自于数据库表（称为基表），视图本身并不存储数据，视图中的数据是在引用视图时动态生成的。视图提供查看和存取数据的另外一种途径，使用视图不仅可以简化数据操作，也可以提高数据库的安全性。

使用 CREATE VIEW 语句可以在数据库中创建一个视图，语法如下：

```
CREATE [OR REPLACE] [ALGORITHM={UNDEFINED|MERGE|TEMPTABLE}]
VIEW view_name[(column_list)]
AS select_statement
[WITH [CASCADED|LOCAL] CHECK OPTION]
```

其中，view_name 指定要创建的视图名称。表和视图共享数据库中相同的名称空间。因此，数据库不能包含具有相同名称的表和视图。在默认情况下，将在当前数据库中创建新视图。若要在给定数据库中明确创建视图，则创建时应将视图名称指定为 db_name.view_name。

视图必须具有唯一的列名，不得重复，就像基表那样。在默认情况下，由 SELECT 语句检索的列名将用作视图列名。若要为视图列定义明确的名称，则应使用可选的 column_list 子句，列名用逗号隔开。column_list 中的名称数目必须等于 SELECT 语句检索的列数。

select_statement 是一种 SELECT 语句，它给出了视图的定义，该语句可从基表或其他视图进行选择。SELECT 语句检索的列既可以是对表列的简单引用，也可以是使用函数、常量值或操作符等的表达式。

CREATE VIEW 语句用于在数据库中创建新的视图。如果使用了 OR REPLACE 子句，则可以替换已有的视图。ALGORITHM 子句是对标准 SQL 的 MySQL 的扩展，用于指定视图的算法，ALGORITHM 有以下三个取值。

- MERGE：可将引用视图的语句文本与视图定义合并起来，使得视图定义的某一部分取代语句的对应部分。

- TEMPTABLE：视图的结果将被置于临时表中，然后使用它执行语句。
- UNDEFINED：MySQL 将选择所要使用的算法。如果可能，它倾向于 MERGE 而不是 TEMPTABLE，这是因为 MERGE 通常更有效，而且如果使用了临时表，视图是不可更新的。如果没有 ALGORITHM 子句，则默认算法是 UNDEFINED。

某些视图是可更新的。也就是说，可以在 UPDATE、DELETE 或 INSERT 等语句中使用这些视图，以更新基表的内容。对于可更新的视图，在视图中的行和基表中的行之间必须具有一对一的关系。对于可更新视图，可给定 WITH CHECK OPTION 子句来防止插入或更新行，除非作用于行上 select_statement 中的 WHERE 表达式为 TRUE。

当根据另一个视图定义当前视图时，在该子句中可以使用 LOCAL 和 CASCADED 关键字决定检查测试的范围。LOCAL 关键字对 CHECK OPTION 进行了限制，使其仅作用在定义的视图上，CASCADED 关键字对将进行评估的基表进行检查。如果未给定任意一个关键字，则默认值为 CASCADED。

视图定义有一些限制。例如，在视图的 SELECT 语句不能包含 FROM 子句中的子查询，不能引用系统变量或用户变量，也不能引用预处理语句参数。

对于已有视图，可使用 ALTER VIEW 语句对其定义进行修改，语法如下：

```
ALTER [ALGORITHM={UNDEFINED|MERGE|TEMPTABLE}]
VIEW view_name [(column_list)]
AS select_statement
[WITH [CASCADED|LOCAL] CHECK OPTION]
```

其中，各个选项的作用与 CREATE VIEW 语句中类似。

如果不再需要某些视图，则可使用 DROP VIEW 语句从数据库中将它们删除，语法如下：

```
DROP VIEW [IF EXISTS] view_name[,view_name]...
```

其中，view_name 指定要删除的视图名称。使用关键字 IF EXISTS 可以防止因视图不存在而出错。使用 DROP VIEW 语句时，必须在每个视图上拥有 DROP 权限。

【例 8.7】在本例中首先检测一个视图是否存在，若存在则删除之，然后创建该视图，并将该视图应用于另一个 SELECT 语句中，SQL 语句执行情形如图 8.17 所示。

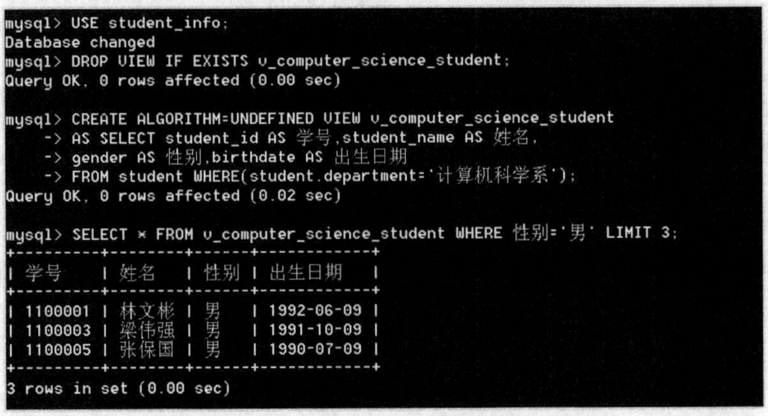

```
mysql> USE student_info;
Database changed
mysql> DROP VIEW IF EXISTS v_computer_science_student;
Query OK, 0 rows affected (0.00 sec)

mysql> CREATE ALGORITHM=UNDEFINED VIEW v_computer_science_student
    -> AS SELECT student_id AS 学号,student_name AS 姓名,
    -> gender AS 性别,birthdate AS 出生日期
    -> FROM student WHERE(student.department='计算机科学系');
Query OK, 0 rows affected (0.02 sec)

mysql> SELECT * FROM v_computer_science_student WHERE 性别='男' LIMIT 3;
+---------+--------+--------+------------+
| 学号    | 姓名   | 性别   | 出生日期   |
+---------+--------+--------+------------+
| 1100001 | 林文彬 | 男     | 1992-06-09 |
| 1100003 | 梁伟强 | 男     | 1991-10-09 |
| 1100005 | 张保国 | 男     | 1990-07-09 |
+---------+--------+--------+------------+
3 rows in set (0.00 sec)
```

图 8.17　删除、创建和应用视图

【设计步骤】

（1）运行 MySQL 命令行工具。

（2）编写并执行以下 SQL 语句：

```
USE student_info;
DROP VIEW IF EXISTS v_computer_science_student;
CREATE ALGORITHM=UNDEFINED VIEW v_computer_science_student
AS SELECT student_id AS 学号,student_name AS 姓名,
gender AS 性别,birthdate AS 出生日期
FROM student WHERE(student.department='计算机科学系');
SELECT * FROM v_computer_science_student WHERE 性别='男' LIMIT 3;
```

在 Navicat 中，可使用视图设计器来创建视图，操作方法如下。

（1）在导航窗口中，展开要在其中创建视图的数据库。

（2）在该数据库下方单击【视图】，在工具栏上单击【新建视图】。

（3）在视图设计器中选择【视图创建工具】选项卡，在数据库对象窗口中选择表或视图作为数据源，在图形查看窗口中选择要输出的列，在语法查看窗口中设置 WHERE 子句和其他子句，如图 8.18 所示。

（4）若要直接修改用于定义视图的 SELECT 语句，则可选择【定义】选项卡。

（5）若要设置视图的高级属性（算法、安全性和检查选项），则可选择【高级】选项卡。

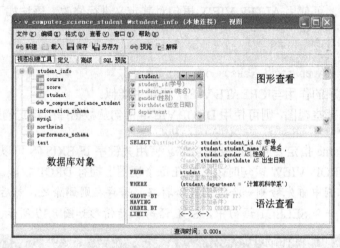

**图 8.18　使用视图设计器创建视图**

（6）若要查看或编辑用于创建视图的 CREATE VIEW 语句或用于修改视图的 ALTER VIEW 语句，则可选择【SQL 预览】选项卡。

（7）若要查看视图的运行结果，则可在工具栏上单击【预览】。

（8）完成视图定义后，在工具栏上单击【保存】。

对于已有视图，可在导航窗口或对象窗口中单击以选中它，并执行以下操作。

● 若要查看视图的运行结果，则可在工具栏上单击【打开视图】。

● 若要修改视图的定义，则可在工具栏上单击【设计视图】。

● 若要删除该视图，则可在工具栏上单击【删除视图】。

### 8.5.3　存储过程

一个存储过程是存储在服务器中的一组 SQL 语句。有了存储过程，客户端不需要再重新发布单独的语句，而是通过引用存储过程来替代。

使用 CREATE PROCEDURE 语句可以在当前数据库中创建一个存储过程，语法如下：

```
CREATE PROCEDURE sp_name([proc_parameter[,...]])
[characteristic...] routine_body
```

其中，sp_name 指定要创建的存储过程的名称。在默认情况下，存储过程与当前数据库关联。若要明确地将存储过程与指定的数据库 db_name 关联起来，则在创建存储过程时可将其名称指定为 db_name.sp_name。

proc_parameter 表示存储过程的参数，可以通过以下方式来定义：

```
[IN|OUT|INOUT] param_name type
```

其中，param_name 指定参数的名称；type 指定参数的数据类型，可以是任何有效的 MySQL 数据类型。可选项 IN 表示该参数为输入参数；OUT 表示该参数为输出参数；INOUT 表示该参数为输入/输出参数。

characteristic 用来设置存储过程的一些特征，可以通过以下方式来定义：

```
LANGUAGE SQL|[NOT] DETERMINISTIC
|{CONTAINS SQL|NO SQL|READS SQL DATA|MODIFIES SQL DATA}
|SQL SECURITY {DEFINER|INVOKER}|COMMENT 'string'
```

如果程序或线程总是对同样的输入参数产生同样的结果，则认为它是确定的，否则就是非确定的。如果既没有给定 DETERMINISTIC，也没有给定 NOT DETERMINISTIC，则默认为 NOT DETERMINISTIC。

CONTAINS SQL 表示存储过程不包含读或写数据的语句；NO SQL 表示存储过程不包含 SQL 语句；READS SQL DATA 表示存储过程包含读数据的语句，但不包含写数据的语句；MODIFIES SQL DATA 表示存储过程包含写数据的语句，如果没有明确指定这些特征，则默认为 CONTAINS SQL；SQL SECURITY 指定存储过程应该用创建存储过程者（DEFINER）的许可来执行，还是使用调用者（INVOKER）的许可来执行，默认值为 DEFINER。

COMMENT 子句是一个 MySQL 的扩展，用来描述存储过程。routine_body 是任何合法的 SQL 语句。这些语句都必须包含在复合语句 BEGIN...END 内。复合语句可以包含声明、循环和其他控制结构语句，但不允许使用 USE 语句。

对于用 CREATE PROCEDURE 创建的存储过程，可通过 CALL 语句来调用，语法如下：

```
CALL sp_name([parameter[,...]])
```

其中，sp_name 指定要调用的存储过程的名称；parameter 表示存储过程的参数。

CALL 语句可以用声明为 OUT 的参数或 INOUT 的参数给它的调用者传回值。它也返回受影响的行数，客户端程序可以在 SQL 级别通过调用 ROW_COUNT()函数获得此行数。

当调用一个存储过程时，一个隐含的 USE db_name 被执行。通过使用数据库名来限定存储过程名，可以调用一个不在当前数据库中的存储过程。

创建存储过程时将用到各种 SQL 语句。下面介绍一些常用的语句。

（1）使用 DECLARE 语句来声明局部变量，语法如下：

```
DECLARE var_name[,...] type [DEFAULT value]
```

其中，var_name 指定局部变量的名称；type 指定局部变量的数据类型。若要给变量提供一个默认值，则可包含一个 DEFAULT 子句。值 value 可以被指定为一个表达式。

局部变量的作用范围在它被声明的 BEGIN...END 块内。它可以被用在嵌套的块中，除了那些用相同名字声明变量的块。

（2）使用 SET 语句对变量赋值，语法如下：

```
SET var_name=expr[,var_name=expr]...
```

其中，var_name 指定变量名，可以是存储过程中声明的变量，或是全局服务器变量；expr 为一个表达式，其值通过 SET 语句赋给变量。

（3）将列值存储到局部变量。使用 SELECT...INTO 语句可以将数据表列的值存储到局部变量中，语法如下：

```
SELECT col_name[,...] INTO var_name [,...] FROM tbl_name
```

其中，col_name 表示列名；var_name 表示变量名；tbl_name 指定表名。

（4）使用 IF 语句实现一个基本的条件结构，语法如下：

```
IF search_condition THEN statement_list
[ELSEIF search_condition THEN statement_list]...
[ELSE statement_list]
END IF
```

若 search_condition 值为真，则执行相应的 SQL 语句列表。若没有 search_condition 的值匹配，则执行 ELSE 子句中的语句列表。

statement_list 可以包括一个或多个语句。

（5）使用 CASE 语句实现一个复杂的条件结构，有以下两种语法。

第一种语法：

```
CASE case_value
    WHEN when_value THEN statement_list
    [WHEN when_value THEN statement_list]...
    [ELSE statement_list]
END CASE
```

如果 case_value 与 when_value 的值匹配，则执行相应的 SQL 语句。如果不存在这样的 when_value，则执行 ELSE 子句中的语句。

第二种语法：

```
CASE
    WHEN search_condition THEN statement_list
    [WHEN search_condition THEN statement_list]...
    [ELSE statement_list]
END CASE
```

在存储过程中，可以使用 CASE 语句实现一个复杂的条件结构。如果 search_condition 值为真，则执行相应的 SQL 语句。如果没有匹配条件，则执行 ELSE 子句中的语句。

（6）使用 WHILE 语句实现一个循环结构，语法如下：

```
[begin_label:] WHILE search_condition DO
    statement_list
END WHILE [end_label]
```

WHILE 语句内的语句将被重复，直至条件 search_condition 为真。WHILE 语句可以被标注。除非 begin_label 也存在，end_label 才能被用，如果两者都存在，则它们必须是一样的。

一个存储过程与特定数据库相联系。当删除数据库时，与其关联的所有存储过程随之被删除。也可以使用 DROP PROCEDURE 语句从数据库中删除指定的存储过程，语法如下：

```
DROP PROCEDURE [IF EXISTS] sp_name
```

其中，sp_name 指定待删除存储过程的名称。IF EXISTS 子句是一个 MySQL 的扩展。如果存储过程不存在，则可防止发生错误。

【例 8.8】在本例中创建一个带输入参数的存储过程，用于实现交叉表查询，通过调用该存储过程可按班级查询学生成绩，运行结果如图 8.19 所示。

```
mysql> CALL sp_score_by_class('11001');
+---------+--------+--------------+------+---------------------+------------------+
| 学号    | 姓名   | 计算机应用基础 | 英语 | Flash动画设计与制作 | Photoshop图像处理 |
+---------+--------+--------------+------+---------------------+------------------+
| 1100001 | 林文彬 |           85 |   92 |                  83 |               90 |
| 1100002 | 彭一帆 |           87 |   90 |                  89 |               80 |
| 1100003 | 梁伟强 |           88 |   79 |                  86 |               91 |
| 1100004 | 刘爱梅 |           92 |   83 |                  86 |               79 |
| 1100005 | 张保国 |           88 |   76 |                  82 |               85 |
| 1100006 | 黄海川 |           90 |   68 |                  82 |               76 |
| 1100007 | 蒋东昌 |           77 |   80 |                  67 |               72 |
| 1100008 | 王冠群 |           92 |   88 |                  83 |               81 |
| 1100009 | 张丽敏 |           96 |   90 |                  89 |               90 |
| 1100010 | 赵俊杰 |           82 |   77 |                  69 |               71 |
+---------+--------+--------------+------+---------------------+------------------+
10 rows in set (0.05 sec)
```

图 8.19　调用带输入参数的存储过程

【设计步骤】

（1）运行 MySQL 命令行工具。

（2）编写并执行以下 SQL 语句，以创建存储过程 sp_score_by_class:

```
USE student_info;
DROP PROCEDURE IF EXISTS sp_score_by_class;
DELIMITER //
-- 将语句结束符改为“//”
CREATE PROCEDURE sp_score_by_class(IN class char(5))
BEGIN
  -- 若不存在指定临时表，则创建之
  CREATE TEMPORARY TABLE IF NOT EXISTS temp_score(
    student_id int NOT NULL,
    student_name char(10) NOT NULL,
    course_name varchar(30) NOT NULL,
    score tinyint NULL
  );
  -- 从学生表、课程表和成绩表向临时表添加记录
  INSERT INTO temp_score(student_id,student_name,course_name,score)
  SELECT st.student_id,st.student_name,co.course_name,sc.score
  FROM score sc INNER JOIN course co ON sc.course_id=co.course_id
  INNER JOIN student st ON sc.student_id=st.student_id ;
  -- 创建交叉表查询
  SELECT temp_score.student_id AS 学号,temp_score.student_name AS 姓名,
    SUM(CASE course_name WHEN '计算机应用基础' THEN score ELSE 0 END)
      AS 计算机应用基础,
    SUM(CASE course_name WHEN '英语' THEN score ELSE 0 END)
      AS 英语,
    SUM(CASE course_name WHEN 'Flash动画设计与制作' THEN score ELSE 0 END)
      AS Flash动画设计与制作,
    SUM(CASE course_name WHEN 'Photoshop图像处理' THEN score ELSE 0 END)
      AS Photoshop图像处理
  FROM temp_score
  INNER JOIN student ON student.student_id=temp_score.student_id
  WHERE student.class=class
  GROUP BY temp_score.student_id,temp_score.student_name;
  -- 若存在临时表，则删除之
  DROP TEMPORARY TABLE IF EXISTS temp_score;
END //
-- 把语句结束符重新改为分号
DELIMITER ;
```

（3）编写并执行以下语句，以调用存储过程 sp_score_by_class（传递参数为班级）：

```
CALL sp_score_by_class('11001');
```

在 Navicat 中，可使用函数或过程设计器来创建存储过程，操作方法如下。

（1）在导航窗口中，展开要在其中创建存储过程的数据库。

（2）在该数据库下方单击【函数】，在工具栏上单击【新建函数】。

（3）在函数或过程设计器中选择【定义】选项卡，然后从下方的【类型】下拉列表中选择【PROCEDURE】，如果需要，则可在【参数】输入框中输入参数的名称和类型。如图 8.20 所示。

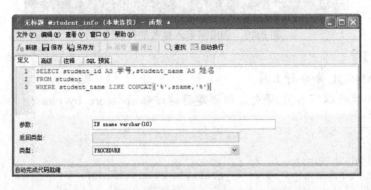

**图 8.20　用函数或在过程设计器中定义存储过程**

（4）在文本编辑框中输入存储过程的定义，包括一个有效的 SQL 过程语句。这可以是一个简单的语句（如 SELECT 或 INSERT），也可以是一个用 BEGIN 和 END 编写的复合语句，该复合语句可以包含声明循环和其他控制结构语句。

（5）如果需要，则可选择【高级】和【注释】选项卡，对存储过程的高级属性和注释文本进行设置。若要运行存储过程，则可在工具栏上单击【运行】。

（6）完成存储过程的定义后，可单击【保存】，然后指定存储过程的名称。

创建的存储过程将出现在导航窗口的【函数】的下方。通过单击可选择一个存储过程，然后可利用工具栏对存储过程进行管理。若要修改存储过程，则可单击【设计函数】。若要运行存储过程，则可单击【运行函数】。若要删除存储过程，则可单击【删除函数】。

### 8.5.4　存储函数

存储函数通常简称为函数。函数与存储过程类似，也存储在某个数据库中。与存储过程不同的是，函数有一个返回值，因此可以用在任何使用表达式的位置。

使用 CREATE　FUNCTION 语句可以在数据库中创建一个存储函数，语法如下：

```
CREATE FUNCTION func_name([param_name type[,...]])
RETURNS type
[characteristic...] routine_body
```

其中，func_name 指定函数的名称；param_name 指定参数的名称；type 指定参数的数据类型。函数的参数总被认为是 IN 参数。RETURNS type 子句用于指定函数返回值的数据类型，可以是任何有效的 MySQL 数据类型。

characteristic 设置函数的特征，可参阅 CREATE　PROCEDURE 语句。routine_body 表示函数体，其中必须包含一个 RETURN value 语句。如果函数体只包含一个语句，则不必使用

BEGIN…END 复合语句。

存储函数具有返回值，可以用在任何使用表达式的位置。存储函数不能通过 CALL 语句来调用，这一点不同于存储过程。

对于不再需要的函数，可使用 DROP FUNCTION 语句将其从数据库中删除，语法如下：

```
DROP FUNCTION [IF EXISTS] func_name
```

其中，func_name 指定待删除函数的名称。IF EXISTS 子句是 MySQL 的一个扩展。如果函数不存在，则可防止发生错误。

在 Navicat 中，可使用函数或过程设计器来创建或修改存储函数。切记：创建函数时应在【类型】下拉列表中选择【FUNCTION】。

【例 8.9】在 student 数据库中创建两个存储函数，分别命名为 cn_date 和 age，然后在查询语句中调用这两个存储函数，结果如图 8.21 所示。

```
mysql> USE student_info;
Database changed
mysql> SELECT student_id AS 学号,student_name AS 姓名,gender AS 性别,
    ->        cn_date(birthdate) AS 出生日期,age(birthdate) AS 年龄
    -> FROM student LIMIT 6;
+---------+----------+--------+------------------------+--------+
| 学号    | 姓名     | 性别   | 出生日期               | 年龄   |
+---------+----------+--------+------------------------+--------+
| 1100001 | 林文彬   | 男     | 1992年06月09日星期二   |   19   |
| 1100002 | 彭一帆   | 女     | 1992年03月03日星期二   |   20   |
| 1100003 | 梁伟强   | 男     | 1991年10月09日星期三   |   20   |
| 1100004 | 刘爱梅   | 女     | 1992年01月28日星期二   |   20   |
| 1100005 | 张保国   | 男     | 1990年07月09日星期一   |   21   |
| 1100006 | 黄海川   | 男     | 1991年08月20日星期二   |   20   |
+---------+----------+--------+------------------------+--------+
6 rows in set (0.00 sec)
```

图 8.21　在查询语句中调用存储函数

【设计步骤】

（1）在 Navicat 中，用函数或过程设计器创建两个存储函数，分别保存为 cn_date 和 age，如图 8.22 和图 8.23 所示。

图 8.22　定义存储函数 cn_date　　　　图 8.23　定义存储函数 age。

（2）在 MySQL 命令行工具中编写并执行以下语句：

```
USE student_info;
SELECT student_id AS 学号,student_name AS 姓名,gender AS 性别,
    cn_date(birthdate) AS 出生日期,age(birthdate) AS 年龄
FROM student LIMIT 6;
```

### 8.5.5　触发器

触发器是与表相关的命名数据库对象，当表上出现特定事件时，将激活该对象。触发器并不需要由用户来直接调用，而在对表发出 UPDATE、INSERT 或 DELETE 语句时自动执行。MySQL 从版本 5.02 起支持触发器。

使用 CREATE TRIGGER 语句可以在指定表中创建触发器，语法如下：

```
CREATE TRIGGER trigger_name trigger_time trigger_event
ON tbl_name FOR EACH ROW trigger_stmt
```

其中，trigger_name 指定触发器的名称；tbl_name 指定要在其中创建触发器的表名称，tbl_name 必须引用永久性表。不能将触发器与 TEMPORARY 表或视图关联起来。

trigger_time 是触发器的动作时间，可为 BEFORE 或 AFTER，指定触发器是在激活它的语句之前或之后触发。trigger_event 指定激活触发器的语句类型，可取下列值之一。

- INSERT：将新行插入表时激活触发器。例如，通过 INSERT、LOAD DATA 和 REPLACE 语句。
- UPDATE：当更改某一行时激活触发器。例如，通过 UPDATE 语句。
- DELETE：当从表中删除某一行时激活触发器。例如，通过 DELETE 和 REPLACE 语句。

对于具有相同触发器动作时间和事件的指定表，不能有两个触发器。例如，对于某一个表，不能有两个 BEFORE UPDATE 触发器。但可以有一个 BEFORE UPDATE 触发器和一个 BEFORE INSERT 触发器，或一个 BEFORE UPDATE 触发器和一个 AFTER UPDATE 触发器。

trigger_stmt 是当触发器激活时执行的语句。若要执行多个语句，则可使用 BEGIN...END 复合语句结构。这样就能使用存储过程中允许的相同语句。

使用别名 OLD 和 NEW（不区分大小写），能够引用与触发器相关的表中的列。在 INSERT 触发器中，只能使用 NEW.col_name 来引用将要插入的新行的一列。在 DELETE 触发器中，只能使用 OLD.col_name 来引用已有行中的一列。在 UPDATE 触发器中，可以使用 OLD.col_name 来引用更新前的某一行的列，也能使用 NEW.col_name 来引用更新后的行中的列。OLD 和 NEW 是对触发器的 MySQL 扩展。

用 OLD 命名的列是只读的，可以引用它，但不能更改它。对于用 NEW 命名的列，如果具有 SELECT 权限，则可以引用它。在 BEFORE 触发器中，如果具有 UPDATE 权限，则可以用 "SET NEW.col_name = value" 更改其值。这意味着，可以使用触发器来更改将要插入到新行中的值，或用于更新行的值。

在 BEFORE 触发器中，AUTO_INCREMENT 列的 NEW 值为 0，而不是实际插入新记录时自动生成的序列号。

对于不再需要的触发器，可使用 DROP TRIGGER 语句从表中删除，语法如下：

```
DROP TRIGGER [schema_name.]trigger_name
```

其中，trigger_name 指定待删除的触发器；可选参数 schema_name 指定方案名称，如果省略该参数，则从当前方案中删除触发器。

在 Navicat 中，可利用表设计器来创建和管理触发器。具体操作步骤如下。

（1）展开数据库，单击要在其中创建触发器的表，然后在工具栏上单击【设计表】，如图 8.24 所示。

**图 8.24  在工具栏上单击【设计表】**

（2）在表设计器中选择【触发器】选项卡，然后对新建触发器的以下属性进行设置，如图 8.25 所示。

- 使用【名】编辑框来设置触发器名。
- 使用【触发】下拉列表来定义触发器行动的时间，可以是 BEFORE 或 AFTER，以指示在激活它的语句前或后激活触发器。
- 在【插入】列中选择复选框，则每当一个新行插入表时触发器会被激活。例如，执行 INSERT、LOAD DATA 及 REPLACE 语句时。
- 在【更新】列中选择复选框，则每当修改一个行时触发器会被激活。例如，执行 UPDATE 语句时。
- 在【删除】列中选择复选框，则每当从表中删除一个行时触发器会被激活。例如，DELETE 及 REPLACE 语句。然而，DROP TABLE 及 TRUNCATE 语句在表中不会激活触发器。

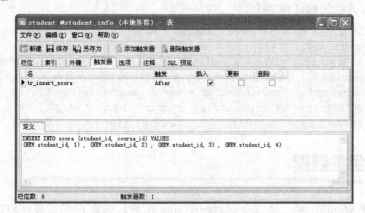

**图 8.25  在表设计器中创建触发器**

- 在【定义】选项卡中定义当激活触发器时运行的语句。若要编写语句，只需简单地单击即可编写。若要运行多条语句，可使用 BEGIN ... END 复合语句结构。

（3）单击【保存】按钮，以保存表所做的更改。

（4）若要创建新的触发器，则可在工具栏上单击【添加触发器】。

（5）若要删除一个触发器，则可单击该触发器所在行，然后在工具栏上单击【删除触发器】。

【例 8.10】在学生表中创建一个触发器，要求在添加学生记录时自动添加成绩记录，即在成绩表中填入学号和课程编号，成绩列则留空。创建触发器后，通过 INSERT 和 SELECT 语句来测试触发器的执行结果，如图 8.26 所示。

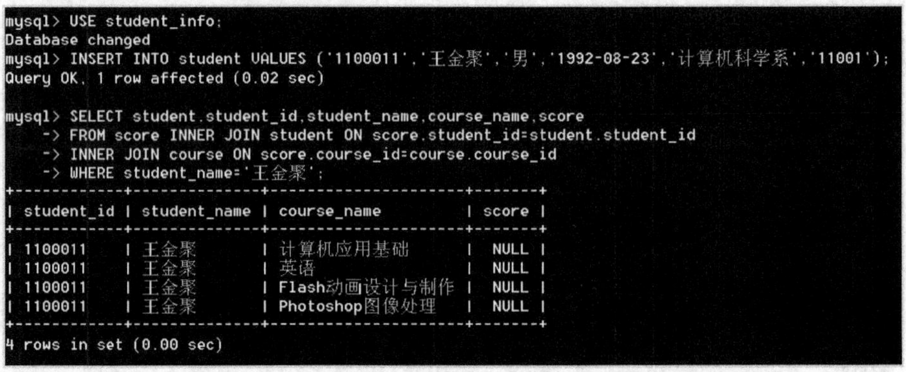

```
mysql> USE student_info;
Database changed
mysql> INSERT INTO student VALUES ('1100011','王金聚','男','1992-08-23','计算机科学系','11001');
Query OK, 1 row affected (0.02 sec)

mysql> SELECT student.student_id,student_name,course_name,score
    -> FROM score INNER JOIN student ON score.student_id=student.student_id
    -> INNER JOIN course ON score.course_id=course.course_id
    -> WHERE student_name='王金聚';
+------------+--------------+------------------------+-------+
| student_id | student_name | course_name            | score |
+------------+--------------+------------------------+-------+
| 1100011    | 王金聚       | 计算机应用基础         | NULL  |
| 1100011    | 王金聚       | 英语                   | NULL  |
| 1100011    | 王金聚       | Flash动画设计与制作     | NULL  |
| 1100011    | 王金聚       | Photoshop图像处理       | NULL  |
+------------+--------------+------------------------+-------+
4 rows in set (0.00 sec)
```

**图 8.26　测试触发器执行结果**

【设计步骤】

（1）在导航窗口中单击 student_info 数据库，单击 student 表，单击工具栏上的【设计表】。

（2）在表设计器中选择【触发器】选项卡。

（3）将触发器名称设置为 tr_insert_score。

（4）在【触发】下拉列表中选择 AFTER。

（5）选取【插入】列中的复选框。

（6）选择【定义】选项卡，然后输入以下 SQL 语句：

```
INSERT INTO score (student_id, course_id) VALUES
(NEW.student_id,1),(NEW.student_id,2),(NEW.student_id,3),(NEW.student_id,4);
```

（7）单击工具栏上的【保存】。

（8）在 MySQL 命令行工具中编写并执行以下语句：

```
USE student_info;
INSERT INTO student VALUES ('1100011','王金聚','男','1992-08-23','计算机科学系','11001');
SELECT student.student_id,student_name,course_name,score
FROM score INNER JOIN student ON score.student_id=student.student_id
INNER JOIN course ON score.course_id=course.course_id
WHERE student_name='王金聚';
```

## 8.6　安全性管理

安装和配置 MySQL 时，通常会创建一个 root 账户，该账户拥有最高权限，可以对服务器和所有数据库进行管理。为了确保数据的安全性，应该为开发人员创建 MySQL 用户账户，并针对不同用户设置不同的访问权限。下面介绍如何对 MySQL 用户账户和权限进行管理。

## 8.6.1　用户管理

MySQL 数据库管理系统具有良好的安全性。用户必须拥有自己的账户和密码，才能登录到 MySQL 服务器。若要对 MySQL 安全性进行管理，就应掌握创建用户、删除用户、重命名用户及设置登录密码的方法。

### 1. 创建用户

使用 CREATE USER 可以创建新的 MySQL 用户账户，语法如下：

```
CREATE USER user [IDENTIFIED BY [PASSWORD] 'password']
[,user [IDENTIFIED BY [PASSWORD] 'password']] ...
```

其中，user 指定要创建的用户名，其值可用 username@hostname 形式来指定。若 username 或 hostname 与不加引号的标识符一样是合法的，则不需要对它加引号。不过，若要在用户名或主机名中包含特殊字符（如"-"）或通配字符（如"%"），则应加引号。例如，'test-user'@'test-hostname'，对 username 和 hostname 要分别加引号。

在 hostname 中可以指定通配符。例如，username@'%.loc.gov' 适用于 loc.gov 域中任何主机的 username。同时 username@'144.155.166.%' 适用于 144.155.166 C 级子网中任何主机的 username。简单形式 username 是 username@'%' 的同义词，其中，通配符 '%' 表示任意主机。

IDENTIFIED BY 子句用于为账户设置一个密码。若要在纯文本中指定密码，则需要忽略 PASSWORD 关键词。若要将密码指定为由 PASSWORD()函数返回的混编值，则需要包含关键字 PASSWORD。

使用 CREATE USER 语句创建一个用户账户后，即可通过该账户登录到 MySQL 服务器。但在对该账户授予适当的权限之前，暂时还不能通过它来进行数据访问。

若要使用 CREATE USER，必须拥有 MySQL 数据库的全局 CREATE USER 权限，或拥有 INSERT 权限。对于每个账户，CREATE USER 会在没有权限的 mysql.user 表中创建一个新记录。如果指定的账户已经存在，则出现错误。

用户账户信息存储在系统数据库 MySQL 的 user 表中，可通过 SELECT 语句从该表中查看现有的用户账户信息。账户名称的用户和主机部分与用户表记录的 user 和 host 列值相对应。

在 Navicat 中，可使用用户设计器来创建和管理用户账户。创建用户账户的操作步骤如下。

（1）在导览窗口选择要设置权限的连接。

（2）单击【用户】按钮打开用户对象窗口。

（3）在对象窗口工具栏上单击【新建用户】按钮，如图 8.27 所示。

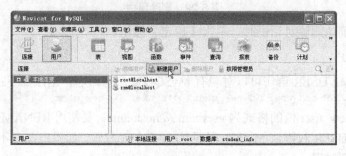

图 8.27　单击【新建用户】按钮

（4）在用户设计器中选择【常规】选项卡，然后对用户名、主机和密码进行设置，如图 8.28 所示。

图 8.28　设置用户名、主机和密码

（5）若要查看创建用户所使用的 CREATE USER 语句，则可选择【SQL 预览】选项卡。

（6）在工具栏上单击【保存】按钮，完成新用户创建。

### 2. 删除用户

使用 DROP USER 语句可以删除一个或多个 MySQL 用户账户，语法如下：

```
DROP USER user [, user] ...
```

其中，user 格式为 username@hostname。要使用 DROP USER，则必须拥有 MySQL 数据库的全局 CREATE USER 权限或 DELETE 权限。

在 Navicat 中，可使用用户设计器来删除 MySQL 用户账户，操作步骤如下。

（1）在导览窗口选择要设置权限的连接。

（2）单击【用户】按钮以打开用户对象窗口。

（3）在对象窗口的用户列表中选择要删除的用户，然后在工具栏上单击【删除用户】按钮，如图 8.29 所示。

图 8.29　删除用户

（4）当出现确认删除对话框时，单击【确定】按钮。

### 3. 重命名用户

使用 RENAME USER 语句可以对现有 MySQL 账户重命名，语法如下：

```
RENAME USER old_user TO new_user[,old_user TO new_user] ...
```

old_user 和 new_user 值的格式为 username@hostname。要使用 RENAME USER，必须拥有全局 CREATE USER 权限或 MySQL 数据库 UPDATE 权限。如果旧账户不存在或者新账户已存在，则会出现错误。

在 Navicat 中，可在用户设计器中对 MySQL 用户账户进行重命名，操作方法如下。

（1）在导览窗口选择要设置权限的连接。

（2）单击【用户】按钮以打开用户对象窗口。

（3）在对象窗口的用户列表中选择要重命名的用户，然后在工具栏上单击【编辑用户】按钮，如图 8.30 所示。

**图 8.30 单击【编辑用户】按钮**

（4）在用户设计器中选择【常规】选项卡，然后对用户名进行更改。

（5）在工具栏上单击【保存】按钮，完成用户重命名。

### 4. 设置密码

使用 SET PASSWORD 语句可以对一个 MySQL 用户账户设置密码，有以下两种语法。

（1）若要为当前用户设置密码，可以使用以下语法：

```
SET PASSWORD = PASSWORD('some password');
```

已使用一个非匿名账户连接到服务器上的任何客户都可以更改该账户的密码。

（2）若要为当前服务器主机上的一个特定账户设置密码，可使用以下语法：

```
SET PASSWORD FOR user = PASSWORD('some password');
```

其中，user 值应以 username@hostname 的格式指定。只有拥有 MySQL 数据库 UPDATE 权限的客户端可以这么做。

在 Navicat 中，可在用户设计器中对 MySQL 用户账户设置密码，操作方法如下。

（1）在导览窗口选择要设置权限的连接。

（2）单击【用户】按钮以打开用户对象窗口。

（3）在对象窗口的用户列表中选择要设置密码的用户，然后在工具栏上单击【编辑用户】按钮。

（4）在用户设计器中选择【常规】选项卡，然后为该用户指定密码并加以确定。

（5）在工具栏上单击【保存】按钮，完成密码设置。

## 8.6.2 权限管理

用 CREATE USER 语句创建一个用户账户后，即可通过该账户登录到 MySQL 服务器，但此时不能访问任何数据库。要通过某账户访问数据库，还必须对该账户授予适当的权限。

### 1. 设置权限

系统管理员既可以使用 GRANT 语句对一个 MySQL 用户账户授予适当的权限，也可以使用该语句创建一个新的用户账户并对其进行授权，语法如下：

```
GRANT priv_type [(column_list)][,priv_type[(column_list)]]...
ON [TABLE|FUNCTION|PROCEDURE]{tbl_name|*|*.*|db_name.*}
TO user [IDENTIFIED BY [PASSWORD] 'password']
[,user [IDENTIFIED BY [PASSWORD] 'password']]...
[REQUIRE
  NONE|[{SSL|X509}][CIPHER 'cipher' [AND]] [ISSUER 'issuer' [AND]] [SUBJECT 'subject']]
[WITH GRANT OPTION
  |MAX_QUERIES_PER_HOUR count|MAX_UPDATES_PER_HOUR count
  |MAX_CONNECTIONS_PER_HOUR count|MAX_USER_CONNECTIONS count]
```

其中，priv_type 表示可授予用户账户的权限。各种权限及其意义在表 8.8 中列出。

**表 8.8  可授予用户账户的权限**

| 权　　限 | 说　　明 |
|---|---|
| ALL [PRIVILEGES] | 设置除 GRANT OPTION 之外的所有简单权限 |
| ALTER | 允许使用 ALTER TABLE |
| ALTER ROUTINE | 更改或取消存储过程 |
| CREATE | 允许使用 CREATE TABLE |
| CREATE ROUTINE | 允许创建存储过程 |
| CREATE TEMPORARY TABLES | 允许使用 CREATE TEMPORARY TABLE |
| CREATE USER | 允许使用 CREATE USER、DROP USER、RENAME USER 和 REVOKE ALL PRIVILEGES |
| CREATE VIEW | 允许使用 CREATE VIEW |
| DELETE | 允许使用 DELETE |
| DROP | 允许使用 DROP TABLE |
| EXECUTE | 允许用户运行存储过程 |
| FILE | 允许使用 SELECT...INTO OUTFILE 和 LOAD DATA INFILE |
| INDEX | 允许使用 CREATE INDEX 和 DROP INDEX |
| INSERT | 允许使用 INSERT |
| LOCK TABLES | 允许对拥有 SELECT 权限的表使用 LOCK TABLES |
| PROCESS | 允许使用 SHOW FULL PROCESSLIST |
| RELOAD | 允许使用 FLUSH |
| REPLICATION CLIENT | 允许用户询问从属服务器或主服务器的地址 |
| REPLICATION SLAVE | 用于复制型从属服务器（从主服务器中读取二进制日志事件） |
| SELECT | 允许使用 SELECT |
| SHOW DATABASES | SHOW DATABASES 显示所有数据库 |
| SHOW VIEW | 允许使用 SHOW CREATE VIEW |
| SHUTDOWN | 允许使用 mysqladmin shutdown 命令 |
| SUPER | 允许使用 CHANGE MASTER、KILL、PURGE MASTER LOGS 和 SET GLOBAL 语句及 mysqladmin debug 命令；允许连接（一次），即使已达到 max_connections |
| UPDATE | 允许使用 UPDATE |
| USAGE | "无权限"的同义词 |
| GRANT OPTION | 允许授予权限 |

参数 column_list 用来对表中的一个或一组列指定权限。

如果使用 TABLE、FUNCTION 或 PROCEDURE 关键字，则指定后续目标是一个表、一个存储函数或一个存储过程。tbl_name 表示被授权的表名称。通过使用 ON *.*语法可以赋予全局权限，全局权限适用于一个指定服务器中的所有数据库。通过使用 ON db_name.*语法可以赋予数据库层级权限，数据库权限适用于一个指定数据库中的所有对象。如果指定了 ON *并且选择了一个默认数据库，则权限被赋予到该数据库中。如果指定了 ON *而没有选择一个默认数据库，则权限是全局的。

GRANT 语句用于在全局层级或数据库层级赋予权限。当在 GRANT 语句中指定数据库名称时，可以使用 "_" 和 "%" 通配符。若要使用下划线 "_" 字符作为数据库名称的一部分，则应在 GRANT 语句中指定为 "\_"，以防止用户访问其他符合此通配符格式的数据库。例如，GRANT ... ON `student\_info`.* TO ...。

参数 user 指定要被授权的用户账户。IDENTIFIED BY 子句用于设置用户密码。如果该用户已拥有了一个密码，则此密码被新密码替代。

REQUIRE 子句指定用户是否通过加密套接字进行连接，或者指定其他 SSL 选项。

如果使用 WITH GRANT OPTION 子句，则允许用户在指定的权限层级向其他用户给定其拥有的任何权限。GRANT OPTION 权限只允许赋予自己拥有的权限，不能向其他用户授予自己没有的权限。

MAX_QUERIES_PER_HOUR count 指定该账户每小时能够执行的最大查询次数。

MAX_UPDATES_PER_HOUR count 指定该账户每小时能够执行的最大更新次数。

MAX_CONNECTIONS_PER_HOUR count 指定该账户每小时能够执行的最大连接次数。

MAX_USER_CONNECTIONS count 指定该账户可以同时进行的最大连接次数。

**2. 撤销权限**

使用 REVOKE 语句可以撤销用户权限，有以下两种语法。

第一种语法：

```
REVOKE priv_type [(column_list)] [,priv_type [(column_list)]]...
ON [TABLE|FUNCTION|PROCEDURE] {tbl_name|*|*.*|db_name.*}
FROM user[,user]...
```

第二种语法：

```
REVOKE ALL PRIVILEGES,GRANT OPTION FROM user[,user]...
```

在上述语法格式中，各个参数的含义同 GRANT 语句。

在 Navicat 中，可使用用户设计器来管理用户权限，操作方法如下。

（1）在导览窗口选择要设置权限的连接。

（2）单击【用户】按钮以打开用户对象窗口。

（3）在对象窗口的用户列表中选择要对其授予或撤消权限的用户，然后在工具栏上单击【编辑用户】按钮。

（4）在用户设计器中选择【权限】选项卡，然后在工具栏上单击【添加权限】按钮，如图 8.31 所示。

（5）在【添加权限】对话框的查看树中展开节点直至到达目标对象，选择数据库及数据库对象（表、视图等）以在右边的面板上显示网格，在网格中的【状态】列中选择相应的复选框以授予所选用户一个或多个权限，然后单击【确定】按钮，如图 8.32 所示。

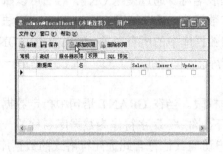

图 8.31　单击【添加权限】按钮

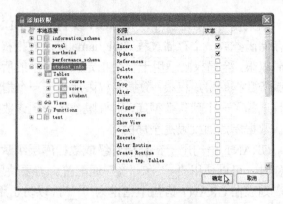

图 8.32　对指定用户授予权限

（6）在用户设计器的【权限】选项卡中，选中或取消相应的复选框以修改用户对数据库或数据库对象拥有的特定权限。若要撤消用户对数据库或数据库对象拥有的所有权限，则可选择数据库或数据库对象所在行，然后在工具栏上单击【删除权限】按钮，如图 8.33 所示。

（7）若要对用户设置全局权限，可在用户设计器中选择【服务器权限】选项卡，然后在【授予】列中选择相应的复选框，如图 8.34 所示。

（8）若要设置用户的高级属性，则可在用户设计器中选择【高级】选项卡，并对每小时最多查询数、每小时最多更新数、每小时最多连接数、使用 OLD_PASSWORD 加密及其他选项进行设置，如图 8.35 所示。

（9）在工具栏上单击【保存】按钮，完成用户权限设置。

图 8.33　设置对特定数据库或对象的用户权限

图 8.34　设置用户的服务器权限

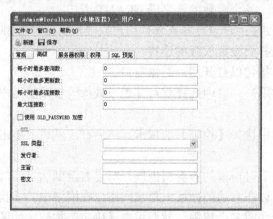

图 8.35　设置用户的高级属性

# 习题 8

## 一、填空题

1. 假设用户 root 的登录密码为 123456，则通过 MySQL 命令行工具连接到本机上的 MySQL 服务器时应输入_____命令。

2. 若要退出 MySQL 命令行工具，则可以执行_____或_____命令。

3. 若要在 Navicat 中连接到本机上的 MySQL 服务器，则可指定主机名为_____、端口为_____。

4. 在 MySQL 中，可使用_____来创建数据库。

5. 若要使用指定的值向目标表中插入一条或多条记录，则可以通过_____语句来实现。

6. 创建存储过程时，用____表示输入参数，用_____表示输出参数，用_____表示输入/输出参数。

7. 触发器是与表有关的命名数据库对象，当_____时将激活该对象。

8. 在 Navicat 中，可使用_____来创建和管理用户账户。

## 二、选择题

1. 在下列各项中，以（　　）作为 SQL 语句结尾并按回车键不能执行该语句。

A. EXEC                     B. ;
C. \G                       D. \g

2. 在 MySQL 中，使用通配符（　　）可表示任意单个字符。

A. ?                        B. *
C. %                        D. _

3. 使用 SELECT 语句查询记录时，可用（　　）子句对检索到的行进行排序处理。

A. GROUP BY                 B. ORDER BY
C. WHERE                    D. HAVING

4. 若要从学生表中查询所有姓张的学生，则可在 WHERE 子句中使用（　　）条件。

A. student_name LIKE '张*'        B. student_name LIKE '张?'
C. student_name LIKE '张%'        D. student_name LIKE '张_'

## 三、简答题

1. MySQL 采用什么体系结构？该结构有什么特点？

2. 什么是主键？它有什么作用？

3. 什么是子查询？

4. 索引有什么用途？

5. 什么是视图？视图有什么用处？

6. 如何在数据库中创建存储过程？如何调用存储过程？

7. 存储函数与存储过程有什么不同点？

8. 创建触发器时别名 OLD 和 NEW 有什么作用？

9. 如何创建新的 MySQL 用户账户？

10. 如何对用户账户设置和撤销权限？

11. 如何对用户账户设置密码？

## 上机实验 8

1. 使用 Navicat 在 MySQL 服务器上创建一个数据库并命名为 student_info。

2. 使用 Navicat 在 student_info 数据库中创建三个表，分别命名为 student、course 和 score，表列定义见表 8.3。

3. 使用 INSERT 语句在 student_info 数据库的各个表中分别添加一些数据记录。

4. 在 student_info 数据库中创建一个视图，基于 student 表、course 表和 score 表检索数据，要求包含学号、姓名、课程名称及成绩字段。

5. 在 student_info 数据库中创建一个存储过程，其功能是根据所传递的班级显示学生成绩。

6. 在 student_info 数据库中创建一个函数，可以根据学生的出生日期计算年龄。

7. 使用 Navicat 在 student 表中创建一个触发器，其功能是每当从学生表中删除一个学生时同时删除该学生的成绩记录。

8. 使用 Navicat 在 MySQL 服务器上创建一个用户账户并命名为 admin，授予该账户访问 student_info 数据库的全部权限。

# 第9章 PHP 数据库编程

大多数 PHP 动态网站都是围绕着读取和更新 MySQL 数据库信息进行操作的。PHP 提供了一组 MySQL 库函数，用于实现对 MySQL 数据库的访问。Dreamweaver CS 5.5 提供了一组与 MySQL 数据库访问相关的服务器行为，如创建记录集、创建记录集导航条、插入记录、更新记录及删除记录等，可用来快速生成 PHP 数据库应用程序。本章介绍如何将 PHP 编程与 Dreamweaver 可视化方式结合起来实现 PHP 数据访问，主要内容包括创建数据库连接、查询记录、添加记录、更新记录及删除记录等。

## 9.1 创建数据库连接

通过 PHP 动态网页访问数据库中的数据之前，首先必须创建与后台数据库的连接，有了数据库连接才能对数据库进行查询和更新。

### 9.1.1 编程实现 MySQL 数据库连接

在 PHP 中，数据库连接分为非持久连接和持久连接两种类型，前者在 PHP 代码结束时自动关闭，后者则不会被关闭。下面介绍如何通过调用 PHP 函数连接到 MySQL 服务器、选择数据库及关闭 MySQL 连接。

#### 1. 创建非持久连接

使用 mysql_connect 函数可以建立一个到 MySQL 服务器的非持久连接，语法如下：

```
resource mysql_connect([string server[,string username[,string password
[,bool new_link[,int client_flags]]]]])
```

其中，server 指定要连接的 MySQL 服务器，可以包括端口号，如 hostname:port；username 和 password 分别指定用户账户和密码；new_link 指定是否建立新连接。若以相同的参数第二次调用 mysql_connect()，则不会建立新连接，而是返回已经打开的连接标志。但使用参数 new_link 可以改变这种行为，并使 mysql_connect() 总是打开新的连接（甚至当 mysql_connect() 曾在前面被同样的参数调用过）。

参数 client_flags 可以是以下常量的组合。

● MYSQL_CLIENT_COMPRESS：使用压缩的通信协议。

● MYSQL_CLIENT_IGNORE_SPACE：允许在函数名后面留空格位。

● MYSQL_CLIENT_INTERACTIVE：允许设置断开连接之前等待的时间。

若未提供可选参数，则 mysql_connect()函数将使用以下默认值：server = 'localhost:3306'；username = 服务器进程所有者的用户名；password = 空密码。

若成功建立连接，则该函数返回一个 MySQL 连接标识符，失败则返回 false。

使用 mysql_connect 函数时，应注意以下几点。

● 如果希望使用 TCP/IP 连接，则可以用 127.0.0.1 代替 localhost。

● 在函数名前加上@可以抑制失败时产生的错误信息。

● 一旦 PHP 代码结束，到 MySQL 服务器的连接就会被关闭，除非在此之前已经调用 mysql_close()关闭了连接。这种连接也称为非持久连接。

### 2. 创建持久连接

使用 mysql_pconnect 函数可以打开一个到 MySQL 服务器的持久连接，语法如下：

```
resource mysql_pconnect([string server[,string username[,string password
[,int client_flags]]]])
```

其中，各个参数与 mysql_connect()函数中的参数相同。

mysql_pconnect()与 mysql_connect()非常相似，但有以下两个主要区别。

（1）连接时该函数将首先尝试寻找一个在同一个主机上用同样的用户名和密码已经打开的持久连接，若找到，则返回此连接标志而不打开新连接。

（2）当脚本执行完毕后到 SQL 服务器的持久连接不会被关闭，此连接将保持打开以备后用。mysql_close()函数不会关闭由 mysql_pconnect()建立的连接。这种持久连接仅能用于模块版本的 PHP。

### 3. 选择数据库

通过 mysql_connect()或 mysql_pconnect()函数连接到一个 MySQL 服务器之后，可以使用 mysql_select_db()函数从该服务器上选择需要的数据库，语法如下：

```
bool mysql_select_db(string database_name[,resource link_identifier])
```

其中，database_name 指定数据库名称；link_identifier 指定连接标识符，若未指定该参数，则使用上一个打开的连接。若不存在打开的连接，该函数将无参数调用 mysql_connect()来尝试打开一个连接并使用该连接。

mysql_select_db()用于设定与指定的连接标识符所关联服务器上的当前激活数据库。随后每次调用 mysql_query()函数都会作用于活动数据库。

若成功地选择了指定的数据库，则 mysql_select_db()函数返回 true，失败则返回 false。

### 4. 关闭 MySQL 连接

使用 mysql_close 函数可以关闭 MySQL 连接，语法如下：

```
bool mysql_close([resource link_identifier])
```

其中，link_identifier 指定连接标识符。

mysql_close()函数关闭指定的连接标识符所关联的到 MySQL 服务器的连接。如果没有指定 link_identifier，则关闭上一个打开的连接。

如果成功则 mysql_close 函数返回 true，失败则返回 false。

通常不需要使用 mysql_close()函数，因为已打开的非持久连接会在脚本执行完毕后自动关闭。mysql_close()函数不会关闭由 mysql_pconnect()函数建立的持久连接。

### 5. 检查 MySQL 错误信息

使用 mysql_error 函数可以返回上一个 MySQL 操作产生的文本错误信息，语法如下：

```
string mysql_error([resource link_identifier])
```

其中，link_identifier 指定连接标识符。

mysql_error 函数返回上一个 MySQL 函数的错误文本。若没有出错，则返回空字符串。若未指定连接标识符，则使用上一个成功打开的连接从 MySQL 服务器提取错误信息。

【例 9.1】本例说明如何连接 MySQL 服务器并选择一个数据库，结果如图 9.1 所示。

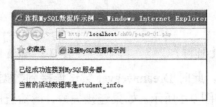

**图 9.1　连接 MySQL 数据库**

【设计步骤】

（1）在 Dreamweaver 中打开 PHP 站点，然后在站点本地根文件夹中创建一个文件夹并命名为 ch09。

（2）在文件夹 ch09 中创建一个 PHP 动态网页并保存为 page9-01.php，然后把文档标题设置为 "连接 MySQL 数据库示例"。

（3）切换到代码视图，在<body>标签下面输入以下 PHP 代码块：

```php
<?php
$link=mysql_connect("localhost","root","zzmzzm")
    or die("无法连接到 MySQL 服务器, ".mysql_error());
echo "<p>已经成功连接到 MySQL 服务器。</p>\n";
mysql_select_db("student_info",$link)
    or die("不能选择数据库, ".mysql_error());
echo "<p>当前的活动数据库是 student_info。</p>\n";
mysql_close($link);
?>
```

（4）按 F12 键，在浏览器中查看网页运行结果。

## 9.1.2　在 Dreamweaver 中创建 MySQL 连接

在 Dreamweaver 中可以使用【数据库】面板创建 MySQL 数据库连接，具体操作方法如下。

（1）在 Dreamweaver 中打开一个 PHP 页，在【窗口】菜单中选择【数据库】命令以打开【数据库】面板。

（2）在【数据库】面板上单击加号按钮 ➕ 并选择【MySQL 连接】命令，如图 9.2 所示。

（3）在【MySQL 连接】对话框中，通过设置以下选项为当前 PHP 动态网站创建数据库连接，如图 9.3 所示。设置此对话框之前，应确保已启动 MySQL 服务器。

- 输入新连接的名称，如 student。不要在该名称中使用任何空格或特殊字符。
- 在【MySQL 服务器】框中，指定承载 MySQL 服务器的计算机，可以输入 IP 地址或服务器名称。
  若 MySQL 与 PHP 运行在同一台计算机上，则可输入 localhost。
- 输入 MySQL 用户名和密码。
- 在【数据库】框中输入要连接的数据库名称，或者单击【选取】按钮并从 MySQL 数据库列表中选择要连接的数据库。在图 9.3 中选择了 student_info 数据库。

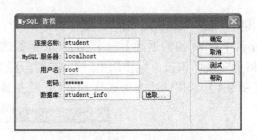

图 9.2　创建 MySQL 连接　　　　　　图 9.3　设置 MySQL 连接参数

（4）单击【测试】按钮。此时 Dreamweaver 尝试连接到数据库，如果连接成功，则会显示 "成功创建连接脚本"，如图 9.4 所示。如果连接失败，请检查服务器名称、用户名和密码。如果连接仍然失败，请检查 Dreamweaver 以处理 PHP 动态网页的文件夹设置。

（5）单击【确定】按钮，新连接便出现在数据库面板上，如图 9.5 所示。这个数据库连接可以在当前网站的所有 PHP 页面中使用。

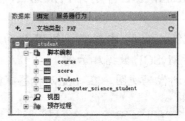

图 9.4　连接成功　　　　　　　　图 9.5　数据库面板上的连接

从【文件】面板可以看出，创建第一个连接时，在站点根目录下创建了一个 Connections 文件夹并在该文件夹中生成了一个 PHP 文件，文件名与连接名称相同，如图 9.6 所示。

Connections 文件夹中的 PHP 文件即数据库连接文件。在此文件中，首先使用四个变量保存数据库连接参数，包括 MySQL 服务器名称、要连接的数据库名称、用户名及密码，然后通过调用 mysql_pconnect()函数创建一个持久连接。PHP 源代码如图 9.7 所示。

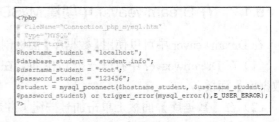

图 9.6　保存 MySQL 连接参数的 PHP 文件　　　图 9.7　创建 MySQL 连接的 PHP 源代码

在数据库连接文件中，通过调用 trigger_error()函数生成一个用户级别的错误、警告或通告信息。该函数的语法如下：

```
bool trigger_error(string error_msg[,int error_type])
```

其中，error_msg 指定该错误的文本信息，限制在 1 024 个字符以内；error_type 指定该错误的类型，其取值只能是以下 E_USER 系列常量。

- E_USER_ERROR：报告用户触发的错误。
- E_USER_NOTICE：报告用户触发的通告。
- E_USER_WARNING：报告用户触发的警告。

为了避免访问 MySQL 数据库时出现乱码现象，可以在 Dreamweaver 中对数据库连接文件进行修改，通过调用 mysql_query()函数执行一条 SET NAMES 语句，将默认字符集设置为简体中文，即在 PHP 代码块末尾添加以下语句：

```
mysql_query("SET NAMES gb2312");
```

创建 PHP 页时还需要通过设置<meta>标签将页面字符集设置为简体中文，代码如下：

```
<meta charset="gb2312">
```

若要把新建网页的字符集自动设置为 gb2312，则可在 Dreamweaver 的首选参数中对默认编码进行设置。具体设置方法是：从【编辑】菜单中选择【首选参数】命令，当出现【首选参数】对话框时，从【分类】列表中选择【新建文档】，然后从【默认编码】下拉列表框中选择"简体中文（GB2312）"，如图 9.8 所示。

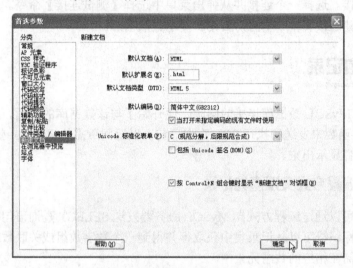

图 9.8　设置新建文档的默认编码

### 9.1.3　数据库连接的应用与管理

在 Dreamweaver 中创建数据库连接之后，若要在 PHP 页中引用数据库连接标识符和其他连接参数，则可在数据库面板上用右键单击该连接，并从弹出的菜单中选择【插入代码】命令，如图 9.9 所示。

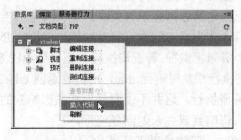

图 9.9　引用数据库连接文件

此时将生成以下 PHP 代码块：

```
<?php require_once('../Connections/student.php'); ?>
```

当在 Dreamweaver 中通过可视化方式创建访问 MySQL 数据库的 PHP 页时，已有数据库连接将会包含在相关对话框的【连接】列表框中，在完成对话框设置之后也会在当前文档中自动生成上述 require_once 语句。

利用【数据库】面板可以对数据库连接进行管理，主要包括以下操作。

（1）编辑连接。用右键单击一个连接并从弹出的菜单中选择【编辑连接】命令，然后在连接对话框中修改连接参数，但不能更改连接名称。

（2）重制连接。用右键单击一个连接并从弹出的菜单中选择【重制连接】命令，然后在连接对话框中修改连接参数，也可以更改连接名称。

（3）删除连接。选择一个连接并单击减号按钮，或者用右键单击该连接并从弹出的菜单中选择【删除链接】命令。

（4）测试连接。选择一个连接并从弹出菜单中选择【测试连接】命令。若连接成功，则会看到"成功创建连接脚本"信息，否则将提示失败信息。

## 9.2 查询记录

打开到某个 MySQL 数据库连接的同时，便开始了与该数据库的会话。此时，可以通过调用相关的 PHP 函数来发送和执行 SQL 查询语句，以返回所需的记录集，然后通过 PHP 页把该记录集的内容显示出来。

### 9.2.1 以编程方式实现查询记录

在 PHP 中，可以通过编程方式向 MySQL 服务器发送 SELECT 查询语句并返回一个结果标识符，根据该标识符可以从记录集中获取行并得到一个数字数组或关联数组，结果记录集的各个列值就存储在相应的数组元素中。

#### 1. 执行 MySQL 查询

使用 mysql_query()函数可以向 MySQL 服务器发送一条查询语句，语法如下：

```
resource mysql_query(string query[,resource link_identifier])
```

其中，query 指定要执行的查询语句，该语句不应以分号结束；link_identifier 指定连接标识符，若未指定该参数，则使用上一个打开的连接。若没有打开的连接，则会尝试无参数调用 mysql_connect()函数来建立一个连接并使用。

mysql_query()函数向已指定的连接标识符关联的服务器中的当前活动数据库发送一条查询语句，查询结果会被缓存。当发送 SELECT、SHOW、EXPLAIN 或 DESCRIBE 语句时，mysql_query()函数返回一个资源标识符，若查询执行不正确则返回 false。对于其他类型的 SQL 语句，mysql_query()函数在执行成功时返回 true，出错时返回 false。非 false 的返回值意味着查询是合法的并能够被服务器执行。这并不说明任何相关影响到的或返回的行数，很有可能执行成功了一条查询但并未影响到或并未返回任何行。

使用 mysql_query()函数时，应注意以下几点。

- 若没有权限访问查询语句中引用的表，mysql_query()也会返回 false。
- 若查询成功，则可以调用 mysql_num_rows()函数来查看对应于 SELECT 语句返回了多少行，或者调用 mysql_affected_rows()函数来查看对应于 DELETE、INSERT、REPLACE 或 UPDATE 语句影响了多少行。

● 对于 SELECT、SHOW、DESCRIBE 或 EXPLAIN 语句，mysql_query()函数将返回一
个新的结果标识符，可将其传递给 mysql_fetch_array()函数或其他处理记录集的函数。
处理完记录集后可调用 mysql_free_result()函数并将结果标识符作为参数传递，以释放
与之关联的资源（尽管脚本执行完毕后会自动释放内存）。

### 2. 从记录集中获取行作为数组

使用 mysql_fetch_array 函数可以从记录集中取得一行作为关联数组、数字数组或二者兼
有，语法如下：

```
array mysql_fetch_array(resource result[,int result_type])
```

其中，result 指定结果标识符；可选参数 result_type 可以接收以下常量值。

● MYSQL_ASSOC：得到包含关联索引的数组。

● MYSQL_NUM：得到包含数字索引的数组。

● MYSQL_BOTH（默认值）：得到一个同时包含关联和数字索引的数组。

该函数返回根据从记录集取得的行生成的数组，若没有更多行则返回 false。

如果查询结果中有两个或两个以上的列具有相同字段名，则最后一列将优先。若要访问
同名的其他列，则必须用该列的数字索引或为该列指定一个别名。对具有别名的列，不能再
用原来的列名访问其内容。该函数返回的字段名是区分大小写的。

除 mysql_fetch_array()函数外，还可以使用 mysql_fetch_row()函数或 mysql_fetch_assoc()
函数，前者从记录集中取得一行并作为枚举数组，后者从记录集中取得一行并作为关联数组，
它们都返回根据从记录集取得的行生成的数组，若没有更多行则返回 false。

### 3. 获取记录集的行数和列数

为了在 PHP 页中显示一个记录集的内容，通常需要获取该记录集包含的行数和列数。这
可以通过调用以下两个函数来实现。

（1）使用 mysql_num_rows()函数可以取得记录集中包含的行数，语法如下：

```
int mysql_num_rows(resource result)
```

其中，result 指定结果标识符。

该函数仅对 SELECT 语句有效。若要取得通过 INSERT、UPDATE 或者 DELETE 查询语
句所影响到的行的数目，则应调用 mysql_affected_rows()函数。

（2）使用 mysql_num_fields()函数可以取得记录集中包含的字段数目，语法如下：

```
int mysql_num_fields(resource result)
```

其中，result 指定结果标识符。

### 4. 获取列信息

使用 mysql_fetch_field()函数可以从记录集中取得列信息并作为对象返回，语法如下：

```
object mysql_fetch_field(resource result[,int field_offset])
```

其中，result 指定结果标识符；field_offset 指定列的索引值（字段偏移量）。

mysql_fetch_field()函数返回一个包含列信息的对象，可以用来从某个查询结果中取得字
段的信息，列对象的各个属性在表 9.1 中列出。如果没有指定字段偏移量，则提取下一个尚
未被 mysql_fetch_field()取得的字段。

表 9.1　列对象的属性

| 属　　性 | 说　　明 | 属　　性 | 说　　明 |
| --- | --- | --- | --- |
| name | 表示列名（区分大小写） | multiple_key | 若该列是非唯一键，则为-1 |
| table | 表示该列所在的表名 | numeric | 若该列是 numeric，则为-1 |
| max_length | 表示该列的最大长度 | blob | 若该列是 BLOB，则为-1 |
| not_null | 若该列不能为 NULL，则为-1 | type | 表示该列的类型 |
| primary_key | 若该列是主键，则为-1 | unsigned | 若该列是无符号数，则为-1 |
| unique_key | 若该列是唯一键，则为-1 | zerofill | 若该列是 zero-filled，则为-1 |

**5. 释放结果内存**

完成对记录集的处理后，可使用 mysql_free_result()函数释放结果内存。语法如下：

```
mysql_free_result(data)
```

其中，data 为要释放的结果标识符，该结果标识符是从 mysql_query()函数返回的结果。如果成功，则返回 true，失败则返回 false。

mysql_free_result()函数通常仅需要在考虑到返回很大的结果集会占用多少内存时调用。在脚本结束后所有关联的内存都会被自动释放。

【例 9.2】用编程方式连接到 student_info 数据库并定义一个 show_result 函数，用于创建一个记录集，并通过表格显示该记录集内容；通过网页列出课程信息，结果如图 9.10 所示。

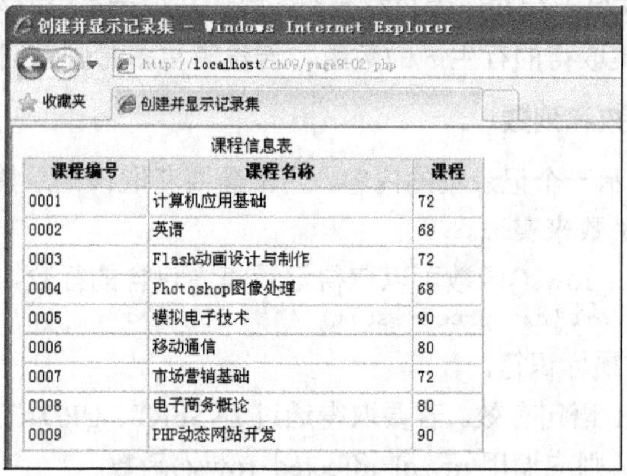

图 9.10　创建并显示记录集

【设计步骤】

（1）在 Dreamweaver 中打开 PHP 站点，然后在文件夹 ch09 中创建一个 PHP 页并保存为 student.inc.php。该文件用于创建数据库连接，后面将多次作为包含文件来使用。

（2）切换到代码视图，把所有源代码删除，然后输入以下 PHP 代码块：

```php
<?php
$student=mysql_pconnect("localhost","root","123456") or
    die("无法连接 MySQL 服务器: ".mysql_error());
mysql_select_db("student_info",$student) or die("不能选择数据库: ".mysql_error());
mysql_query("SET NAMES gb2312");
//函数 show_result 的功能：创建记录集并以表格形式显示记录集内容
//参数：$sql —— 查询语句，$link —— 连接标识符，$caption —— 表格标题，$width —— 表格宽度
function show_result($sql,$link,$caption){
```

```
$result=mysql_query($sql,$link) or die("不能执行查询语句: ".mysql_error());
$col_num=mysql_num_fields($result);              //获取记录集的列数
$row_num=mysql_num_rows($result);                 //获取记录集的行数
if($row_num==0)die("未找到任何记录。");
printf("<table border=\"1\">\n");
printf("<caption>%s</caption>\n",$caption);
printf("<tr bgcolor=\"#CCCCCC\">\n");
//显示字段名称
for($i=0;$i<$col_num;$i++){
    $meta=mysql_fetch_field($result);
    printf("<th>%s</th>\n",$meta->name);
}
printf("</tr>\n");
//显示每条记录
for($i=0;$i<$row_num;$i++){
    $row=mysql_fetch_array($result);
    printf("<tr>\n");
    //显示每个字段
    for($j=0;$j<$col_num;$j++)printf("<td>%s</td>\n",$row[$j]);
    printf("</tr>\n");
}
printf("</table>\n");
mysql_free_result($result);
}
?>
```

（3）在文件夹 ch09 中创建一个 PHP 页并保存为 page9-02.php，将文档标题设置为"创建并显示记录集"。

（4）切换到代码视图，在文件开头输入以下 PHP 代码块：

```
<?php require_once("student.inc.php"); ?>
```

（5）在<body>标签下方输入以下 PHP 代码块：

```
<?php
$sql="SELECT course_id AS 课程编号, course_name AS 课程名称,hours AS 课程 FROM course";
show_result($sql,$student,"课程信息表");
?>
```

（6）在浏览器中查看该页面的运行结果。

### 9.2.2　在 Dreamweaver 中创建记录集

在 Dreamweaver 中，可使用简单记录集对话框或高级记录集对话框来定义记录集，而不需要编写 PHP 代码。在简单记录集对话框中不需要编写 SQL 语句即可创建记录集，在高级记录集对话框中可通过编写 SQL 语句来创建记录集，以实现比较复杂的查询。

#### 1. 用简单记录集对话框创建记录集

在 Dreamweaver 中使用简单记录集对话框很容易定义记录集，而无须手动输入 SQL 语句。设置简单记录集对话框选项后，Dreamweaver 会自动生成创建记录集的 PHP 代码。但是，使用简单记录集对话框只能实现单表查询，而且筛选条件和排序准则只能包含单个字段。

使用简单记录记录集对话框创建记录集的操作方法如下。

（1）在文档窗口中，打开要使用记录集的 PHP 页。

（2）从【窗口】菜单中选择【绑定】命令，以显示【绑定】面板。

（3）在【绑定】面板中单击加号按钮 ⊕ 并选择【记录集（查询）】命令，如图 9.11 所示。

（4）此时将出现如图 9.12 所示的简单记录集对话框。若出现了高级记录集对话框，可通过单击【简单】按钮切换到简单记录集对话框。

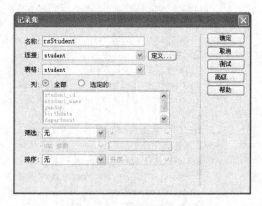

图 9.11　创建记录集　　　　　　　　　图 9.12　设置简单记录集对话框选项

（5）在简单记录集对话框中，对以下选项进行设置。

● 在【名称】文本框中，输入记录集的名称。通常可在记录集名称前添加前缀 rs（例如 rsStudent），以便将其与代码中的其他对象名称区分开。

● 在【连接】列表框中选取一个数据库连接。如果列表中未出现连接，可单击【定义】按钮创建一个新的数据库连接。

● 在【表】列表框中选取为记录集提供数据的数据库表。该列表框显示当前选定数据库中的所有表和视图。

● 若要使记录集只包括数据库表中的部分字段，则可选择【选定的】选项，然后按住 Ctrl 键并在【列】列表中依次单击所需字段。

（6）若要只包括表中的某些记录，则可按照下列步骤设置记录过滤器。

● 在第一个列表框中选取数据库表中的字段，将其与定义的测试值进行比较。

● 在第二个列表框中选取一个运算符（如=、>、<、>=、<=、<>、"开始于"、"结束于"、"包含"等），将每个记录中的选定值与测试值进行比较。

● 在第三个列表框中选取一种测试值类型，包括 URL 参数、表单变量、COOKIE、阶段变量（会话变量）、服务器变量及输入的值。

● 在文本框中输入测试值。例如，如果选择了表单变量，则应在这个文本框中输入相应表单对象的名称。

通过以上操作将在 SELECT 语句添加一个 WHERE 子句。如果某条记录中的指定字段值符合所设置的筛选条件，则这条记录将包含在此记录集内。

（7）若要对记录进行排序，则可选取要作为排序依据的列，然后指定是按升序（1、2、3、…或 A、B、C、…）还是按降序对记录进行排序。这个操作将会在 SELECT 语句中添加一个 ORDER BY 子句。

（8）单击【测试】按钮，连接到数据库并创建数据源实例。此时，出现显示返回数据的表格。每行包含一条记录，而每列表示该记录中的一个域。单击【确定】按钮，以关闭数据源。

（9）新定义的记录集出现在【绑定】面板中，如图 9.13 所示。若要修改记录集定义，则在【绑定】面板中双击记录集名称即可。

【例 9.3】在 PHP 页上按班级查询学生信息，并要求按姓名对结果集进行升序排序，运行结果如图 9.14 所示。

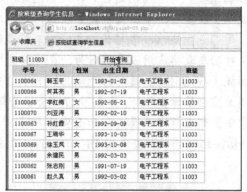

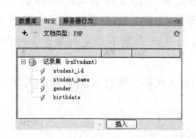

图 9.13　绑定面板中的记录集　　　　　图 9.14　按班级查询学生信息

【设计步骤】

（1）在 Dreamweaver 中打开 PHP 站点，在文件夹 ch09 中创建一个 PHP 动态页并保存为 page9-03.php，然后把文档标题设置为 "按班级查询学生信息"。

（2）创建查询表单。在该页中插入一个表单，然后在该表单中插入一个文本框和一个提交按钮，将文本框命名为 class，将提交按钮的值设置为 "开始查询"。

（3）用【数据库】面板创建一个数据库连接并命名为 student（此连接可用于站点的其他 PHP 页），然后打开生成的数据库连接文件 student.php，在 PHP 代码末尾中添加以下语句：

```
mysql_query("SET NAMES gb2312");
```

（4）用简单记录集对话框定义一个记录集并命名为 rs，用于从 student 表中查询指定班级的学生信息，通过设置筛选条件将 class 列值与表单变量 class（即文本框 class）的值进行比较，设置简单记录集对话框选项如图 9.15 所示。

（5）选择【插入】→【数据对象】→【动态数据】→【动态表格】命令或在插入栏的【数据】类别上单击 圙·按钮，然后对【动态表格】对话框选项进行以下设置，如图 9.16 所示。

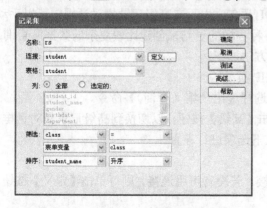

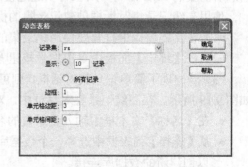

图 9.15　设置简单记录集对话框选项　　　　图 9.16　设置动态表格选项

● 从【记录集】列表框中选择记录集 rs。

● 对于【显示】选项，可选择下列选项之一：若要分页显示记录集，则可单击上方的单选按钮并在文本框中设置每页显示的记录数目；若要在一个页面上显示所有记录，则选择【所有记录】。

● 根据需要，对表格的边框、单元格边距和单元格间距进行设置。

完成以上设置后，单击【确定】按钮。此时，一个动态表格即插入文档中。

（6）用 Dreamweaver 表格设计工具对表格属性进行设置，并将所有字段名都改成中文。

（7）对动态表格应用服务器行为。在标签选择器中选择动态表格的<table>标签，然后在服务器面板（按 Ctrl+F9 键可打开该面板）中单击加号按钮 并选择【显示区域】→【如果记录集不为空则显示】命令，如图 9.17 所示。当弹出【如果记录集不为空则显示】对话框时，从【记录集】列表框中选择 rs，如图 9.18 所示。

（8）切换到代码视图查看由 Dreamweaver 生成的 PHP 代码，然后在浏览器中对网页进行测试。

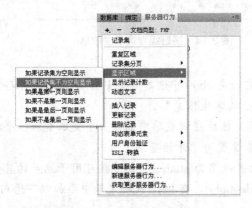

图 9.17  添加服务器行为

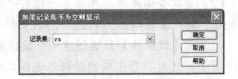

图 9.18  选择记录集

## 2. 用高级记录集对话框创建记录集

如前所述，用简单记录集对话框创建记录集时只能从一个表中检索数据，而且在筛选条件和排序准则中都只能包含一个字段。若要创建功能更强的查询，则应使用高级记录集对话框来完成。使用高级记录集对话框创建记录集时，用户既可以自己动手编写 SQL 语句，也可以使用图形化的"数据库项"树来协助创建 SQL 语句。由于在高级记录集对话框中可以手动输入所需要的 SQL 语句，所以可以通过使用各种各样的子句来创建比较复杂的数据库查询。

使用高级记录集对话框创建记录集的操作方法如下。

（1）在文档窗口中打开要使用记录集的 PHP 页。

（2）在【绑定】面板中单击加号按钮 并选择【记录集（查询）】命令。

（3）若出现了简单记录集对话框，则可单击【高级】按钮，以切换到高级记录集对话框，如图 9.19 所示。在高级记录集对话框中，对以下选项进行设置。

● 在【名称】文本框中输入记录集的名称。

● 从【连接】列表框中选择一个数据库连接。若没有可用连接，则可单击【定义】按钮，以创建新的数据库连接。

● 在 SQL 文本区域中输入一个 SQL 语句，或者使用对话框底部的图形化"数据库项"树，从所选的数据集中生成一个 SQL 语句。

（4）若要用"数据库项"树生成 SQL 语句，则可执行以下操作。

● 确保 SQL 文本区域为空。
● 展开树分支直到找到所需要的数据库对象，例如，数据表中的列。

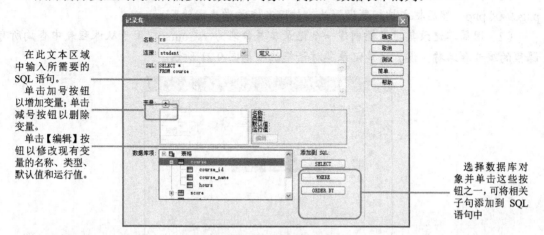

在此文本区域中输入所需要的 SQL 语句。
单击加号按钮以增加变量；单击减号按钮以删除变量。
单击【编辑】按钮以修改现有变量的名称、类型、默认值和运行值。

选择数据库对象并单击这些按钮之一，可将相关子句添加到 SQL 语句中

**图 9.19　高级记录集对话框**

● 选取该数据库对象并单击树右侧的按钮之一。例如，如果选取表中的字段，则可用的按钮是【SELECT】、【WHERE】和【ORDER BY】。单击这些按钮之一将相关子句添加到 SQL 语句中。

（5）若 SQL 语句包含变量，则可在【变量】区域中定义它们的值。操作方法是：单击加号按钮 ＋，然后在【添加变量】对话框中设置变量的名称、类型、默认值和运行值。对于现有变量，则可单击【编辑】按钮，并在【编辑变量】对话框中对变量重新进行设置。

当 SQL 语句包含变量时，请确保变量的默认值列包含有效的测试值。运行值通常是 URL 参数或表单变量，这些参数可以通过 $_POST 或 $_GET 数组求出，如 $_POST["studentId"]。

（6）单击【测试】按钮，连接到数据库并创建一个记录集实例。若 SQL 语句包含变量，则应在单击【测试】按钮前，确保变量的默认值列中包含有效的测试值。

如果成功，将以表格形式显示记录集内的数据。表格的每一行包含一条记录，每一列表示该记录中的一个字段。单击【确定】按钮，清除该记录集。

（7）单击【确定】按钮，该记录集即会添加到绑定面板的可用内容源列表中。

【例 9.4】在 PHP 页上按课程查询学生成绩，运行结果如图 9.20 所示。

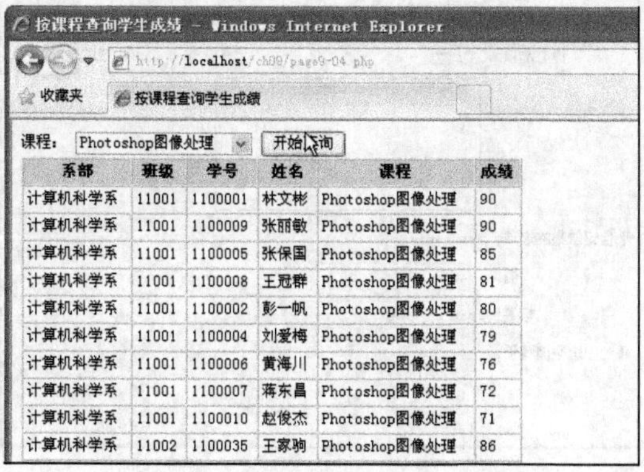

**图 9.20　按课程查询学生成绩**

**【设计步骤】**

（1）在 Dreamweaver 中打开 PHP 站点，在文件夹 ch09 中创建一个 PHP 动态页并保存为 page9-04.php，然后把文档标题设置为"按课程查询学生成绩"。

（2）用简单记录集对话框创建一个记录集并命名为 rsCourse，用于从课程表中查询所有课程的编号和名称。设置简单记录集对话框选项如图 9.21 所示。

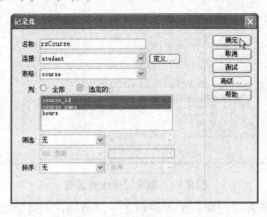

**图 9.21 创建记录集 rsCourse**

（3）在页面中插入一个表单，在该表单中插入一个下拉列表框和一个提交按钮，将下拉列表框命名为 courseId，将提交按钮的值设置为"开始查询"。

（4）设置动态列表框。在页面上选择下拉列表框 courseId，在属性检查器上单击【动态】按钮，如图 9.22 所示。当出现【动态列表/菜单】对话框时，在【来自记录集的选项】列表框中选择记录集 rsCourse，在【值】和【标签】列表框中分别选择字段 course_id 和 course_name，然后单击【确定】按钮，如图 9.23 所示。

**图 9.22 将列表框绑定到动态数据源**

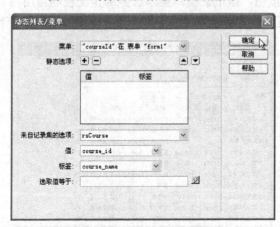

**图 9.23 设置动态列表/菜单选项**

（5）利用高级记录集对话框创建一个记录集并命名为 rsScore，从成绩表、学生表和课程表中检索数据，设置一个查询变量 cId（其默认值和运行值分别为 1 和 $_POST["courseID"]），并在 ORDER BY 子句中包含多个字段，所使用的 SQL 语句如下：

```
SELECT student.department,student.`class`,student.student_id,
    student.student_name, course.course_name, score.score
FROM score INNER JOIN student ON student.student_id=score.student_id
    INNER JOIN course ON course.course_id=score.course_id
WHERE score IS NOT NULL AND course.course_id=cId
ORDER BY class,course.course_id,score DESC
```

设置高级记录集对话框选项如图 9.24 所示。

（6）在插入栏上选择【数据】类别，单击 按钮。当出现【动态表格】对话框时，从【记录集】列表框中选择 rsScore 并对表格选项进行设置，然后单击【确定】按钮，如图 9.25 所示。

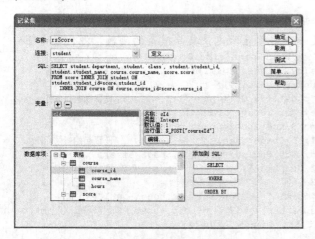

图 9.24　设置高级记录集对话框选项　　　　　图 9.25　设置动态表格选项

（7）对插入的表格进行设置，把字段名改为中文。

（8）切换到代码视图查看由 Dreamweaver 生成的 PHP 代码，然后在浏览器中对网页进行测试。

### 9.2.3　分页显示记录集

若记录集包含的记录比较多，则可设置每页显示的记录数以缩短页面下载时间，并通过记录导航条在不同页之间移动。下面介绍如何实现记录集的分页显示。

#### 1. 以编程方式实现分页显示

通过在 SELECT 语句中添加 LIMIT 子句可指定 MySQL 数据库中要显示的起始记录和终止记录，从而实现记录集的分页显示。在每个页面中显示的所有记录构成一个记录组。通过添加记录集导航条既可以在不同记录组之间移动，也可以通过记录计数器显示总页数、当前页号及记录总数等信息。下面结合一个具体例子说明如何通过编程方式实现记录集的分页显示，并在页面中添加记录集导航条和记录集状态信息。

【例 9.5】通过 PHP 页分页显示学生信息，要求在数据表格下方显示当前页位置信息并提供多种导航方式，结果如图 9.26 和图 9.27 所示。

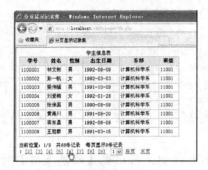

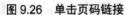

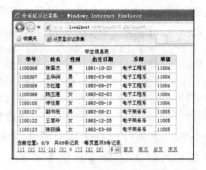

图 9.26　单击页码链接　　　　　　　　图 9.27　现在进入第 6 页

【设计步骤】

（1）在 Dreamweaver 中打开 PHP 站点，打开文件夹 ch09 中的 student.inc.php 文件。

（2）在 student.inc.php 文件中定义一个用于显示记录集导航条的函数，源代码如下：

```php
function paging($url,$sql,$student,$page_size,$caption){
    $row_count=mysql_num_rows(mysql_query($sql));          //获取总记录数
    $page_count=ceil($row_count/$page_size);               //计算总页数
    $page_index=isset($_GET["page"])?$_GET["page"]:1;      //设置当前页索引
    if(!is_numeric($page_index) or ($page_index<1))$page_index=1;
    if($page_index>$page_count)$page_index=$page_count;
    $start_row=($page_index-1) * $page_size;               //设置起始行号
    $sql=sprintf("%s LIMIT %d, %d",$sql,$start_row,$page_size);
    show_result($sql,$student,$caption);                   //显示一页记录
    //以下代码用于生成记录集导航条
    printf("<br><form name=\"form1\" action=\"\" method=\"get\">\n");
    printf("当前位置：%d/%d  共%d 条记录  每页显示%d 条记录<br>\n",
        $page_index,$page_count,$row_count,$page_size);
    //显示页码链接
    for($i=1;$i<=$page_count;$i++){
        if($i!=$page_index)
            printf("<a href=\"%s?page=%d\">[%d]</a>\n",$url,$i,$i);
        else
            printf("<b><font color=\"red\">%d</font></b>\n",$i);
    }
    //显示下拉列表框并为其设置 onchange 事件处理程序
    printf(" <select name=\"page\" onchange=\"form1.submit();\">\n");
    for($i=1;$i<=$page_count;$i++)
        printf("<option %s>%d</option>\n",($i==$page_index?"selected":""),$i);
    printf("</select>\n");
    //显示"首页"、"前页"、"后页"、"末页"链接
    if($page_index>1){
        printf("<a href=%s?page=%d>首页</a> \n",$url,1);
        printf("<a href=%s?page=%d>前页</a> \n",$url,$page_index-1);
    }
    if($page_index<$page_count){
        printf("<a href=%s?page=%d>后页</a> \n",$url,$page_index+1);
        printf("<a href=%s?page=%d>末页</a> \n",$url,$page_count);
    }
    printf("</form>\n");
}
?>
```

（3）在文件夹 ch09 中创建一个 PHP 动态页并保存为 page9-05.php，然后将文档标题设置为"分页显示记录集"。

（4）切换到代码视图，在文件开头输入以下 PHP 代码块：

```php
<?php require_once("student.inc.php");?>
```

（5）在<body>标签下方输入以下 PHP 代码块：

```php
<?php
$page_size=8;              //设置每页显示的记录数
$sql="SELECT student_id AS 学号,student_name AS 姓名,gender AS 性别,
        birthdate AS 出生日期,department AS 系部,class AS 班级 FROM student";
paging($_SERVER["PHP_SELF"],$sql,$student,$page_size,"学生信息表");
?>
```

（6）在浏览器中查看网页，并对记录集导航条功能进行测试。

## 2. 快速实现记录集分页显示

在 Dreamweaver 中，可使用相关服务器行为来快速实现各种标准的数据库操作。实现记录集分页显示主要用到以下几种服务器行为：使用"重复区域"服务器行为或"动态表格"服务器行为创建一个动态表格，用于显示记录集内的一组记录；使用"记录集导航条"服务器行为创建文本或图像形式的导航链接，以便在不同记录组之间切换；使用"记录集导航状态"服务器行为创建记录集计数器，以显示总记录数目和当前页显示的记录号范围。

【例 9.6】在 PHP 页上显示学生信息，要求用相关服务器行为快速实现记录集分页显示并提供记录集计数器和图像形式的记录集导航条，运行结果如图 9.28 和图 9.29 所示。

图 9.28　在第一页单击"下一个"链接

图 9.29　现在进入了第二页

【设计步骤】

（1）在 Dreamweaver 中打开 PHP 站点，在文件夹 ch09 中创建一个 PHP 动态页并保存为 page9-06.php，然后把文档标题设置为"快速实现记录集分页显示"。

（2）用简单记录集对话框创建一个记录集并命名为 rs，从 student 表中检索学生记录，设置简单记录集对话框如图 9.30 所示。

（3）在页面中添加一个动态表格，用于记录集内容。在如图 9.31 所示的【动态表格】对话框中设置每页显示 3 条记录，并利用表格工具对动态表格的属性进行设置。

（4）把插入点放在动态表格的右边，选择【插入】→【数据对象】→【显示记录计数】→【记录集导航状态】命令，然后在【记录集导航状态】对话框中选择记录集 rs，并单击【确定】按钮，如图 9.32 所示。

（5）把插入点放在记录集导航状态下方，选择【插入】→【数据对象】→【记录集导航条】命令，在如图 9.33 所示的【记录集导航条】对话框中选择记录集 rs，并指定以文本方式显示记录集导航条，然后单击【确定】按钮。

（6）使用 Dreamweaver 表格工具对动态表格进行设置。

图 9.30　设置记录集选项

图 9.31　设置动态表格选项

图 9.32　设置记录集导航状态选项

图 9.33　设置记录集导航条选项

（7）切换到代码视图阅读 PHP 代码，然后在浏览器中对记录集导航条进行测试。

### 9.2.4　创建搜索/结果页

为了给动态网站添加搜索功能，通常需要创建一个搜索页和一个结果页。在搜索页中，访问者通过 HTML 表单输入搜索参数并将这些参数传递给服务器上的结果页，由结果页获取搜索参数，连接到数据库并根据搜索参数对数据库进行查询，创建记录集并显示其内容。在实际应用中，往往也可以把搜索页和结果页合并在一起。

#### 1. 以编程方式实现搜索/结果页

下面结合例子说明如何通过编程方式在 PHP 页中实现数据库记录的搜索。在这个例子中，搜索页和结果页合而为一。

【例 9.7】在 PHP 页中输入学生姓名或姓名中的一部分，对学生信息进行模糊查询，运行结果如图 9.34 所示。

图 9.34　学生信息的模糊查询

**【设计步骤】**

（1）在 Dreamweaver 中打开 PHP 站点，在文件夹 ch09 中创建一个 PHP 动态页并保存为 page9-07.php，然后把文档标题设置为 "按姓名查询学生信息"。

（2）在该页面中插入一个表单，method 属性保留默认值 POST。输入提示文字，插入一个 Spry 验证文本域，将文本框命名为 studentName，设置未输入内容时的错误信息，并将文本框的初始值设置为以下 PHP 代码块：

```php
<?php if(isset($_POST['studentName'])) echo $_POST['studentName']; ?>
```

（3）在文本框右边添加一个提交按钮并命名为 search，将其值设置为 "搜索"。

（4）切换到代码视图，在文件开头输入以下 PHP 代码块：

```php
<?php require_once("student.inc.php"); ?>
```

（5）在表单结束标签</form>下方输入以下 PHP 代码块：

```php
<?php
if (isset($_POST["search"])){
  $sql="SELECT student_id AS 学号,student_name AS 姓名,gender AS 性别,
     birthdate AS 出生日期,department AS 系部,class AS 班级 FROM student";
  $sql=sprintf("%s WHERE student_name LIKE '%%%s%%'",
     $sql,$_POST["studentName"]);
  show_result($sql,$student,"搜索结果");
}
?>
```

（6）在浏览器中打开网页，并对搜索功能进行测试。

**2. 快速生成搜索/结果页**

创建显示搜索结果的 PHP 页时，需要获取搜索参数的值并根据该值构建筛选条件，以生成包含搜索结果的记录集。根据搜索参数的数目，在 Dreamweaver 中可以分为以下两种情况来处理：若只传递了一个搜索参数，则可以用简单记录对话框创建带有筛选条件的记录集；若传递了两个或更多搜索参数，则必须使用高级记录集创建记录集，而且还需要设置一些变量，变量的数目与搜索参数的数目相等。

**【例9.8】** 在 PHP 页上按班级和课程查询学生成绩，运行结果如图 9.35 所示。

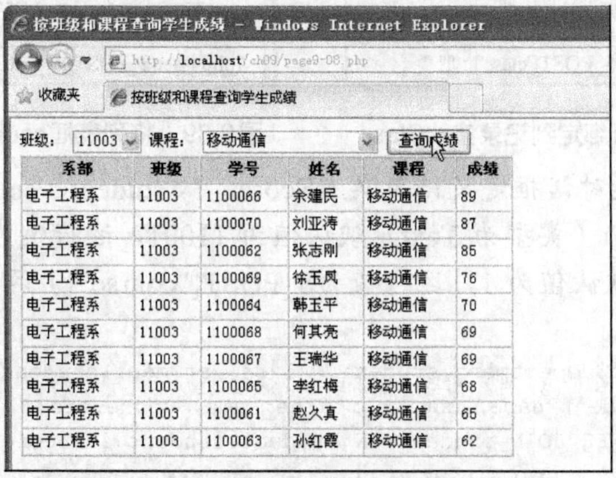

图 9.35　按班级和课程查询学生成绩

**【设计步骤】**

（1）在 Dreamweaver 中打开 PHP 站点，在文件夹 ch09 中创建一个 PHP 动态网页并保存

为 page9-08.php，然后将文档标题设置为"按班级和课程查询学生成绩"。

（2）在该页面中插入一个表单，在该表单中插入两个下拉列表框和一个提交按钮，将两个下拉列表框分别命名为 class 和 course，将提交按钮的值设置为"查询成绩"。

（3）用高级记录集对话框定义记录集 rsClass，从 class 表中查询班级信息，如图 9.36 所示。用简单记录集对话框定义记录集 rsCourse，从 course 表中查询课程信息，如图 9.37 所示。

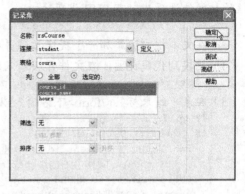

图 9.36　定义记录集 rsClass　　　　　图 9.37　定义记录集 rsCourse

（4）将列表框 class 绑定到记录集 rsClass，设置【动态列表/菜单】对话框选项如图 9.38 所示。将列表框 course 绑定到记录集 rsCourse，设置【动态列表/菜单】对话框选项如图 9.39 所示。

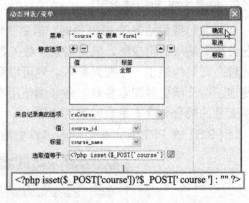

图 9.38　将列表框 class 绑定到记录集 rsClass　　　图 9.39　将列表框 course 绑定到记录集 rsCourse

（5）用高级记录集对话框定义记录集 rsScore，从 student、course 和 score 表中查询学生成绩信息，设置 p1（类型为 Text，默认值为 11001，运行值为 $_POST["class"]）和 p2（类型为 Integer，默认值为 1，运行值为 $_POST["course"]）两个变量，所有 SQL 语句如下：

```
SELECT student.department,student.`class`,student.student_id,
    student.student_name, course.course_name, score.score
FROM score INNER JOIN student ON student.student_id=score.student_id
    INNER JOIN course ON course.course_id=score.course_id
WHERE score IS NOT NULL AND student.class=p1 AND course.course_id=p2
ORDER BY score.score DESC
```

设置高级记录集对话框选项如图 9.40 所示。

（6）使用来自记录集 rsScore 的数据创建一个动态表格，设置动态表格选项如图 9.41 所示。

（7）使用 Dreamweaver 表格工具对动态表格进行设置，将字段标题改成中文，然后对该动态表格应用"如果记录集不为空则显示"的服务器行为。

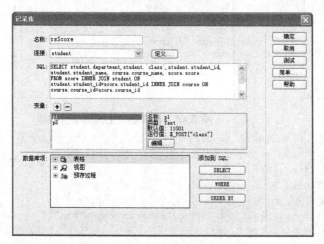

图 9.40　定义记录集 rsScore

图 9.41　设置动态表格选项

（8）在动态表格添加一个段落，其文本内容为"指定的班级未开设该课程"，然后对该段落应用"如果记录集为空则显示"的服务器行为。最后的页面布局效果如图 9.42 所示。

图 9.42　页面布局效果

（9）在浏览器中打开该页面，并对查询功能进行测试。

### 9.2.5 创建主/详细页

主/详细页是一种比较常用的页面集合，它由主页和详细页所组成，通过两个明细级别来显示从数据库中检索的信息。在主页上显示出通过查询返回的所有记录部分信息的列表，而且每条记录都包含一个超级链接，当单击主页上的某个超级链接时将打开详细页并传递一个或多个 URL 参数，在详细页中读取 URL 参数并根据这些参数的值执行数据库查询，以检索并显示所选记录的更多详细信息。

#### 1. 以编程方式实现主/详细页

下面结合例子说明如何通过编程方式实现主/详细页集合。

【例 9.9】创建一个主/详细页集合，在主页中列出学生简明信息，当单击【查看详细信息】链接时打开详细页，在此页上显示所选学生的详细信息，运行结果如图 9.43 和图 9.44 所示。

【设计步骤】

（1）在 Dreamweaver 中打开 PHP 站点，然后打开文件夹 ch09 中的 student.inc.php，在该文件中定义一个名为 goto_detail 的函数，源代码如下：

图 9.43　在主页上显示学生信息　　　　　　图 9.44　在详细页上列出学生成绩

```php
function goto_detail($sql,$link,$caption,$hyperlink){
    $result=mysql_query($sql,$link) or die("不能执行查询语句: ".mysql_error());
    $col_num=mysql_num_fields($result);
    $row_num=mysql_num_rows($result);
    if($row_num==0)die("未找到任何记录。");
    printf("<table border=\"1\" cellpadding=\"3\" cellspacing=\"0\">\n");
    printf("<caption>%s</caption>\n",$caption);
    printf("<tr bgcolor=\"#CCCCCC\">\n");
    for($i=0;$i<$col_num;$i++){
        $meta=mysql_fetch_field($result);
        printf("<th>%s</th>\n",$meta->name);
    }
    printf("<th>操作</th>\n");
    printf("</tr>\n");
    for($i=0;$i<$row_num;$i++){
        $row=mysql_fetch_row($result);
        printf("<tr align=\"center\">\n");
        for($j=0;$j<$col_num;$j++){
            printf("<td>%s</td>\n",$row[$j]);
            if($j==$hyperlink["col_index"])$id=$row[$j];
        }
        printf("<td><a href=\"%s?id=%s\">%s</a></td>\n",
            $hyperlink["url"],$id,$hyperlink["text"]);
        printf("</tr>\n");
    }
    printf("</table>\n");
    mysql_free_result($result);
}
```

（2）在文件夹 ch09 中创建 PHP 动态页并保存为 page9-09-m.php，然后将文档标题设置为"学生信息表"。

（3）切换到代码视图，在文档开头输入以下 PHP 代码块：

```php
<?php require_once("student.inc.php"); ?>
```

（4）在<body>标签下方输入以下 PHP 代码块：

```php
<?php
$sql="SELECT student_id AS 学号,student_name AS 姓名,
    gender AS 性别,birthdate AS 出生日期 FROM student";
$hyperlink=array("url"=>"page9-09-d.php","col_index"=>0,"text"=>"查看详细信息");
goto_detail($sql,$student,"学生信息表",$hyperlink);
?>
```

（5）在文件夹 ch09 中创建 PHP 动态页并保存为 page9-09-d.php。

（6）切换到代码视图，在文档开头输入以下 PHP 代码块：

```php
<?php require_once("student.inc.php"); ?>
<?php
require_once("student.inc.php");
if(!isset($_GET["id"])){
    header("Location:page9-09-m.php");
    eixt;
}
?>
```

（7）在 \<body\> 标签下方输入以下 PHP 代码块：

```php
<?php
$sql="SELECT student_id AS 学号,student_name AS 姓名,gender AS 性别,
    birthdate AS 出生日期,department AS 系部,class AS 班级 FROM student";
$sql=sprintf("%s WHERE student_id='%s'",$sql,$_GET["id"]);
$result=mysql_query($sql,$student) or die("不能执行查询语句：".mysql_error());
$row=mysql_fetch_assoc($result);
printf("<table border=\"1\" cellpadding=\"3\" cellspacing=\"0\">\n");
printf("<caption><b>学生%s 的详细信息</b></caption>\n",$row["姓名"]);
foreach($row as $col_name=>$col_value){
    printf("<tr><td>%s</td><td>%s</td></tr>\n",$col_name,$col_value);
}
printf("</table>\n");
printf("<p style=\"margin-left:12em;\"><a href=\"page9-09-m.php\">返回</a></p>");
?>
```

（8）保存所有文件，在浏览器中对主/详细页集合进行测试。

### 2. 快速生成主/详细页

在 Dreamweaver 中，可通过添加相关的服务器行为来快速成生主/详细页，主要包括以下步骤：创建主页并显示一个记录集；创建到详细页的链接并在链接中附加 URL 参数；创建详细页并根据获取的 URL 参数查找请求的记录；在详细页上显示检索到的记录。也可以使用【插入】→【数据对象】→【主详细页集】菜单命令在一次操作中生成主页和详细页。

【例 9.10】创建一个主/详细页集合。在主页中列出学生信息，当在表格中单击【查看成绩】链接时将打开详细页，通过此页查看所选学生的课程成绩，运行结果如图 9.45 和图 9.46 所示。

图 9.45　在主页上显示学生信息

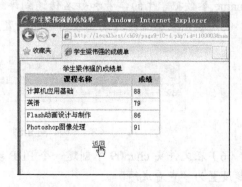

图 9.46　在详细页上列出学生成绩

**【设计步骤】**

（1）在 Dreamweaver 中打开 PHP 站点，在文件夹 ch09 中创建一个 PHP 动态页并保存为 page9-10-m.php，然后将文档标题设置为"学生信息表"。

（2）利用简单记录集对话框在该页面上创建一个记录集并命名为 rs，设置记录集如图 9.47 所示。创建一个动态表格来显示该记录集，设置该表格如图 9.48 所示。

（3）在动态表格下方插入一个记录集导航条，设置相关选项如图 9.49 所示。在记录集导航条所在表格左侧插入一列，在该列中插入一个记录集导航状态，设置相关选项如图 9.50 所示。

（4）在动态表格右侧增加一列，在该列的第一行和第二行分别输入"操作"和"查看成绩"，选取"查看成绩"并在属性检查器的【链接】框中输入附加两个参数的 URL：

```
page9-10-d.php?id=<?phpecho$row_rs['student_id'];?>&name=<?phpecho$row_rs['student_name']; ?>
```

图 9.47　设置记录集选项

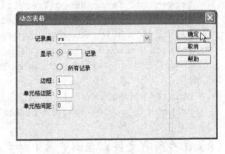

图 9.48　设置动态表格选项

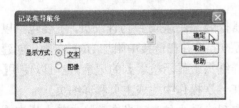

图 9.49　设置记录集导航条

图 9.50　设置记录集导航状态

这样就在主页上创建了到详细页 page9-10-d.php 的链接，每当单击该链接时将会通过 id 和 name 参数把学生的学号和姓名传递到详细页。

（5）使用表格工具对动态表格进行设置。主页设计效果如图 9.51 所示。

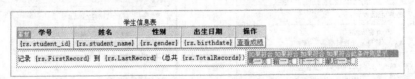

图 9.51　主页设计效果

（6）在文件夹 chap09 中创建一个 PHP 动态页并保存为 page9-10-detail.php，然后把文档标题设置为"查看成绩"。

（7）利用高级记录集对话框创建一个记录集并命名为 rsResult，从学生表、课程表和成绩表中检索选定学生的成绩数据，所使用的 SQL 语句为：

```
SELECT courses.course_name, score.score
FROM courses INNER JOIN score ON courses.course_id=score.course_id
    INNER JOIN students ON score.student_id=students.student_id
WHERE score.student_id=id
```

　　因为上述 SQL 语句中包含一个名为 id 的变量，所以应在高级记录集对话框的【变量】区域增加一个变量，该变量的名称和类型分别为 id 和 Text，默认值和运行值分别为 1100001 和$_GET[ 'id' ]，如图 9.52 所示。

　　（8）在该页上插入一个动态表格，用于显示记录集 rs 的内容，设置【动态表格】对话框如图 9.53 所示。

　　（9）用表格工具对动态表格进行设置，并将字段标题改为中文。在动态表格下方创建一个返回主页的链接。将动态表格标题和文档标题都设置为以下内容：

```
学生<?php echo $_GET['name']; ?>的成绩单
```

　　（10）保存所有文件，然后在浏览器中对主/详细页集合进行测试。

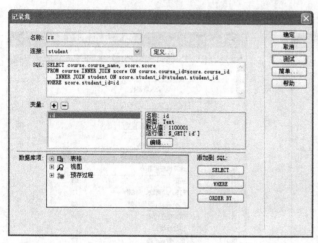

图 9.52　设置记录集选项

图 9.53　设置动态表格选项

## 9.3　添加记录

　　PHP 动态网站通常应包含允许用户在数据库中添加新记录的页面。在 PHP 页中添加记录可通过调用 mysql_query() 函数执行 INSERT 语句来实现。如果正在使用 Dreamweaver，则可以通过添加相关服务器行为来快速生成添加新记录的页面。

### 9.3.1　以编程方式实现添加记录

　　通过编写 PHP 代码实现添加记录时，有以下几个编程要点。

　　（1）连接到 MySQL 服务器并选择要访问的数据库。

　　（2）向 MySQL 服务器发送 SET NAMES gb2312 语句，确保中文字符得到正确处理。

　　（3）通过预定义数组$_POST 获取用户通过表单提交的数据，并将这些表单数据应用于 INSERT 语句中。

　　（4）向 MySQL 服务器发送一条 INSERT 语句，从而实现新记录的添加。

添加新记录后，可通过调用 mysql_affected()函数获取被插入的记录行数，语法如下：

```
int mysql_affected_rows([resource link_identifier])
```

其中，link_identifier 表示 MySQL 的连接标识符。如果没有指定该参数，则默认使用最后由 mysql_connect()函数打开的连接。

mysql_affected_rows()函数取得最近一次与连接标识符 link_identifier 关联的 INSERT、UPDATE 或 DELETE 查询语句所影响的记录行数。

若执行成功，则返回受影响的行的数目；若最近一次查询失败，则返回-1。若最近一次操作是没有任何条件（WHERE）的 DELETE 查询语句，则在表中的所有记录都会被删除。

执行 UPDATE 查询语句时，MySQL 并不会对原值与新值相等的字段进行更新。若一行记录中所有字段值均未发生改变，则 MySQL 不执行更新操作。因此，mysql_affected_rows()函数返回值不一定就是查询条件所符合的记录数，只有真正被更改的记录数才会被返回。

【例9.11】通过 PHP 页录入新课程，运行结果如图9.54和图9.55所示。

【设计步骤】

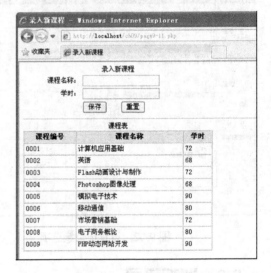

图9.54 录入新课程并单击提交按钮　　图9.55 添加新课程成功

（1）在 Dreamweaver 中打开 PHP 站点，在文件夹 ch09 中创建一个 PHP 动态页并保存为 page9-11.php，然后将文档标题设置为"录入新课程"。

（2）在页面中插入一个表单，在表单中插入一个表格，然后在表格中插入两个 Spry 验证文本域，将它们分别命名为 course_name 和 hours，并对未输入内容时要显示的错误信息进行设置。在表格中插入一个提交按钮和一个重置按钮，将提交按钮的值设置为"保存"。

（3）切换到代码视图，在文档开头输入以下 PHP 代码块：

```php
<?php require_once("student.inc.php"); ?>
<?php
if (isset($_POST["course_name"]) && isset($_POST["hours"])){
  $sql=sprintf("INSERT INTO course(course_name,hours)VALUES('%s','%s')",
      $_POST["course_name"],$_POST["hours"]);
  mysql_query($sql,$student)or die("不能添加新记录:".mysql_error());
}
?>
```

（4）在</body>标签下方添加一个<hr>标签，然后输入以下 PHP 代码块：

```
<?php
$sql="SELECT course_id AS 课程编号, course_name AS 课程名称,hours AS 学时 FROM course";
show_result($sql,$student,"课程表");
?>
```

（5）在浏览器中打开该页面，然后对添加记录功能进行测试。

## 9.3.2　快速生成记录添加页

在 Dreamweaver 中添加记录的页面由两个功能块组成：用于输入数据的 HTML 表单和用于更新数据库的"插入记录"服务器行为。既可以使用"插入记录表单向导"通过单个操作添加这两个功能块，也可以使用表单工具和服务器行为面板来分别添加它们。

### 1. 使用向导生成记录添加页面

使用插入记录表单向导可通过单个操作创建记录添加页面的基本构造块，即把 HTML 表单和"插入记录"服务器行为同时添加到页面中。操作方法如下所述。

（1）在 Dreamweaver 中打开 PHP 动态网页。

（2）选择【插入】→【数据对象】→【插入记录】→【插入记录表单向导】命令。

（3）在如图 9.56 所示的【插入记录表单】对话框中，对以下选项进行设置。

- 在【连接】列表框中选择一个数据库连接。
- 在【表格】列表框中，选择要向其插入记录的数据库表。
- 在【插入后，转到】文本框中输入将记录插入表格后要打开的页面，或者单击【浏览】按钮查找到该文件。若将该文本框留空，则插入记录后仍打开当前页面。
- 在【表单字段】列表框中，指定要包括在记录添加页面的 HTML 表单上的表单对象，以及每个表单对象应该更新数据库表中的哪些字段。
- 如果需要，也可以更改 HTML 表单上表单对象的顺序，方法是：在列表中选择某个表单对象并单击对话框右侧的▲按钮或▼按钮。

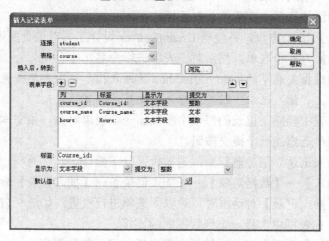

**图 9.56　【插入记录表单】对话框**

**说明**　默认情况下，Dreamweaver 将为数据库表中的每个字段创建一个表单对象。如果数据库为创建的每个新记录都自动生成唯一的标志，则应删除对应主键字段的表单对象，方法是：在列表中将其选中并单击减号按钮⊟。这消除了用户输入已存在的风险。若要恢复已删除的控件，则可单击加号按钮⊞。

（4）指定每个数据输入域在 HTML 表单上的显示方式。方法是单击【表单字段】列表中的一行，然后设置以下选项。

- 在【标签】文本框中，输入显示在数据输入域旁边的描述性标签文字。在默认情况下，Dreamweaver 在该标签中显示表字段的名称。
- 在【显示为】列表框中，选择一个表单对象充当数据输入域。可供选择的有【文本域】、【文本区域】、【菜单】、【复选框】、【单选按钮组】和【文本】。对于只读项，则选择【文本】。还可以选择【密码域】、【文件域】和【隐藏域】。隐藏域将插入在表单的结尾。
- 在【提交为】列表框中，选择数据库表接收的数据格式。例如，如果表字段只接收数字数据，则选择【数字】。
- 设置表单对象的属性。根据选择作为数据输入域的表单对象，有不同的选项。对于文本域、文本区域和文本，可以输入初始值；对于列表框和单选按钮组，将打开另一个对话框来设置属性；对于复选框，可以选择【已选中】或【未选中】选项。

（5）单击【确定】按钮。此时，Dreamweaver 将表单和"插入记录"服务器行为添加到页面中。表单对象是在一个基本表格中进行布局的，可以使用 Dreamweaver 页面设计工具自定义该表格。若要编辑服务器行为，则可在【服务器行为】面板中双击"插入记录"行为。

**注意** 记录添加页面一次只能包含一个记录编辑服务器行为。例如，不能将"更新记录"或"删除记录"服务器行为添加到该页面中。

### 2. 逐块生成记录添加页面

可以使用表单工具和服务器行为面板分别创建记录添加页面的基本构造块。这个过程包括两个步骤：首先将表单添加到页面以允许用户输入数据，然后添加"插入记录"服务器行为以便在数据库表中插入记录。

若要在页面中添加表单，则需执行以下操作。

（1）创建一个 PHP 动态页，并使用 Dreamweaver 设计工具对该页面进行布局。

（2）在文档中插入一个表单，然后对该表单进行命名。

**注意** 不要通过指定表单的 action 或 method 属性来指示当用户单击提交按钮时向何处及如何发送记录数据。"插入记录"服务器行为会设置这些属性。

（3）为数据库表中要插入记录的每个字段添加一个表单对象，如文本框、单选按钮及复选框等，然后在表单上添加一个提交按钮。

若要添加"插入记录"服务器行为，则需执行以下操作。

（1）选择【插入】→【数据对象】→【插入记录】→【插入记录】命令。

（2）当出现【插入记录】对话框时，对以下选项进行设置，如图 9.57 所示。

- 在【连接】列表框中选择一个到数据库的连接。
- 在【插入表格】列表框中，选择要向其中插入记录的数据库表。
- 在【插入后，转到】文本框中，输入在将记录插入表格后要打开的页，或者单击【浏览】按钮查找到该文件。若使此文本框留空，则插入记录后仍将打开当前页面。

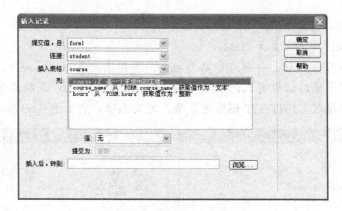

图 9.57　【插入记录】对话框

- 在【提交值，自】列表框中，选择用于输入数据的表单。
- 在【列】列表框中选择要向其中插入记录的表字段，然后从【值】列表中选择将插入记录的表单对象，再从【提交为】列表框中为该表单对象选择数据类型。数据类型是表字段所需要的数据种类，如文本、数字或布尔型复选框值等。

  对表单中的表单对象重复该过程。

（3）完成以上设置后，单击【确定】按钮。

此时，Dreamweaver 将 "插入记录" 服务器行为添加到页面，该页面允许用户通过填写 HTML 表单并单击提交按钮向数据库表中添加记录。若要修改 "插入记录" 服务器行为，则可在服务器行为面板上双击该服务器行为进行选择后修改。

【例 9.12】通过 PHP 页录入学生信息，运行结果如图 9.58 和图 9.59 所示。

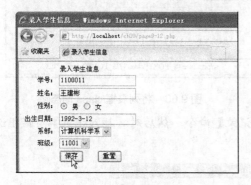

图 9.58　提交表单数据

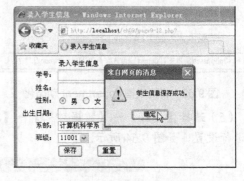

图 9.59　记录保存成功

【设计步骤】

（1）在 Dreamweaver 中打开 PHP 站点，在文件夹 ch09 中创建一个 PHP 动态页并命名为 page9-12.php，然后将文档标题设置为 "录入学生信息"。

（2）在页面中插入一个表单，在表单中插入一个表格，在表格中插入以下表单对象。

- Spry 验证文本域，将文本域命名为 studentId，设置未输入内容时显示的出错信息。
- Spry 验证文本域，将文本域命名为 studentName，设置未输入内容时显示的出错信息。
- 单选按钮组，将所包含的两个单选按钮均命名为 gender，值分别设置为 "男" 和 "女"。
- Spry 验证文本域，将文本域命名为 birthdate，设置未输入内容时显示的出错信息。指定类型为 "日期"，格式为 "yyyy-mm-dd"，设置格式无效时显示的出错信息。

- 下拉列表框，将其命名为 department。
- 下拉列表框，将其命名为 class。
- 提交按钮和重置按钮，将前者命名为 save，将其值设置为"保存"。

（3）用高级记录集对话框定义记录集 rsDepartment 和 rsClass，分别用于查询学生表中的系部和班级信息并通过 DISTINCT 删除重复项，定义选项分别如图 9.60 和图 9.61 所示。

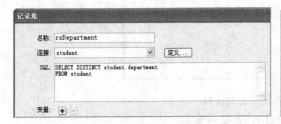

图 9.60　定义记录集 rsDepartment　　　　图 9.61　定义记录集 rsClass

（4）将列表框 department 和 class 分别绑定到记录集 rsDepartment 和 rsClass 上，设置【动态列表/菜单】对话框选项如图 9.62 和图 9.63 所示。

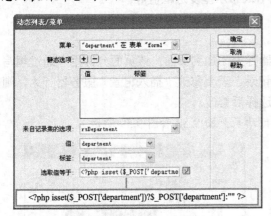
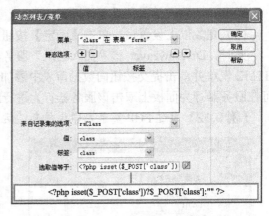

图 9.62　将列表框 department 动态化　　　　图 9.63　将列表框 class 动态化

（5）选择【插入】→【数据对象】→【插入记录】命令，然后对【插入记录】对话框选项进行设置，如图 9.64 所示。

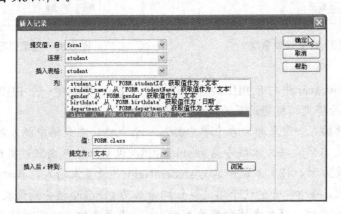

图 9.64　设置【插入记录】对话框选项

（6）切换到代码视图，在表单结束标签</form>下方添加以下内容：

```php
<?php if(isset($_POST["save"]) && $Result1){ ?>
<script type="text/javascript">
alert("学生信息保存成功。");
document.getElementById("studentId").focus();
</script>
<?php } ?>
```

（7）在浏览器中打开该页，对添加记录功能进行测试。

## 9.4　更新记录

记录更新页面是 PHP 动态网站的常用功能模块之一。创建记录更新页面时，需要从数据库中检索待更新记录，并通过 HTML 表单显示该记录的内容。当修改字段值并单击提交按钮时，向 MySQL 服务器发送更新记录的查询语句，并将数据更新保存到数据库中。如果正在使用 Dreamweaver，则可以使用"更新记录"服务器行为快速生成用于更新记录的 PHP 页。

### 9.4.1　以编程方式实现记录更新

通过编写 PHP 代码实现更新记录时，有以下几个编程要点。

（1）通过主/详细页集合实现记录的选择和更新，在主页中通过链接选择要更新的记录，通过 URL 参数向详细页传递要更新记录的标志（如学号），在详细页中获取该记录标志并据此检索要更新的记录集，将各个表单控件绑定到相关的记录字段上。有时也将主页和详细页合并在一起。

（2）当提交表单时，用预定义数组变量$_POST 获取表单变量的值，并将这些值作为字段的值用于 UPDATE 语句，以筛选要更新的记录并为该记录提供新值。

（3）创建数据库连接，设置字符集，并通过调用 mysql_query()函数来执行 UPDATE 语句，以实现记录更新。

（4）执行 UPDATE 语句后，通过调用 mysql_affected_rows()函数来获取被更新的记录行数。

【例 9.13】通过 PHP 批量修改学生成绩，运行结果如图 9.65 和图 9.66 所示。

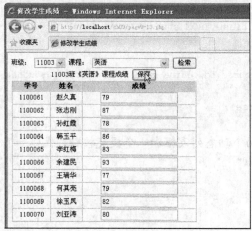

图 9.65　检索并修改学生成绩

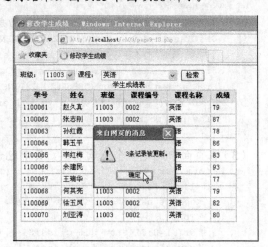

图 9.66　记录更新成功

**【设计步骤】**

（1）在 Dreamweaver 中打开 PHP 站点，在文件夹 ch09 中创建一个 PHP 动态页并命名为 page9-13-php，然后将文档标题设置为"修改学生成绩"。

（2）切换到代码视图，在文档开头输入以下 PHP 代码块：

```php
<?php require_once("student.inc.php"); ?>
<?php
session_start();                //启动会话
if(isset($_POST["save"])){//若单击【保存】按钮
  $row_num=count($_POST["score"]);
  $num=0;
  for($i=0;$i<$row_num;$i++){
    $sql=sprintf("UPDATE score SET score=%d WHERE student_id='%s' AND course_id=%d",
      $_POST["score"][$i],$_POST["studentId"][$i],$_POST["courseId"][$i]);
    $result=mysql_query($sql,$student) or die("更新成绩失败".mysql_error());
    $num+=mysql_affected_rows($student);
  }
}
?>
<?php
if(isset($_POST["class"]) && isset($_POST["course"])){//若单击【检索】按钮
  $_SESSION["class"]=$_POST["class"];
  $_SESSION["course"]=$_POST["course"];
  $sql=sprintf("SELECT student.student_id AS 学号,student.student_name AS 姓名,
    student.class AS 班级,course.course_id AS 课程编号,
    course.course_name AS 课程名称,score.score AS 成绩
    FROM score INNER JOIN student ON score.student_id=student.student_id
    INNER JOIN course ON score.course_id=course.course_id
   WHERE student.class='%s' AND course.course_id=%d", $_POST["class"], $_POST["course"]);
  $_SESSION["sql"]=$sql;
  $rsResult=mysql_query($sql,$student) or die("查询成绩数据失败: ".mysql_error());
  $row_num_result=mysql_num_rows($rsResult);
}
?>
<?php
//检索班级和课程信息，为下拉列表框提供数据源
$rsClass=mysql_query("SELECT DISTINCT class FROM student",$student)
  or die("查询班级数据失败: ".mysql_error());
$row_num_class=mysql_num_rows($rsClass);
$rsCourse=mysql_query("SELECT DISTINCT course_id,course_name FROM course",$student)
  or die("查询课程数据失败: ".mysql_error());
$row_num_course=mysql_num_rows($rsCourse);
?>
```

（3）在页面中创建一个查询表单，其中包含两个动态列表框和一个提交按钮，代码如下：

```php
<form name="form1" method="post" action="">
  <label for="class">班级: </label>
  <select name="class" id="class">
  <?php
  for($i=0;$i<$row_num_class;$i++){
  $row_class=mysql_fetch_array($rsClass);
  ?>
```

```
    <option value="<?php echo $row_class["class"] ?>
    "<?php if($row_class["class"] ==(isset($_SESSION["class"])?$_SESSION["class"]:
    ""))echo " selected=\"selected\""; ?>><?php echo $row_class["class"] ?></option>
    <?php } ?>
    </select>
    <label for="course">课程：</label>
    <select name="course" id="course">
    <?php
    for($i=0;$i<$row_num_course;$i++){
    $row_course=mysql_fetch_array($rsCourse);
    ?>
     <option value="<?php echo $row_course["course_id"] ?>
    "<?php if($row_course["course_id"] ==(isset($_SESSION["course"])? $_SESSION["course"]:
    ""))echo " selected=\"selected\""; ?>><?php echo $row_course["course_name"] ?></option>
    <?php } ?>
    </select>
    <input type="submit" name="search" id="search" value="检索">
</form>
```

（4）在查询表单下方创建一个更新表单（包含一组文本框和一个提交按钮），代码如下：

```
<?php
if(isset($_POST["search"])){
$row_result=mysql_fetch_array($rsResult) or die("未找到成绩数据。");
?>
<form name="form2" method="post" action="">
  <table border="1" cellspacing="0" width="364">
    <caption>
    <?php echo $row_result["班级"]; ?>班《<?php echo $row_result["课程名称"]; ?>》课程成绩
    <input name="save" type="submit" id="save" value="保存">
    </caption>
    <tr bgcolor="#CCCCCC"><th>学号</th><th>姓名</th><th>成绩</th></tr>
    <?php do{ ?>
    <tr align="center">
      <td><?php echo $row_result["学号"]; ?>
      <input type="hidden" name="studentId[]"
        value="<?php echo $row_result["学号"]; ?>"></td>
      <td><?php echo $row_result["姓名"]; ?>
       <input type="hidden" name="courseId[]"
        value="<?php echo $row_result["课程编号"]; ?>"></td>
      <td><input name="score[]" type="text"
        value="<?php echo $row_result["成绩"]; ?>"></td>
  </tr>
    <?php }while($row_result=mysql_fetch_array($rsResult)); ?>
  </table>
</form>
<?php } ?>
```

（5）在更新表单下方添加一个 CSS 样式表和一个动态表格，代码如下：

```
<style type="text/css">
table{width:32em;}
</style>
<?php
//若单击【保存】按钮，则以表格形式列出成绩
if(isset($_POST["save"])){
```

```
show_result($_SESSION["sql"],$student,"学生成绩表");
}
?>
```

（6）在动态表格下方添加以下代码：

```
<?php if(isset($num) && $num>0){ ?>
<script type="text/javascript">
alert("<?php echo $num ?>条记录被更新。");
</script>
<?php } ?>
```

（7）在</html>标签下方添加以下 PHP 代码块：

```
<?php
mysql_free_result($rsClass);
mysql_free_result($rsCourse);
if(isset($rsResult))mysql_free_result($rsResult);
?>
```

（8）在浏览器中打开该页面，选择班级和课程并进行成绩检索，然后对成绩批量修改功能进行测试。

## 9.4.2　快速生成记录更新页

在 Dreamweaver 中可通过可视化方式快速生成记录更新页，无须编写代码或只需编写少量代码。一个记录更新页包括以下三个构造块：用于从数据库表中检索记录的过滤记录集；允许用户修改记录数据的 HTML 表单；用于更新数据库表的"更新记录"服务器行为。

既可以使用表单工具和服务器行为面板分别添加 HTML 表单和"更新记录"服务器行为，也可以使用"更新记录表单向导"通过单个操作将这些模块添加到页面中。下面结合例子说明如何通过添加"更新记录"服务器行为快速生成记录更新页。

【例 9.14】创建一个主/详细页集合，在主页上选择要修改的记录并转到详细页，然后在详细页上对所选记录进行修改，运行结果如图 9.67 和图 9.68 所示。

【设计步骤】

（1）在 Dreamweraver 中打开 PHP 站点，在文件夹 ch09 中创建一个 PHP 动态页并命名为 page9-14-m.php，将文档标题设置为"选择要修改的学生记录"。

图 9.67　选择要修改的学生记录　　　　图 9.68　更新记录成功

（2）用简单记录集对话框定义一个记录集并命名为 rs，从 student 表中检索所有学生的部分信息。设置记录集对话框选项如图 9.69 所示。

（3）在页面上插入一个动态表格，用于显示记录集 rs 的内容。设置动态表格选项如图 9.70 所示。

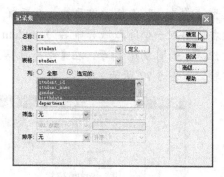

图 9.69　定义记录集 rs　　　　　　　　　　图 9.70　设置动态表格选项

（4）在动态表格下方添加一个记录集导航条，设置相应对话框的情形如图 9.71 所示。在该记录集导航左侧添加一个记录集计数器，设置相应对话框的情形如图 9.72 所示。

图 9.71　设置记录集导航条　　　　　　　　　图 9.72　设置记录集导航状态

（5）在动态表格的右侧插入一个列，在上下单元格中分别键入"操作"和"更新记录"。选择"更新记录"，在属性检查器的【链接】文本框中输入 "page9-14-u.php?sid=<?php echo $row_rs['student_id']; ?>"，以创建动态链接。当单击此链接时将转入 page9-14-u.php 页面，并将学生传递到该页面。

（6）在文件夹 ch09 创建另一个 PHP 动态页并命名为 page9-14-u.php，将文档标题设置为"修改学生的个人资料"。

（7）用简单记录对话框定义一个记录集并命名为 rsStudent，从 student 表中检索具有指定学号的学生记录，如图 9.73 所示。用高级记录集对话框定义两个记录集，将它们分别命名为 rsDepartment 和 rsClass，前者从 student 表中检索所有系部信息，后者从 student 表中检索所有班级信息，选项定义如图 9.74 和图 9.75 所示。

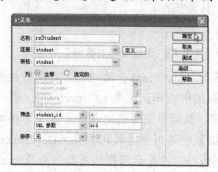

图 9.73　定义 rsStudent　　　　　图 9.74　定义 rsDepartment　　　图 9.75　定义 rsClass

（8）在页面上插入一个表单。在表单中插入一个表格。在表格中插入一些表单对象，包括文本框、隐藏域、单选按钮组、下拉列表框及提交按钮。然后通过以下操作实现表单对象的动态化。

- 创建动态文本和动态隐藏域。将插入点置于"学号："右侧的单元格，然后插入记录集 rsStudent 的 student_id 字段。将该字段右侧插入一个隐藏域并命名为 studentId，选择该隐藏域，在属性检查器上单击闪电按钮 ⚡，如图 9.76 所示。在【动态数据】对话框中选择记录集 rsStudent 的 student_id 字段，如图 9.77 所示。

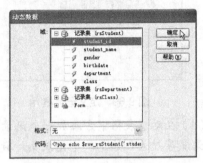

图 9.76　将隐藏域绑定到动态源　　　　图 9.77　设置【动态数据】对话框

- 创建动态文本框。在页面上选择表示姓名的文本框 studentName，在属性检查器上单击闪电按钮 ⚡，在【动态数据】对话框中选择记录集 rsStudent 的 student_name 字段。使用同样的方法将表示出生日期的文本框 birthdate 绑定到记录集 rsStudent 的 birthdate 字段。

- 创建动态单选按钮组。将表示性别的两个单选按钮都命名为 gender，值分别为"男"和"女"。选择其中的任意一个单选按钮，在属性检查器上单击闪电按钮 ⚡，在【动态按钮组】对话框上单击【选取值等于】文本框右侧的闪电按钮 ⚡，如图 9.78 所示。在【动态数据】对话框中选择记录集 rsStudent 的 gender 字段，如图 9.79 所示。

图 9.78　设置【动态单选按钮组】对话框　　　图 9.79　设置【动态数据】对话框

- 创建动态列表框。将表示系部的下拉列表框命名为 department 并选择它，在属性检查器上单击闪电按钮 ⚡，在【动态列表/菜单】对话框中选择记录集 rsDepartment，并指定值和标签均绑定到该记录集的 department 字段，然后单击【选取值等于】文本框右侧的闪电按钮 ⚡，如图 9.80 所示。在【动态数据】对话框中选择记录集 rsDepartment 的 department 字段，如图 9.81 所示。使用同样的方法，将表示班级的下拉列表框 class 绑定到记录集 rsDepartment 的 class 字段。

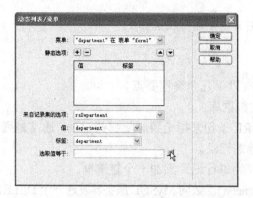

图 9.80　设置【动态列表/菜单】对话框

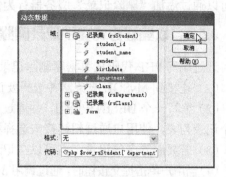

图 9.81　设置【动态数据】对话框

（9）选择【插入】→【数据对象】→【更新记录】，然后在【更新记录】对话框中设置以下选项。

- 从【提交值，自】列表框中选择表单 form1。
- 从【连接】列表框中选择数据库连接 student。
- 从【更新表格】列表框中选择数据表 student。
- 设置表字段与表单对象之间的对象关系。例如，student_id 字段对应于表单中的隐藏域 studentId，student_name 对应于表单中的文本框 studentName 等。

设置【更新记录】对话框选项如图 9.82 所示。

（10）切换到代码视图，在</body>标签上方输入以下代码：

```
<?php if(isset($Result1)){ ?>
<p>记录更新成功。  <a href="page9-14-m.php">返回前页</a></p>
<?php } ?>
```

（11）在浏览器中打开 page9-14-m.php，通过单击链接选择要修改的学生记录并进入页面 page9-14-u.php，然后对该学生的记录进行修改。

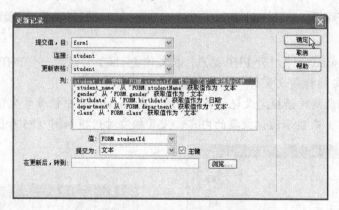

图 9.82　设置【更新记录】对话框选项

## 9.5　删除记录

创建记录删除页面时，首先应选择待删除的记录并将所作选择传递到删除页面，然后通过向 MySQL 服务器发送 DELETE 语句来执行记录删除操作。如果正在使用 Dreamweaver，则可以通过添加"删除记录"服务器行为快速生成记录删除页面。

### 9.5.1 以编程方式实现记录删除

通过编写 PHP 代码从数据库删除记录时，有以下几个编程要点。

（1）连接到 MySQL 服务器并选择要访问的数据库。

（2）编写一个 DELETE 语句，并通过 WHERE 子句来指定要删除哪些记录，通常是列出一个记录列表，使用户通过超链接来选择要删除的记录。

（3）若要删除多条记录，则可以在记录列表为每行记录添加一个复选框。

（4）当用户单击提交按钮时，通过调用 mysql_query()函数向 MySQL 服务器发送一个 DELETE 语句，以完成记录删除操作。

（5）如果需要，则可以对提交按钮编写客户端脚本，以便使用户对删除操作进行确认。

（6）通过调用 mysql_affetced_rows()函数获取被删除记录的行数。

【例 9.15】通过 PHP 页批量删除记录，运行结果如图 9.83 和图 9.84 所示。

图 9.83　选择待删除记录并确认删除　　　　　　图 9.84　完成删除记录操作

【设计步骤】

（1）在 Dreamweaver 中打开 PHP 站点，在文件夹 ch09 中创建一个 PHP 动态页并命名为 page9-15.php，将文档标题设置为"批量删除记录"。

（2）用简单记录集对话框定义记录集 rs，用于从 student 表中检索学生信息，并通过动态表格（置于表单中）来显示该记录集的内容，设置相应对话框如图 9.85 和图 9.86 所示。

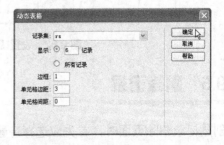

图 9.85　设置简单记录集对话框　　　　　　　　图 9.86　设置动态表格对话框

（3）用表格工具对动态表格进行设置，在动态表格上方插入一个记录集计数器，在动态表格下方添加一个记录集导航条，设置相应对话框如图 9.87 和图 9.88 所示。

　　　　图 9.87　设置记录集导航状态　　　　　　　　图 9.88　设置记录集导航条

（4）在记录集计数器左侧插入一个提交按钮，将其命名为 delete，将其值设置为"删除"。

（5）在动态表格左侧添加一列，在该列第一行插入一个复选框并命名为 all，在该列第二行插入一个复选框并命名为 del[]，将其值设置为<?php echo $row_rs['student_id']; ?>（即记录集 rs 的 student_id 字段值）。

（6）将表单的 onsubmit 事件处理程序设置为"return delRec();"，将复选框 all 的 onclick 事件处理程序设置为"selectAll(this);"，在</head>标签上方添加以下 JavaScript 代码块：

```
<script type="text/javascript">
function selectAll(o){
  var inputs=document.getElementsByTagName("input");
  for(i=0;i<inputs.length;i++){
    if(inputs[i].type=="checkbox")inputs[i].checked=o.checked;
  }
}
function delRec(){
  var inputs=document.getElementsByTagName("input");
  var n=0;
  for(i=0;i<inputs.length;i++){
    if(inputs[i].type=="checkbox" && inputs[i].checked)n++;
  }
  if(n==0){
    alert("请选择要删除的记录。");
    return false;
  }
  return confirm("确实要删除选定的记录吗？");
}
</script>
```

（7）在文档第二行添加以下 PHP 代码块：

```
<?php
if(isset($_POST["delete"])){
  $n=count($_POST["del"]);
  $ids=array();
  for($i=0;$i<$n;$i++)array_push($ids,"'".$_POST["del"][$i]."'");
  $str=implode(",",$ids);
  $sql=sprintf("DELETE FROM student WHERE student_id IN (%s)",$str);
  $reslut=mysql_query($sql,$student) or die("不能删除记录: ".mysql_error());
  header(sprintf("Location: %s",$_SERVER["PHP_SELF"]));
  exit;
}
?>
```

（8）在浏览器中打开该页面，对批量删除记录功能进行测试。

### 9.5.2 快速生成记录删除页

在 Dreamweaver 中可以利用"删除记录"服务器行为快速生成记录删除页面。记录删除页面通常用作主/详细页集合中的详细页。在主页中通过单击链接选择要删除的记录，在记录删除页中从数据库表中检索待删除的记录，以只读方式显示待删除记录。当单击提交按钮时，将 DELETE 删除语句发送给服务器。

若要创建删除记录页，则可执行以下操作。

（1）在 Dreamweaver 中创建一个 PHP 动态页。

（2）创建一个具有筛选条件的的记录集，从数据库表中检索要删除的记录，并以只读方式显示该记录集。

（3）创建一个表单，在该表单中添加一个提交按钮和一个隐藏域，并将该隐藏域绑定到数据表的主键字段。

（4）选择【插入】→【数据对象】→【删除记录】命令，当出现【删除记录】对话框时，对以下选项进行设置，如图 9.89 所示。

图 9.89 【删除记录】对话框

- 在【首先检查是否已定义变量】列表框中选择【主键值】。
- 在【连接】列表框中，选择一个数据库连接。
- 在【表格】列表框中，选择包含要删除的记录的数据库表。
- 在【主键列】列表框中，选择一个键列用于在数据库表中标志该记录。"删除记录"服务器行为将在该列搜索匹配值，该列与绑定到页面上的隐藏表单字段的记录集列应包含相同的记录 ID 数据。若该值是一个数字，则选择【数值】复选框。
- 在【主键值】列表框中，选择页面上包含记录 ID 的变量，该记录 ID 标志了要删除的记录。该变量是由隐藏域创建的，其名称与隐藏字段的 name 属性相同，是一个表单参数或 URL 参数。
- 在【删除后，转到】文本框中，输入在从数据库表格中删除记录后打开的页或单击【浏览】按钮定位到该文件。若将该文本框留空，则删除记录后重新打开当前页面。

（5）完成以上设置后，单击【确定】按钮。

此时，Dreamweaver 将"删除记录"服务器行为添加到当前页，该页面允许用户通过单击表单上的提交按钮从数据库表中删除记录。若要修改"删除记录"服务器行为，在服务器行为面板上双击此服务器行为即可。

**注意** 删除页面一次只能包含一个记录编辑服务器行为。例如，不能将"插入记录"或

"更新记录"服务器行为添加到删除页面中。

【例 9.16】通过 PHP 页删除单条记录，运行结果如图 9.90 和图 9.91 所示。

图 9.90　选择待删除记录并加以确认　　　　图 9.91　成功删除记录

【设计步骤】

（1）在 Dreamweaver 中打开 PHP 站点，在文件夹 ch09 中创建一个 PHP 动态页并命名为 page9-16.php，将文档标题设置为"删除单条记录"。

（2）用简单记录集对话框定义记录集 rs，并通过动态表格显示该记录集，设置相应对话框如图 9.92 和图 9.93 所示。

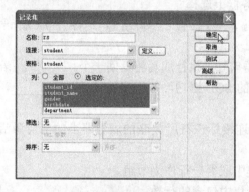

图 9.92　设置记录集对话框　　　　　　　图 9.93　设置动态表格对话框

（3）在动态表格上方添加一个记录集计数器和一个记录集导航条，设置相应对话框如图 9.94 和图 9.95 所示。

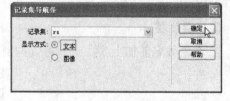

图 9.94　设置记录集导航状态　　　　　　　图 9.95　设置记录集导航条

（4）在动态表格右侧插入一列，在标题行中输入"操作"，在其下方单元格输入"删除记录"。选取"删除记录"，在属性检查器的【链接】框中输入包含 URL 参数的网址如下：

```
page9-16.php?sid=<?php echo $row_rs['student_id']; ?>
```

将此链接的 onclick 事件处理程序设置为"return confirm('确实要删除这条记录吗？');"。

（5）在该页中插入"删除记录"服务器行为，设置相应对话框如图9.96所示。

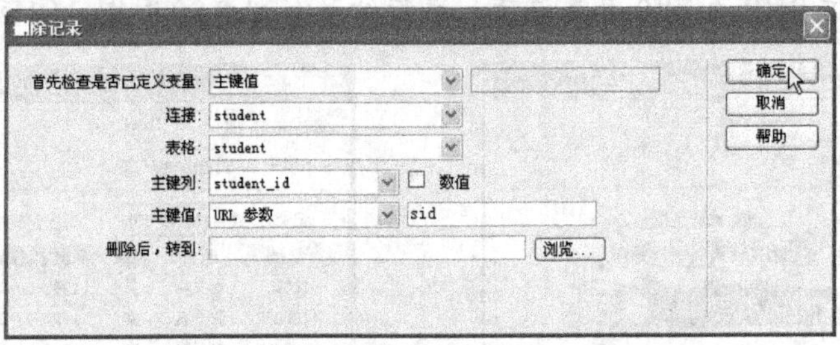

图 9.96　设置删除记录对话框

（6）在浏览器中打开该页面，对删除记录功能进行测试。

# 习题9

## 一、填空题

1. mysql_select_db()函数用于从 MySQL 服务器上选择_____。

2. 为了避免访问数据库时出现乱码，应在数据库连接文件中添加语句"mysql_query("_____");"。

3. 调用 mysql_query()函数发送 SELECT 语句时，执行成功将返回一个_____，若查询执行不正确则返回_____。对于其他类型的 SQL 语句，执行成功时返回_____，出错时返回_____。

4. 调用_____函数可设定与指定连接标识符所关联的服务器上的当前激活数据库。

5. 调用_____函数可以从记录集中取得一行作为数组。

6. 调用_____函数可以取得记录集中包含的行数。

7. 调用_____函数可以取得记录集中包含的字段数。

8. 调用_____函数可以查看 DELETE、INSERT 或 UPDATE 语句影响到了多少行。

## 二、选择题

1. 在函数名前加上（　　）可以抑制失败时产生的错误信息。

A. #　　　　　　　　　　　　　　B. $
C. @　　　　　　　　　　　　　　D. *

2. 若要在 Dreamweaver 中创建和使用记录集，则可使用（　　）面板。

A. 绑定　　　　　　　　　　　　　B. 数据库
C. 服务器行为　　　　　　　　　　D. 代码片段

## 三、简答题

1. 非持久连接与持久连接有什么区别？它们分别用什么方法建立？

2. 当在 Dreamweaver 中创建数据库连接时将生成一个 PHP 文件，它包含哪些内容？存放在何处？

3. 使用简单记录集对话框和高级记录集对话框创建记录集各有什么特点？

4. 在 Dreamweaver 中创建分页显示记录集的页面，主要包括哪些步骤？

5. 通过编程方式实现添加记录，有哪些要点？

6. 在 Dreamweaver 中创建添加记录页面，需要添加哪些功能块？

7. 通过编程方式实现记录更新，有哪些编程要点？

8. 在 Dreamweaver 中创建更新记录页面，需要添加哪些功能块？

9. 在 Dreamweaver 中如何将表单对象绑定到动态数据源？

10. 通过编程方式实现删除记录，有哪些编程要点？

11. 在 Dreamweaver 中如何快速生成记录删除页面？

## 上机实验 9

1. 创建一个 PHP 动态网页，用编程方式创建到 MySQL 服务器的连接，并选择一个数据库。

2. 创建一个 PHP 动态网页，用编程方式实现记录集的分页显示。

3. 创建一个 PHP 动态网页，用 Dreamweaver 服务器行为实现记录集的分页显示。

4. 创建一个搜索/结果页集合，用编程方式实现数据的搜索和显示。

5. 创建一个搜索/结果页集合，用 Dreamweaver 服务器行为实现数据的搜索和显示。

6. 创建一个主/详细页集合，要求通过编程方式实现。

7. 创建一个主/详细页集合，要求用 Dreamweaver 服务器行为实现。

8. 创建一个 PHP 动态网页，要求通过编程方式实现添加新记录。

9. 创建一个 PHP 动态网页，要求用 Dreamweaver 服务器行为实现添加新记录。

10. 创建一个 PHP 动态网页，要求通过编程方式实现一次更新多条记录。

11. 创建一个 PHP 动态网页，要求用 Dreamweaver 服务器行为实现更新记录。

12. 创建一个 PHP 动态网页，要求通过编程方式实现一次删除多条记录。

13. 创建一个 PHP 动态网页，要求用 Dreamweaver 服务器行为实现删除记录。

# 第 10 章　会员管理系统设计

会员管理系统用于实现会员注册、登录，修改会员信息，管理会员，以及仅限会员访问等各项功能，是网上社区和电子商务网站等 Web 应用的重要组成部分。作为前面各章知识的综合应用，本章将通过实例介绍如何利用 Dreamweaver 作为开发工具，基于 PHP 技术和 MySQL 数据库实现一个会员管理系统，并结合该实例讲述注册、登录、注销、Ajax 异步请求及限制页面访问等内容。

## 10.1　系统总体设计

开发会员管理系统的第一步是要对系统进行总体设计，包括系统功能分析、设计，实现数据库，以及创建 PHP 动态站点。

### 10.1.1　系统功能分析

本章将通过 PHP 技术和 MySQL 数据库实现一个网上会员管理系统，任何用户都可以通过访问本系统注册为会员。用户一旦登录到系统，便可以查看所有会员资料、修改个人注册信息、上传和下载文件，并对自己上传的文件进行管理。如果忘记了登录密码，则可以通过回答注册时所选择的安全问题来找回密码。系统管理员还拥有删除普通会员的特权。

会员管理系统的功能包括以下几个方面。

（1）新会员注册。任何用户都可以通过注册页填写个人资料并保存到后台数据库中。注册时，必须保证会员名是唯一的。若提交的会员名已被占用，则会通过 Ajax 异步请求在注册页上显示相关提示信息。若注册成功，则自动登录到系统首页。

（2）查看会员资料。会员登录后，可以查看所有会员列表。通过单击查看某个会员信息所在行中的电子邮件链接，可以给该会员发送电子邮件。

（3）修改个人资料。会员登录后，可以对自己在注册时填写的个人信息进行修改，但不能修改用户名和登录密码。

（4）上传和下载文件。会员登录后，可以将自己的文件上传到服务器上供其他会员共享，与此同时，相应文件的路径将被填写到后台数据库中。任何会员都可以下载共享文件。

（5）查询密码。若会员忘记了自己的密码，则可以通过输入用户名并回答注册时设置的安全问题找回密码。在本系统中，将通过电子邮件向用户发送密码信息。

（6）用户分级。在会员管理系统中，会员分为三类：游客、普通会员和管理员。相应地，系统页面也分为三类：可由所有用户访问、仅限所有会员访问或仅限管理员访问。系统管理员不仅拥有普通会员所拥有的所有权限，还拥有删除普通会员的特权。

### 10.1.2　数据库设计与实现

在会员管理系统中，所有会员的注册信息和上传文件的信息都存储在一个 MySQL 数据库中。该数据库名称为 members，它包含两个表，即 users 和 files，前者用于存储会员信息，后者用于存储上传文件信息。这两个表的结构分别在表 10.1 和表 10.2 中列出。

**表 10.1　users 表结构**

| 列　　名 | 数 据 类 型 | 属　　性 | 注　　释 |
|---|---|---|---|
| username | varchar(20) | 不允许空值，主键 | 用户名 |
| gender | enum('女','男') | 不允许空值 | 性别 |
| password | varchar(20) | 不允许空值 | 密码 |
| birthdate | Date | 不允许空值 | 出生日期 |
| question | varchar(30) | 不允许空值 | 安全问题 |
| answer | varchar(30) | 不允许空值 | 答案 |
| user_group | enum('会员','管理员') | 不允许空值，默认值为"会员" | 用户组 |
| email | varchar(20) | 不允许空值 | 电子信箱 |
| regtime | Datetime | 不允许空值 | 注册时间 |

**表 10.2　files 表结构**

| 列　　名 | 数 据 类 型 | 属　　性 | 注　　释 |
|---|---|---|---|
| id | varchar(20) | 不允许空值，自动递增，无符号，填充零，主键 | 文件标识符 |
| filename | char(25) | 不允许空值 | 文件路径 |
| description | varchar(50) | 不允许空值 | 文件描述 |
| upload_time | Datetime | 不允许空值 | 上传时间 |
| uploaded_by | varchar(20) | 不允许空值 | 上传者 |
| downloads | Int | 不允许空值，默认值为 0 | 答案 |

按照上述表格中的要求，在 Navicat 中使用表设计器创建 users 表和 files 表，如图 10.1 和图 10.2 所示。

图 10.1　创建 users 表

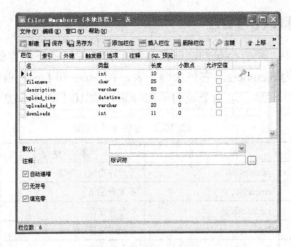

**图 10.2　创建 files 表**

files 表中的 uploaded_by 列表示文件上传者，即执行文件上传操作的会员，显然其值应当来自 users 表的主键列 username。为了保证数据的完整性和一致性，可在 files 表中添加外键约束。在 Navicat 中，可使用表设计器来添加外键约束。操作步骤如下所示。

（1）在表设计器中打开 files 表。

（2）选择【外键】选项卡。

（3）在工具栏上单击【添加外键】。

（4）设置外键的各个属性，如图 10.3 所示。

（5）在工具栏上单击【保存】。

**图 10.3　在 files 表中添加外键**

在图 10.3 中关键字 CASCADE 表示级联。换而言之，当从 users 表中删除某个会员时，由该会员上传的文件信息将随之从 files 表中删除；当在 users 表中更新某个会员的用户名时，files 表中相应的文件上传者也将随之被更新。

也可以通过创建并执行以下 SQL 脚本文件来创建数据库和表：

```
#文件名: create_database.sql
CREATE DATABASE members;
USE members;
DROP TABLE IF EXISTS `users`;
CREATE TABLE `users` (
  `username` varchar(20) NOT NULL DEFAULT '' COMMENT '用户名',
  `gender` enum('女','男') NOT NULL COMMENT '性别',
  `password` varchar(20) NOT NULL DEFAULT '123456' COMMENT '密码',
  `birthdate` date NOT NULL COMMENT '出生日期',
  `question` varchar(30) NOT NULL COMMENT '安全问题',
  `answer` varchar(30) NOT NULL COMMENT '答案',
```

```
    `user_group` enum('会员','管理员') NOT NULL DEFAULT '会员' COMMENT '用户组',
    `email` varchar(20) NOT NULL COMMENT '电子信箱',
    `regtime` datetime NOT NULL COMMENT '注册时间',
    PRIMARY KEY (`username`)
) ENGINE=InnoDB DEFAULT CHARSET=gb2312;
DROP TABLE IF EXISTS `files`;
CREATE TABLE `files` (
    `id` int(10) unsigned zerofill NOT NULL AUTO_INCREMENT COMMENT '标识符',
    `filename` char(25) NOT NULL COMMENT '文件名',
    `description` varchar(50) NOT NULL COMMENT '文件描述',
    `upload_time` datetime NOT NULL COMMENT '上传时间',
    `uploaded_by` varchar(20) NOT NULL COMMENT '上传者,引用 users 表中的用户',
    `downloads` int(11) NOT NULL DEFAULT '0' COMMENT '下载次数',
    PRIMARY KEY (`id`),
    KEY `user` (`uploaded_by`),
    CONSTRAINT `user` FOREIGN KEY (`uploaded_by`) REFERENCES `users` (`username`)
        ON DELETE CASCADE ON UPDATE CASCADE
) ENGINE=InnoDB AUTO_INCREMENT=17 DEFAULT CHARSET=gb2312;
```

### 10.1.3　创建 PHP 动态站点

为了存储会员管理系统的相关文件，需要在 Dreamweaver 中创建一个 PHP 动态站点，主要操作步骤如下所示。

（1）创建本地文件夹。在硬盘上创建一个文件夹并命名为 members，以此作为站点本地根文件夹（本书中为 G:\members）。在根文件夹下创建四个文件夹，分别命名为 images、inc、style 和 uploads，分别用于存储图片文件、包含文件、CSS 样式表和上传文件。向 inc 文件夹中复制用于发送电子邮件的两个 PHP 文件：class.phpmailer.php 和 class.smtp.php。

（2）创建虚拟目录。打开 Apache 配置文件 httpd.conf，然后添加以下代码：

```
Alias /members/ "G:/members/"
<Directory "G:/members/">
    Order allow,deny
    Allow from all
</Directory>
```

这样，将会在 Apache 服务器文档根目录下创建一个虚拟目录，其别名为 members。

（3）重启 Apache 服务器，使所创建的虚拟目录生效。

（4）在 Dreamweaver 中创建一个新的 PHP 动态站点并命名为 members，该站点的基本服务器信息和服务器模型如图 10.4 和图 10.5 所示。

图 10.4　members 站点基本服务器信息

图 10.5　members 站点服务器模型

（5）在 Dreamweaver 中打开 members 站点，然后创建一个 PHP 动态页 defualt.php 作为首页，再创建一个数据库连接并命名为 members，设置连接参数如图 10.6 所示。

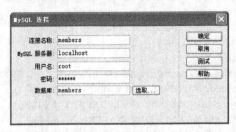

**图 10.6　创建数据库连接**

该连接在创建会员管理系统各个组成页面的过程中都可以使用，既可以在相关对话框中使用数据库 members 连接，也可以在 PHP 代码中通过变量$members 来引用该连接。

### 10.1.4　站点文件组成

会员管理系统通过一个 PHP 动态站点发布，该站点主要包含一些 PHP 动态网页和一些其他文件，其组成情况如图 10.7 所示。

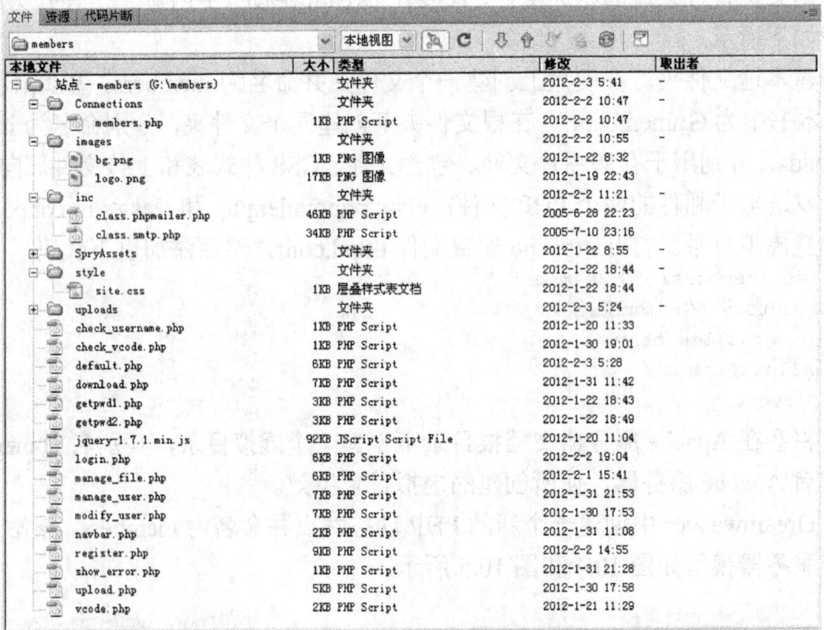

**图 10.7　会员管理系统站点文件**

在表 10.3 中列出了各个站点组成文件。

**表 10.3　会员管理系统站点组成文件**

| 文　件　名 | 说　　明 | 备　　注 |
| --- | --- | --- |
| members.php | 数据库连接文件 | 包含在其他 PHP 页中 |
| bg.png、logo.png | 图片文件 | 包含在 navbar.php 文件中 |

续表

| 文　件　名 | 说　　　明 | 备　　　注 |
|---|---|---|
| class.phpmailer.php | 用于收发电子邮件收发的 PHP 类文件 | 包含在其他 PHP 页中 |
| class.smtp.php | 用于收发电子邮件收发的 PHP 类文件 | 包含在其他 PHP 页中 |
| site.css | CSS 样式表文件 | 连接到导航条文件 navbar.php 中 |
| check_username.php | 通过 Ajax 请求检验用户名 | 在注册页 register.php 中调用 |
| check_vcode.php | 通过 Ajax 请求检验验证码 | 在登录页 login.php 中调用 |
| default.php | 会员管理系统首页 | 仅限会员（包括会员和管理员）访问 |
| download.php | 文件下载页 | 仅限会员（包括会员和管理员）访问 |
| getpwd1.php | 密码查询页，用于输入用户名 | 对所有用户（包括游客）开放 |
| getpwd2.php | 密码查询页，用于输入答案 | 对所有用户（包括游客）开放 |
| jquery-1.7.1.min.js | jQuery 库文件 | 用于简化 JavaScript 编程 |
| login.php | 系统登录页 | 对所有用户（包括游客）开放 |
| manage_file.php | 文件管理页 | 仅限会员（包括会员和管理员）访问 |
| manage_user.php | 用户管理页 | 仅限管理员访问 |
| modify_user.php | 注册信息修改页 | 仅限会员（包括会员和管理员）访问 |
| navbar.php | 站点导航条 | 包含在其他 PHP 页中 |
| register.php | 会员注册页 | 对所有用户（包括游客）开放 |
| show_error.php | 错误信息显示页 | 包含在登录页 login.php 中 |
| upload.php | 文件上传页 | 仅限会员（包括会员和管理员）访问 |
| vcode.php | 用于生成图片形式的验证码 | 在登录页中引用 |

在如图 10.6 所示中，还有一个 SpryAssests 文件夹，它是在添加 Spry 验证构件时生成的，用于存储 Spry 框架的支持文件（相关的 CSS 样式表和 JavaScript 库文件）。

## 10.2　系统功能实现

为会员管理系统创建 MySQL 数据库和 PHP 动态站点后，便可以着手制作该站点的组成页面，以实现该系统的各项功能。在整个制作过程中，主要利用 Dreamweaver 提供的可视化设计工具完成页布局，并通过添加服务器行为实现各种数据访问功能及用户身份验证，但也常常通过编写 PHP 或 JavaScript 代码来修改程序的执行流程。为了简化 JavaScript 编程，有时候还引用了当今十分流行的 jQuery 库。

### 10.2.1　创建 CSS 样式表

为了统一站点中所有组成页的字号、链接样式及网站导航风格等，首先创建一个 CSS 样式表文件并定义一些 CSS 样式规则。

【设计步骤】

（1）在 Dreamweaver 中打开 members 站点，然后在文件夹 style 中创建一个 CSS 样式表文件并保存为 site.css。

（2）在该文件中定义一些 CSS 规则，源代码如下：

```
#menu ul {float:left;list-style:none;
   margin-left:0px;padding-left:0.5em;padding-right:0.5em;}
```

```
#menu ul li {float:left;}
#menu ul li a:link, #menu ul li a:visited {color:#316AC5;font-weight:bold;}
a,#menu ul li a:hover {color:#316AC5;}
*{font-size:12px;}
legend{color:#316AC5;font-weight:bold;padding:3px;}
.message{color: #F00;}
```

### 10.2.2 创建网站导航条

网站导航条包含一些导航链接。单击左侧 logo 图片与单击【首页】链接效果相同。当匿名用户访问会员管理系统时，将显示对游客的欢迎信息。如果用户已经登录，则会在导航条左侧显示对该用户的欢迎信息。网站导航条效果如图 10.8 所示。

图 10.8 网站导航条效果

【设计步骤】

（1）在 Dreamweaver 中打开 members 站点，然后在站点根文件夹中创建一个 PHP 动态网页并保存为 navbar.php。

（2）切换到代码视图，删除所有源代码，然后输入以下代码:

```php
<?php
//完成登录后，用户名将保存在会话变量$_SESSION["MM_Username"]中
if(isset($_SESSION["MM_Username"])){
  $username=$_SESSION["MM_Username"];
}else{
  $username="游客";
}
?>
<link href="style/site.css" rel="stylesheet" type="text/css">
<table cellpadding="0" cellspacing="0" background="images/bg.png" frame="box">
  <tr>
   <td><a href="default.php"><img src="images/logo.png" height="50" border="0"> </a></td>
    <td><div id="menu">
      <ul>
        <li>你好, <?php echo $username; ?>! </li>
        <li> | </li>
        <li><a href="default.php">首页</a></li>
        <li> | </li>
        <li><a href="register.php">注册</a></li>
        <li> | </li>
        <li><a href="login.php">登录</a></li>
        <li> | </li>
        <li><a href="modify_user.php">修改资料</a></li>
        <li> | </li>
        <li><a href="manage_user.php">管理用户</a></li>
        <li> | </li>
        <li><a href="upload.php">上传文件</a></li>
        <li> | </li>
        <li><a href="download.php">下载文件</a></li>
        <li> | </li>
```

```
        <li><a href="manage_file.php">管理文件</a></li>
        <li>|</li>
        <li>注销</li>
      </ul>
    </div></td>
  </tr>
</table>
```

（3）添加"注销用户"服务器行为。在页面上选取"注销"二字，选择【插入】→【数据对象】→【用户身份验证】→【注销用户】，在如图 10.9 所示的【注销用户】对话框中设置完成注销后转到登录页 login.php。

**图 10.9　【注销用户】对话框**

此时，将在文档开头生成以下 PHP 代码：

```php
//initialize the session
if (!isset($_SESSION)) {
 session_start();
}

// ** Logout the current user. **
$logoutAction = $_SERVER['PHP_SELF']."?doLogout=true";
if ((isset($_SERVER['QUERY_STRING'])) && ($_SERVER['QUERY_STRING'] != "")){
 $logoutAction .="&". htmlentities($_SERVER['QUERY_STRING']);
}

if ((isset($_GET['doLogout'])) &&($_GET['doLogout']=="true")){
 //to fully log out a visitor we need to clear the session varialbles
 $_SESSION['MM_Username'] = NULL;
 $_SESSION['MM_UserGroup'] = NULL;
 $_SESSION['PrevUrl'] = NULL;
 unset($_SESSION['MM_Username']);
 unset($_SESSION['MM_UserGroup']);
 unset($_SESSION['PrevUrl']);

 $logoutGoTo = "default.php";
 if ($logoutGoTo) {
   header("Location: $logoutGoTo");
   exit;
 }
}
?>
```

此外，还生成了一个"注销"链接，源代码如下：

```php
<a href="<?php echo $logoutAction ?>">注销</a>
```

若要在其他 PHP 页中包含导航条，则可在<body>标签下方输入以下 PHP 代码块：

```php
<?php include("navbar.php"); ?>
```

### 10.2.3　会员注册

在网站导航条上单击【会员注册】链接，即可进入新会员注册页面 register.php，如图 10.10 所示。当在文本框输入用户名并使光标离开该文本框时，将立即提示所输入的用户名是否可用（该功能是利用 Ajax 异步请求技术实现的）。当用户在该页上输入个人信息并单击【注册】按钮时，若提交的用户名尚未被他人注册，并且其他字段也符合要求（如两次输入的密码相同、日期和电子信箱地址格式正确），则这些信息会保存在后台数据库中，然后将用户名和用户组值保存在会话变量中并提示注册成功，停留五秒钟后将自动登录到系统首页。若所提交的会员名已他人被注册，则进入登录页 login.php 并显示出错信息。

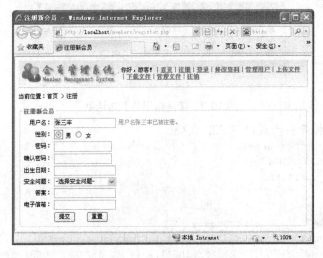

图 10.10　新会员注册页面

**【设计步骤】**

（1）在 Dreamweaver 中打开 members 站点，在根文件夹中创建一个 PHP 动态页并命名为 register.php，将文档标题设置为"注册新会员"。

（2）在该页中添加网站导航条，并在导航条下方输入文本信息，以提示当前位置。

（3）插入一个表单（form1），在该表单中插入一个字段集（fieldset）并将标签（legend）设置为"注册新会员"，在该字段集中插入一个表格，然后在表格中添加文字标签和以下表单域或 Spry 表单验证构件。

- Spry 验证文本域，将文本框命名为 username，设置未输入用户名时应显示的提示信息。在此 Spry 验证文本域右边，添加一个 id 为 msg 的 span 元素，HTML 源代码为<span id="msg"></span>。
- 单选按钮组，包含两个性别的单选按钮，将它们的 name 均指定为 gender，将它们的值分别设置为"男"和"女"，并使表示"男"的单选按钮处于勾选状态。
- Spry 验证密码框，将密码框命名为 password，设置未输入密码时应显示的提示信息。
- Spry 验证确认框，将密码框命名为 confirm，将密码框 password 设置为其验证参照对象，并设置未再次输入密码和两次输入的密码不一致时应显示的提示信息。
- Spry 验证文本域，将文本框命名为 birthdate，将验证文本域的类型和格式分别设置为"日期"和"yyyy-mm-dd"，分别设置未输入出生日期和日期格式无效时应显示的提示信息。

- Spry 验证选择框，将选择框命名为 question，设置第一项的值为□1，标签为"-选择安全问题-"，其他各项的值依次为"你的家乡在哪里？"、"你最喜欢哪个影星？"和"你最好的朋友是谁？"，这些项的标签与其值相同。设置 Spry 验证选择框不允许空值和无效值（□1），并设置相应状态下的提示信息。
- Spry 验证文本域，将文本框命名为 answer，设置未输入答案时应显示的提示信息。
- Spry 验证文本域，将文本框命名为 emailo，将 Spry 验证文本域的"类型"设置为"电子邮件地址"，并设置未输入电子信箱或格式无效时应显示的提示信息。
- 隐藏域，将其命名为 now，将其值设置为 PHP 代码块<?php echo date("Y-m-d H:i:s"); ?>。该隐藏域的作用是为 users 表中的 regtime 列提供值。
- 提交按钮和重置按钮，将提交按钮的值设置为"注册"。

（4）添加"插入记录"服务器行为。选择【插入】→【数据对象】→【插入记录】，然后在【插入记录】对话框中对各个选项进行设置，如图 10.11 所示。

**图 10.11　设置"插入记录"服务器行为**

（5）添加"检查新用户名"服务器行为。选择【插入】→【数据对象】→【用户身份验证】→【检查新用户名】，然后在【检查新用户名】对话框指定用户名字段为 username，并设置若提交的用户已存在时转到页面 register.php，并且附加一个 URL 参数，其名称为 error，其值为 1，如图 10.12 所示。

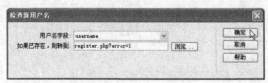

**图 10.12　设置"检查新用户名"服务器行为**

（6）切换到代码视图，在<!DOCTYPE HTML>标签上方添加以下 PHP 代码块：

```php
<?php
//在新用户注册成功后显示欢迎信息并实现自动登录
$n=mysql_affected_rows($members);
if (isset($_POST["username"]) && $n==1){
  session_start();
  $_SESSION["MM_Username"]=$_POST['username'];
  $_SESSION["MM_UserGroup"]="会员";
  printf("<p style=\"font-size:12px;\">注册成功！欢迎新会员%s 加入。<br>\n",
      $_POST['username']);
```

```
        echo("<br>5 秒钟后自动登录...</p>\n");
        exit('<meta http-equiv="Refresh" content="5;URL=default.php">');
    }
    ?>
```

（7）在<head>标签上方添加以下 script 标签，以引入 jQuery 库文件：

```
<script src="jquery-1.7.1.min.js" type="text/javascript"></script>
```

在该 script 标签下方添加以下 JavaScript 脚本块，以便在光标离开"用户名"文本框时以 Ajax 异步请求方式对用户名进行验证：

```
<script type="text/javascript">
$(document).ready(function(e){         //设置文档加载完成时执行的操作
    $("#username").blur(function(e){    //设置光标离开"用户名"框时的事件处理程序
        if($(this).val()==""){          //若未输入用户名
            $("#msg").html("<font color=red>请输入用户名。</font>"); //用 span 显示提示信息
            $(this).focus();            //将光标放到"用户名"文本框内
            return false;               //取消事件的默认操作
        }
        //从服务器加载 PHP 动态页 check_username.php，并发送输入的用户名
        //将服务器返回的数据放置到 id 为 msg 的 span 元素中
        $("#msg").load("check_username.php",{username:$(this).val()});
    });
});
</script>
```

（8）在</body>标签上方添加以下 PHP 和 JavaScript 混合代码：

```
<?php if(isset($_GET["error"]) && $_GET["error"]=="1"){ ?>
<script type="text/javascript">
alert("用户名<?php echo $_GET["requsername"]; ?>已被注册，请重试！");
$("#username").focus();
</script>
<?php } ?>
```

（9）在 members 站点根文件夹中创建一个 PHP 动态页并命名为 check_username.php，然后删除所有源代码，再输入以下代码：

```
<?php require_once('Connections/members.php'); ?>
<?php
$username="-1";
if(isset($_POST['username'])){
    header("Content-Type:text/html;charset=gb2312");
    $username=iconv("utf-8","gb2312",$_POST['username']);
}
mysql_select_db($database_members, $members);
$query_rs=sprintf("SELECT * FROM users WHERE username='%s'", $username);
$rs=mysql_query($query_rs, $members) or die(mysql_error());
$row_rs=mysql_fetch_assoc($rs);
$totalRows_rs=mysql_num_rows($rs);
if($totalRows_rs>0){
    echo sprintf("<font color=red>用户名%s 已被注册。</font>",$row_rs["username"]);
}else{
    echo sprintf("<font color=blue>用户名%s 可用。</font>",$username);
}
mysql_free_result($rs);
?>
```

至此，新会员注册功能已完成。

### 10.2.4　会员登录

当在系统导航条上单击【登录】链接时，将会打开登录页面，如图 10.13 所示。登录页面用于对用户身份进行验证。当输入用户名、密码和验证码并单击【登录】按钮时，如果提供的用户名和密码与存储在数据库中的记录匹配且验证码正确，则进入系统首页，否则仍然停留在登录页，并显示登录失败的提示信息。此外，如果用户在未经登录的情况下直接访问会员专属区，则将会被重定向到登录页，并通过 URL 参数传递一个错误代码："1"表示用户名或密码错误；"2"表示游客试图访问会员专属区；"3"表示游客或普通会员试图访问管理员专属区。

**图 10.13　系统登录页面**

【设计步骤】

（1）在 members 站点根文件夹中创建一个 PHP 动态页并命名为 login.php，将文档标题设置为"会员登录"。

（2）在该页中添加网站导航条，并在导航条下方输入以下内容，以提示当前位置。

```
<p>当前位置：首页 > <?php echo (!isset($_GET["error"])?"登录":"提示信息"); ?></p>
```

（3）在上述段落下方添加以下 PHP 代码块，以显示可能出现的错误信息。

```
<?php
if(isset($_GET["error"])){
    include("show_error.php");
}
?>
```

（4）创建登录表单。在上述 PHP 代码块下方插入一个表单（form1），在该表单中插入一个字段集并将标签设置为"会员登录"，在该字段集中插入一个表格，在该表格中添加文本标签、Spry 表单验证构件、超链接和动态图片。

- Spry 验证文本域，将文本框命名为 username，设置未输入用户名时应显示的提示信息。
- Spry 密码框，将密码框命名为 password，设置未输入密码时应显示的提示信息。
- Spry 验证文本域，将文本框命名为 vcode，设置未输入验证码时应显示的提示信息。
- 动态图片，在用于输入验证码的 Spry 验证文本域右边添加一个图片，并将其源文件设置为 vcode.php，将其 onclick 事件处理程序设置为 "this.src='vcode.php?d='+Math.random();"。在该图片下方添加一个 id 作为 msg 的 span 元素。
- 两个超链接，分别指向注册页 register.php 和密码查询页 getpwd1.php。
- 提交按钮和重置按钮，将提交按钮命名为 register，将其值设置为"登录"。

（5）添加"登录用户"服务器行为。选择【插入】→【数据对象】→【用户身份验证】

→【登录用户】，然后在如图 10.14 所示的【登录用户】对话框中对以下选项进行设置。

- 选择从表单 form1 中获取输入，用户名和密码分别取自文本框 username 和密码框 password。
- 使用数据库连接 members 进行验证，指定用户名和密码分别取自 users 表的 username 和 password 列。
- 指定登录成功时转到系统首页 default.php，登录失败时转到登录页 login.php 并附加一个值为 1 的 error 参数，选中【转到前一个 URL（如果它存在）】复选框。
- 设置基于用户名、密码和访问级别对访问进行限制，并且指定级别取自 users 表中的 user_group 列。

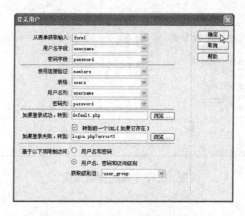

**图 10.14 【登录用户】对话框**

（6）在 members 站点根文件夹中创建一个 PHP 动态页并命名为 show_error.php，删除所有源代码，然后输入以下代码：

```php
<?php
$msg="";
if(isset($_GET["error"])){
  switch($_GET["error"]){
    case "1":
      $msg="用户或密码错误，请重试。";
      break;
    case "2":
      $msg="您所在的组（游客）无权使用此功能。";
      break;
    case "3":
      $msg="您所在的组（游客或普通会员）无权使用此功能。";
      break;
  }
}
?>
<p class="message"><?php echo $msg; ?></p>
```

（7）通过 jQuery 函数调用对验证码进行检验，代码如下：

```
<script src="jquery-1.7.1.min.js" type="text/javascript"></script>
<script type="text/javascript">
$(document).ready(function(e){
  $("#register").click(function(e){
    var result=true;
```

```
    $.ajax({
      url:"check_vcode.php",
      async:false,    // 以同步方式向服务器发送请求
      type:"POST",
      data:{vcode:$("#vcode").val()},
      success:function(msg){
          if(msg.indexOf("错误")!=-1){
          $("#msg").html(msg);
          result=false;
          }else{
          $("#msg").html("");
          }
      }
    });
    return result;
  });
});
</script>
```

（8）在 members 站点根文件夹中创建一个 PHP 动态页并命名为 check_vcode.php，删除所有源代码，然后输入以下 PHP 代码块：

```php
<?php
if(!isset($_SESSION))session_start();
header("Content-Type:text/html;charset=gb2312");
if(isset($_POST["vcode"]) && $_POST["vcode"]!=""){
  if($_POST["vcode"]!=$_SESSION["vcode"]){
    echo "<font color=red>验证码错误，请重试。</font>";
  }
}
?>
```

至此，系统登录功能已完成。

### 10.2.5　系统首页

登录成功后将打开系统首页 default.php，它以分页形式列出当前注册的所有会员，如图 10.15 所示。若单击【电子信箱】列的链接，则可给选定会员发邮件；若单击【注销】链接，则可结束本次会话并转到登录页。系统首页仅限会员访问，若用户未经登录而试图直接访问系统首页，则会被重定向到登录页。

图 10.15　会员管理系统首页

**【设计步骤】**

（1）在 Dreamweaver 中打开 members 站点，在根文件夹中创建一个 PHP 动态页并命名为 default.php，将文档标题设置为"会员管理系统首页"。

（2）在该页中添加网站导航条，并在导航条下方输入文本信息，以提示当前位置。

（3）用简单记录集对话框定义一个记录集 rs，从 users 表中检索会员的用户名、性别、出生日期、电子信箱及注册时间信息，如图 10.16 所示。

（4）在页面上插入一个动态表格，以显示来自记录集 rs 的信息，设置动态表格选项如图 10.17 所示。

（5）在动态表格上方插入一个记录集导航条和一个记录集计数器，设置相关对话框选项如图 10.18 和图 10.19 所示。

图 10.16　定义记录集

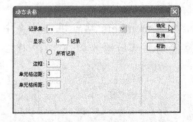

图 10.17　设置动态表格选项

图 10.18　设置记录集导航条选项

图 10.19　设置记录集计数器选项

（6）对动态表格格式进行设置，并将列名换成中文形式。选择电子信箱列的记录集列，在属性检查器的【链接】框中输入"mailto:<?php echo $row_rs['email']; ?>"，以创建电子邮件链接。

（7）添加"限制对页的访问"服务器行为。选择【插入】→【数据对象】→【用户身份验证】→【限制对页的访问】，然后在【限制对页的访问】对话框中对相关选项进行设置，基于用户名和密码对该页的访问进行限制，单击【定义】按钮创建"会员"和"管理员"两个级别，指定访问被拒绝时转到登录页并附加一个值为 2 的 error 参数，如图 10.20 所示。

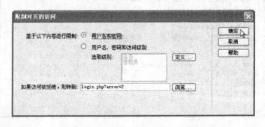

图 10.20　设置"限制对页的访问"服务器行为选项

至此，会员管理系统首页已完成。

### 10.2.6　查询密码

在会员管理系统中，查询密码功能通过 getwd1.php 和 getpwd2.php 这两个 PHP 动态页来实现，这些 PHP 页均未加保护，可供任何用户访问。通过在登录页上单击【查询密码】链接，可以进入 getwd1.php 页，在此页面输入用户名（如图 10.21 所示），如果该用户名存在于后台数据库中，则显示进入 getwd2.php 页，在此显示注册时设置的安全问题；如果提交了一个正确的答案，则通过邮件发送密码信息（如图 10.22 所示）。

图 10.21　查询密码时输入用户名

图 10.22　查询密码时回答问题

【设计步骤】

（1）在 Dreamweaver 中打开 members 站点，在根文件夹中创建一个 PHP 动态页并命名为 getpwd1.php，将文档标题设置为"查询密码_输入用户名"。

（2）在该页中添加网站导航条，并在导航条下方输入文本信息，以提示当前位置。

（3）插入一个表单，在该表单中插入一个字段集，并将标签设置为"查询密码"，在该字段集中插入一个表格，在该表格中添加文本信息和以下表单对象。

- Spry 验证文本域，将相应文本框命名为 username，并设置未输入用户名时显示的提示信息。在此验证文本域下方插入一个 div 元素，用于显示 PHP 变量 msg 包含的动态信息，源代码如下：

```
<div class="message"><?php echo $msg; ?></div>
```

- 提交按钮，将其值设置为"下一步"。

（4）用简单记录集对话框定义一个记录集 rs，通过设置筛选条件，从 users 表中检索具有指定用户名的会员信息，如图 10.23 所示。

**图 10.23　定义记录集**

（5）切换到代码视图，然后在<!DOCTYPE HTML>标签上方输入以下 PHP 代码块：

```php
<?php
if(!isset($_SESSION))session_start();
$msg="";
if(isset($_POST["username"])){
  if($totalRows_rs==1){
    $_SESSION["username"]=$row_rs['username'];
    $_SESSION["question"]=$row_rs['question'];
    $_SESSION["answer"]=$row_rs['answer'];
    $_SESSION["email"]=$row_rs['email'];
    $_SESSION["password"]= $row_rs['password'];
    header("Location: getpwd2.php" );
  }else if($totalRows_rs==0){
    $msg=sprintf("用户名%s 不存在，请重试！",$_POST["username"]);
  }
}
?>
```

（6）在站点根文件夹中创建一个 PHP 动态页并命名为 getpwd2.php，将文档标题设置为"查询密码_回答问题"。

（7）在该页中添加网站导航条，并在导航条下方输入文本信息，以提示当前位置。

（8）插入一个表单，在该表单中插入一个字段集，并将标签设置为"查询密码"，在字段集中插入一个表格，在该表格中添加以下文本信息和表单对象。

- 在"安全问题"右边的单元格中插入一个 PHP 代码块，其内容为"<?php echo $_SESSION['question']; ?>"。
- Spry 验证文本域，将文本框命名为 answer，设置未提交答案时显示的提示信息。在该验证文本域下方的单元格中插入一个 PHP 代码块，其内容为"<?php echo $msg; ?>"。
- 提交按钮，保留其默认名称和值。

（9）切换到代码视图，在<!DOCTYPE HTML>标签上方输入以下 PHP 代码块：

```php
<?php
if(!isset($_SESSION))session_start();
$msg="";
if(isset($_POST["answer"])){
  if($_POST["answer"]==$_SESSION["answer"]){
    require("inc/class.phpmailer.php");
    $username=$_SESSION["username"];
    $password=$_SESSION["password"];
    $email=$_SESSION["email"];
    $mail=new PHPMailer();
```

```
$mail->IsSMTP();
$mail->Host="smtp.126.com";
$mail->SMTPAuth=true;
$mail->SMTPKeepAlive=true;
$mail->SMTPSecure="ssl";
$mail->Port=25;
$mail->Username="zmzhao";
$mail->Password="zzmzzm";
$mail->From="zmzhao@126.com";
$mail->FromName="admin";
$mail->AddAddress($email,$username);
$mail->CharSet="GB2312";
$mail->Encoding="base64";
$mail->Subject="会员密码";
//设置 HTML 形式的邮件内容
$body=sprintf("<p>尊敬的%s 用户：<p>您的密码是<b>%s</b></p>\n",
        $username,$password);
$mail->Body=$body;
//设置纯文本形式的邮件内容
$mail->AltBody=sprintf("尊敬的%s 会员：\n 您的密码是%s。",
        $username, $password );
if($mail->Send()){
    $msg="密码已发送到您的电子信箱中了，请查收。";
    }else{
    $msg="邮件发送失败！";
    }
}else{
    $msg="答案不正确，请重新输入！";
    }
}
?>
```

至此，密码查询功能已完成。

### 10.2.7　修改会员信息

用户在注册会员之后，如果希望修改自己在注册页上提交的个人信息，则可以在网站导航条上单击【修改资料】链接，此时会打开个人信息更新页面 modify_user.php，如图 10.24 所示。个人信息更新页仅限登录到系统的会员访问，而且在这里只能对自己的个人信息进行修改；个人信息更新页未列出密码，用户名则以只读方式显示，不允许进行修改。假如用户未经登录而试图直接访问该页，则将被重定向到登录页并显示出错信息。

**图 10.24　会员信息更新页面**

**【设计步骤】**

（1）在 Dreamweaver 中打开 members 站点，在根文件夹中创建一个 PHP 动态页并命名为 modify_user.php，将文档标题设置为"修改会员信息"。

（2）在该页中添加网站导航条，并在导航条下方输入文本信息，以提示当前位置。

（3）用简单记录集对话框定义一个记录集并命名为 rs，从 users 表中检索当前用户信息（不包括密码、用户组和注册时间），如图 10.25 所示。

（4）创建更新表单。插入一个表单，在该表单中插入一个字段集，在该字段集中插入一个表格，在该表格中插入文本标签和以下表单对象。

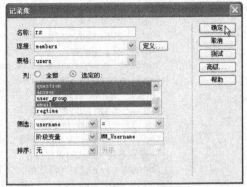

图 10.25 定义记录集

- 在"用户名"右边的单元格中插入记录集 rs 的 username 列（以只读方式显示）。
- 隐藏域，将其命名为 username，将其值绑定到记录集 rs 的 username 列。
- 单选按钮组，包含两个单选按钮，用于表示用户的性别。将两个单选按钮的 name 属性设置为 gender，将它们的值分别设置为"男"和"女"。将该单选按钮组绑定到记录集 rs 的 gender 字段。
- 四个文本框，分别命名为 birthdate、question、answer 和 email。分别将这些文本框的值绑定到记录集 rs 的相应列。
- 提交按钮和重置按钮，将提交按钮的值设置为"更新"。

（5）添加"更新记录"服务器行为。选择【插入】→【数据对象】→【更新记录】，然后对【更新记录】对话框的各个选项进行设置，指定 users 表的列与表单 form1 中各个字段的对应关系，将 username 列标志为主键，指定更新后仍然转到当前页，并附加一个值为 ok 的 action 参数，如图 10.26 所示。

图 10.26 设置"更新记录"服务器行为

（6）添加"限制对页的访问"服务器行为。选择【插入】→【数据对象】→【用户身份验证】→【限制对页的访问】，然后在【限制对页的访问】对话框中对各个选项进行设置，指定访问被拒绝时转到登录页并附加一个值为 2 的 error 参数，如图 10.27 所示。

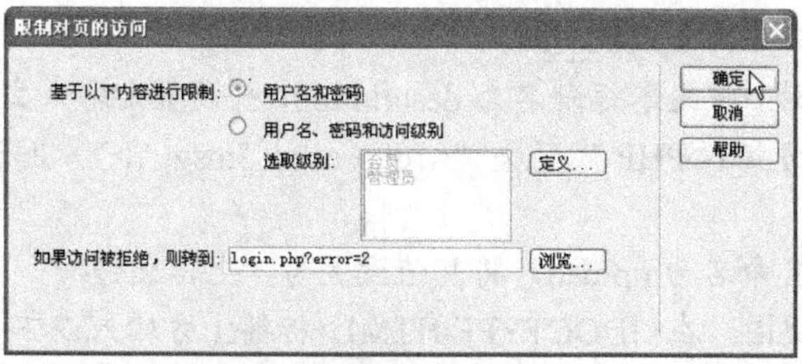

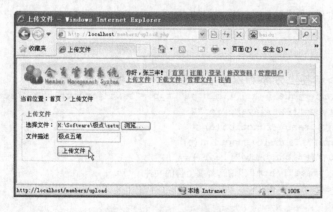

图 10.27　设置 "限制对页的访问" 服务器行为

（7）切换到代码视图，在</body>标签上方输入 PHP 和 JavaScript 的混合代码，以便在信息更新成功后弹出一个对话框，提示用户更新成功。代码如下：

```php
<?php if(isset($_GET["action"]) && $_GET["action"]=="ok"){?>
<script type="text/javascript">
alert("用户资料更新成功。");
location.href="default.php";
</script>
<?php } ?>
```

至此，会员信息更新页已完成。

### 10.2.8　上传文件

用户登录到会员管理系统后，在网站导航条上单击【上传文件】链接即可进入文件上传页面 upload.php，如图 10.28 所示。通过此页面用户可将自己拥有的文档、图片、音乐、视频或软件等文件上传到服务器上，供其他会员共享。文件上传成功后，将根据当前日期和时间对文件进行重命名，并将上传者、上传时间等信息添加到 files 表中。此页面仅限会员访问，若匿名用户试图访问此页面，将被重定向到登录页并显示出错信息。

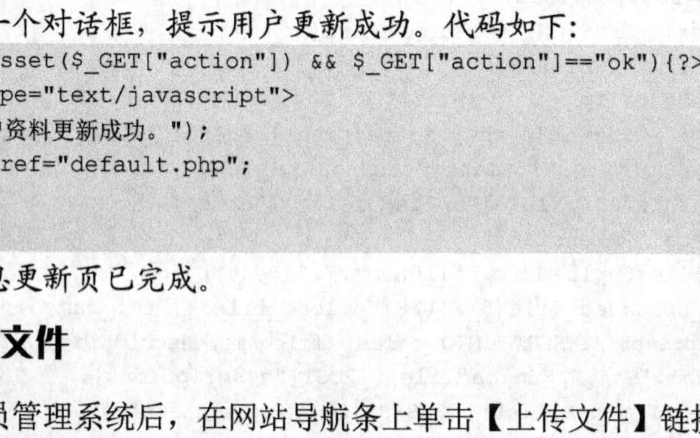

图 10.28　文件上传页面

【设计步骤】

（1）在 Dreamweaver 中打开 members 站点，在根文件夹中创建一个 PHP 动态页并命名为 upload.php，将文档标题设置为 "上传文件"。

（2）在该页面中添加网站导航条，并在导航条下方输入文本信息，以提示当前位置。

（3）插入一个表单（form1），在该表单中插入一个字段集，在该字段集中插入一个表格，在该表格中添加文本标签和以下表单对象。

- 文件域，将其命名为 upload_file。
- Spry 验证文本域，将文本框命名为 description，并设置未输入文件描述时显示的信息。在此文本域上方插入 PHP 代码块 "<?php echo $msg; ?>"，用于显示上传操作相关的文本信息。
- 提交按钮，将其命名为 upload，将其值设置为 "上传文件"。

（4）切换到代码视图，在<!DOCTYPE HTML>标签上方输入以下 PHP 代码块：

```php
<?php require_once("Connections/members.php"); ?>
<?php
$msg="";
if(isset($_POST["upload"])){
    if(!isset($_SESSION))session_start();
    $uploaddir="uploads/";
    $date=getdate();
    $filename = $date["year"].$date["mon"].$date["mday"].$date["hours"]
        .$date["minutes"].$date["seconds"];
    $path=pathinfo($_FILES["upload_file"]["name"]);
    $ext=$path["extension"];
    $uploadfile=$uploaddir.$filename.".".$ext;
    if(move_uploaded_file($_FILES["upload_file"]["tmp_name"],$uploadfile)){
        $sql=sprintf("INSERT INTO files (filename,description,upload_time,uploaded_by)
VALUES('%s','%s','%s','%s')",$uploadfile,$_POST["description"],
            date("Y-m-d H:i:s"), $_SESSION["MM_Username"]);
        mysql_select_db("members", $members);
        $result=mysql_query($sql, $members) or die(mysql_error());
        if(mysql_affected_rows($members)==1){
            $msg="文件上传成功。";
        }
    }else{
        $msg="文件未能上传。";
    }
}
?>
```

（5）在</head>标签上方添加以下 JavaScript 代码块：

```javascript
<script src="jquery-1.7.1.min.js" type="text/javascript"></script>
<script type="text/javascript">
$(document).ready(function(e) {
    $("#form1").submit(function(e) {
        if($("#upload_file").val()==""){
            $("#msg").html("请选择要上传的文件。");
            return false;
        }
    });
});
</script>
```

（6）添加 "限制对页的访问" 服务器行为。选择【插入】→【数据对象】→【用户身份验证】→【限制对页的访问】，然后在【限制对页的访问】对话框中对各个选项进行设置，指定访问被拒绝时转到登录页面并附加一个值为 2 的 error 参数，如图 10.29 所示。

图 10.29　设置"限制对页的访问"服务器行为

（7）打开 PHP 配置文件 php.ini，对与文件上传相关的以下参数进行设置：

```
file_uploads=ON           ;是否允许通过 HTTP 请求上传文件。默认为 ON
upload_tmp_dir=<dir>      ;文件上传至服务器上存储临时文件的目录
upload_max_filesize=8M    ;允许上传文件大小的最大值。默认为 2M
...
post_max_size=8M          ;通过表单提交给 PHP 的所能接收的最大值。默认为 8M
max_execution_time=600    ;每个 PHP 页面运行的最大时间值(秒)，默认 30 秒
max_input_time=600        ;每个 PHP 页面接收数据所需的最大时间，默认 60 秒
memory_limit=8M           ;每个 PHP 页面所占用的最大内存，默认 8M
```

（8）重启 Apache 服务器，对文件上传功能进行测试。

## 10.2.9　下载文件

登录到会员管理系统后，若在网站导航条上单击【下载文件】链接，则进入文件下载页面 download.php，如图 10.30 所示。此页面以分页形式列出会员当前已上传的文件的信息，若单击【下载】列中的【下载文件】链接，则可将所选文件下载到客户端计算机上并使该文件的下载次数加 1。此页面仅限会员访问，若匿名用户试图访问它，将被重定向至登录页面。

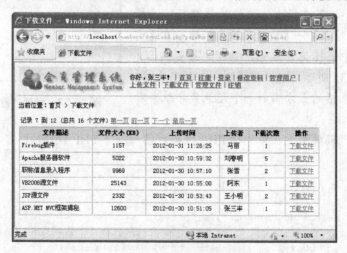

图 10.30　文件下载页面

【设计步骤】

（1）在 Dreamweaver 中打开 members 站点，在根文件夹中创建一个 PHP 动态页并命名为 download.php，将文档标题设置为"下载文件"。

（2）在该页面中添加网站导航条，并在导航条下方输入文本信息，以提示当前位置。

（3）用简单记录集对话框定义一个记录集并命名为 rs，从 files 表中检索所有上传文件的

信息，如图 10.31 所示。

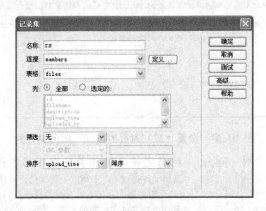

**图 10.31　定义记录集**

（4）在页面上插入一个 2 行 6 列的表格，在第一行的各个单元格中分别输入"文件描述"、"文件大小 (KB)"、"上传时间"、"上传者"、"下载次数"和"操作"，在第二行的各个单元格中分别插入以下动态内容。

- 记录集 rs 的 description 列。
- PHP 代码块<?php echo round(filesize($row_rs["filename"])/1024); ?>。
- 记录集 rs 的 upload_time 列。
- 记录集 rs 的 uploaded_by 列。
- 记录集 rs 的 downloads 列。
- 动态链接元素<a href="download.php?id=<?php echo $row_rs['id']; ?>">下载文件</a>。

（5）添加"重复区域"服务器行为。通过在标签选择器中单击<tr>标签选择上述表格的第二行，选择【插入】→【数据对象】→【重复区域】，然后在【重复区域】对话框中选择记录集 rs，并指定每页显示 6 条记录，如图 10.32 所示。这样将得到一个动态表格。

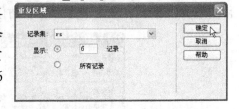

**图 10.32　设置"重复区域"选项**

（6）在动态表格的上方添加一个记录集导航条和记录集计数器。

（7）切换到代码视图，在第一行 PHP 代码后插入以下 PHP 代码块：

```php
<?php
$id="-1";
if(isset($_GET['id'])){
    $id=$_GET['id'];
    mysql_select_db("members",$members);
    $sql=sprintf("UPDATE files SET downloads=downloads+1 WHERE id=%s",$id);
    $rs=mysql_query($sql,$members) or die(mysql_error());
    $sql=sprintf("SELECT * FROM files WHERE id=%s",$id);
    $rs=mysql_query($sql,$members) or die(mysql_error());
    $row_rs=mysql_fetch_assoc($rs);
    $totalRows_rs=mysql_num_rows($rs);
    header("Location:".$row_rs["filename"]);
    mysql_free_result($rs);
}
?>
```

（8）添加"限制对页的访问"服务器行为。选择【插入】→【数据对象】→【用户身份验证】→【限制对页的访问】，然后在【限制对页的访问】对话框中对各个选项进行设置，指定访问被拒绝时转到登录页面并附加一个值为 2 的 error 参数，如图 10.33 所示。

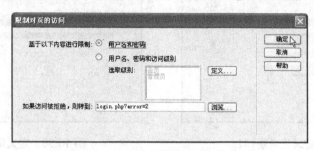

图 10.33　设置"限制对页的访问"服务器行为

至此，文件下载页已完成。

### 10.2.10　管理文件

用户登录到会员管理系统后，通过单击网站导航条上的【管理文件】链接可进入文件管理页面 manage_file.php，如图 10.34 所示。此页面仅限会员访问，它以表格形式列出由当前会员自己上传的所有文件，并允许对文件进行编辑和删除操作。若单击某个文件所在行中的【编辑】链接，将会显示一个更新表单，可对文件描述进行修改。若单击某个所在行中的【删除】链接，则会弹出一个确认对话框，经确认后即可删除所选文件。

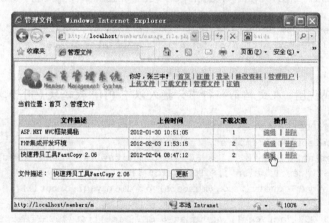

图 10.34　文件管理页面

【设计步骤】

（1）在 Dreamweaver 中打开 members 站点，在根文件夹中创建一个 PHP 动态页并命名为 manage_file.php，将文档标题设置为"管理文件"。

（2）在该页面中添加网站导航条，并在导航条下方输入文本信息，以提示当前位置。

（3）用简单记录集对话框定义记录集 rs1，从 files 表中检索由当前会员上传的所有文件的信息，如图 10.35 所示。

（4）用简单记录集对话框定义记录集 rs2，从 files 表中检索用户单击【编辑】链接时所选中的文件的信息，如图 10.36 所示。

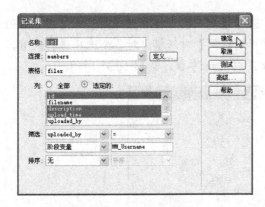

图 10.35　定义记录集 rs1

图 10.36　定义记录集 rs2

（5）在页面上插入一个动态表格，用于显示来自记录集 rs1 的文件信息，包括文件描述、上传时间和下载次数。在该表格的右侧增加一列，在其第一行中输入"操作"二字，在其第二行中创建两个动态链接，代码如下：

```
<ahref="<?phpecho$_SERVER['PHP_SELF'];?>?action=edit&id=<?phpecho$row_rs1['id'];?>">编辑</a>|<ahref="<?phpecho$_SERVER['PHP_SELF'];?>?action=delete&id=<?phpecho$row_rs1['id']; ?>" onClick="return confirm('确实要删除该文件吗？');">删除</a>
```

（6）在动态表格下方插入一个表单，使其仅在单击【编辑】链接时显示。代码如下：

```php
<?php if(isset($_GET["id"])){ ?>
<form name="form1" method="post" action="">
  <label for="description">文件描述：</label>
  <input name="id" type="hidden" id="id" value="<?php echo $row_rs2['id']; ?>">
  <input name="description" type="text" id="description"
    value="<?php echo $row_rs2['description']; ?>" size="36">
  <input type="submit" name="update" id="update" value="更新">
</form>
<?php } ?>
```

（7）切换到代码视图，在文档第一行下方插入以下 PHP 代码块（用于实现编辑和删除）：

```php
<?php
if(isset($_POST["update"])){
  mysql_select_db("members", $members);
  $sql=sprintf("UPDATE files SET description='%s' WHERE id=%s",
    $_POST["description"],$_POST["id"]);
  $result=mysql_query($sql,$members) or die(mysql_error());
}
if(isset($_GET["action"]) && isset($_GET["id"]) && $_GET["action"]=="delete"){
  mysql_select_db("members", $members);
  $sql=sprintf("DELETE FROM files WHERE id=%s",$_GET["id"]);
  $result=mysql_query($sql,$members) or die(mysql_error());
  header(sprintf("Location: %s",$_SERVER['PHP_SELF']));
  exit();
}
?>
```

（8）添加"限制对页的访问"服务器行为。选择【插入】→【数据对象】→【用户身份验证】→【限制对页的访问】，然后在【限制对页的访问】对话框中对各个选项进行设置，指定访问被拒绝时转到登录页面并附加一个值为 2 的 error 参数，如图 10.37 所示。

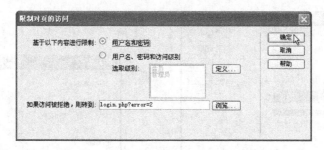

图 10.37　设置"限制对页的访问"服务器行为

至此，文件上传页面已完成。

### 10.2.11　管理用户

当管理员登录到系统后，通过单击网站导航条上的【管理用户】链接将进入用户管理页面 manage_user.php，如图 10.38 所示。此页面以表格形式列出当前注册的所有会员，若单击某个会员所在行中的【删除用户】链接并加以确认，则从后台数据库中删除该会员。由于 files 表与 users 表之间存在外键约束并且指定了 ON DELETE CASCADE 选项，所示当从 users 表中删除某个会员时，也会从 files 中表删除由该会员上传的所有文件的信息，此时，通过 PHP 编程还将从磁盘上删除这些文件。用户管理页仅限系统管理员访问，匿名用户和普通会员均无权访问，若管理员之外的其他用户试图访问该页面，则被拒绝并重定向到登录页面。

图 10.38　用户管理页

【设计步骤】

（1）在 Dreamweaver 中打开 members 站点，在根文件夹中创建一个 PHP 动态页并命名为 manage_user.php，将文档标题设置为"管理用户"。

（2）在该页面中添加网站导航条，并在导航条下方输入文本信息，以提示当前位置。

（3）用简单记录集对话框定义记录集 rs，从 users 表中检索当前注册的所有会员的信息并按注册时间降序排列，如图 10.39 所示。

（4）在页面上插入一个动态表格，用于显示记录集 rs 的内容，设置动态表格如图 10.40 所示。

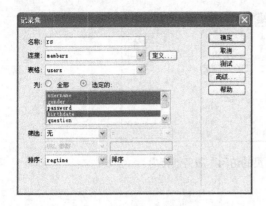

图 10.39　定义记录集　　　　　　　　　　　　图 10.40　设置动态表格

（5）用表格工具对动态表格格式进行设置，将表示电子信箱的记录集列更改为电子邮件链接（href="mailto:<?php echo $row_rs['email']; ?>"），在表格右侧增加一列并创建动态链接，代码如下：

```
<a href="manage_user.php?username=<?php echo $row_rs['username']; ?>"
onClick ="return confirm('确实要删除该会员及其上传的文件吗？')">删除用户</a>
```

（6）在动态表格上方插入一个记录集导航条和一个记录集计数器。

（7）切换到代码视图，在文档第二行插入以下 PHP 代码块：

```
<?php
if(isset($_GET["username"])){
    $username=$_GET["username"];
    mysql_select_db("members", $members);
    $sql=sprintf("SELECT filename FROM files WHERE uploaded_by='%s'",$username);
    $path=pathinfo($_SERVER['SCRIPT_FILENAME']);
    $dirname=$path["dirname"];
    $rs=mysql_query($sql,$members) or die(mysql_error());
    $row=mysql_fetch_assoc($rs);
    do{
        $path=pathinfo($_SERVER['SCRIPT_FILENAME']);
        $dir=$path["dirname"];
        unlink($dir."/".$row["filename"]);//从磁盘上删除文件
    }while($row=mysql_fetch_assoc($rs));
    $sql=sprintf("DELETE FROM users WHERE username='%s'",$username);
    $result1=mysql_query($sql,$members) or die(mysql_error());
}
?>
```

（8）在</body>标签上方插入以下代码块：

```
<?php if(isset($result1)){?>
<script type="text/javascript">
alert("所选会员及其上传的文件已被删除。");
</script>
<?php } ?>
```

（9）选择【插入】→【数据对象】→【用户身份验证】→【限制对页的访问】，然后在【限制对页的访问】对话框中选择基于用户名、密码和访问级别对访问进行限制，选取访问级别为"管理员"，并指定访问被拒绝时转到登录页面并附加一个值为 3 的 error 参数，如图 10.41 所示。

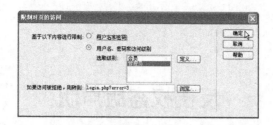

**图 10.41 设置"限制对页的访问"服务器行为**

至此，用户管理页面已完成。整个会员管理系统功能全部实现。

# 习题 10

## 一、填空题

1. 为了保证数据的完整性和一致性，可在 files 表中添加_____约束。

2. 表之间的级联操作可通过选择_____关键字来实现。

## 二、选择题

1. 在下列页面中，（    ）仅限管理员访问。

A. 文件上传页面        B. 文件下载页面

C. 文件管理页面        D. 用户管理页面

2. 要指定 PHP 页上传文件大小的最大值可通过设置 php.ini 文件中（    ）项来实现。

A. upload_max_filesize        B. post_max_size

C. max_execution_time        D. memory_limit

## 三、简答题

1. 在会员管理系统中，哪些页面对所有用户开放？哪些页面是受保护页面？哪些页面仅限系统管理员访问？

2. 在制作会员注册页面时，提交表单时检查新用户名是否存在是通过添加什么服务器行为来实现的？

3. 登录页面可以通过添加什么服务器行为来快速生成？

4. 会员完成登录后，用户名和访问级别分别存储在哪里？

5. 在 Dreamweaver 中，通过添加什么服务器行为来生成受保护页面？

# 上机实验 10

参照本章内容，完成一个会员管理系统的设计，首先进行系统功能分析、数据库的设计和创建，然后实现每个页面的设计和制作，最后对整个设计过程进行总结并写出报告。

# 反侵权盗版声明

电子工业出版社依法对本作品享有专有出版权。任何未经权利人书面许可，复制、销售或通过信息网络传播本作品的行为；歪曲、篡改、剽窃本作品的行为，均违反《中华人民共和国著作权法》，其行为人应承担相应的民事责任和行政责任，构成犯罪的，将被依法追究刑事责任。

为了维护市场秩序，保护权利人的合法权益，我社将依法查处和打击侵权盗版的单位和个人。欢迎社会各界人士积极举报侵权盗版行为，本社将奖励举报有功人员，并保证举报人的信息不被泄露。

举报电话：（010）88254396；（010）88258888

传　　真：（010）88254397

E-mail：　dbqq@phei.com.cn

通信地址：北京市万寿路 173 信箱

　　　　　电子工业出版社总编办公室

邮　　编：100036